高等职业教育测绘类专业“十二五”规划教材

地 籍 测 量

高润喜　丁延荣　主编
夏春玲　主审

中国铁道出版社有限公司

2023年·北　京

内 容 简 介

本书为高等职业教育测绘类专业“十二五”规划教材。全书分为五个项目，分别为：地籍调查、地籍控制测量、地籍细部测量、地籍图的编绘与入库、土地面积量算等。本书特点：按照项目教学法编写，基于“以工作过程为导向，以项目为载体，以任务为驱动，理论实践一体化、工学交替”的基本思路，致力于提高学生项目、任务的实际掌握和完成能力。在教材中采用项目教学法，更多地体现实践的可操作性和针对性。

本书可作为高职院校测绘类相关专业教材，也可作为土地调查、城市规划、工程建设、房地产管理等科技人员的参考书和培训教材。

本书内容如有不符最新规章标准之处，以最新规章标准为准。

图书在版编目（CIP）数据

地籍测量/高润喜，丁延荣主编．—北京：
中国铁道出版社，2012.2（2023.1重印）
高等职业教育测绘类专业“十二五”规划教材
ISBN 978-7-113-14116-5

Ⅰ.①地… Ⅱ.①高… ②丁… Ⅲ.①地籍测量-高等学校-教材 Ⅳ.①P271

中国版本图书馆CIP数据核字（2012）第003135号

书　　名：地籍测量
作　　者：高润喜　丁延荣

策　　划：刘红梅
责任编辑：刘红梅　**编辑部电话：**（010）51873240　**邮箱：**992462528@qq.com
编辑助理：谢宛廷
封面设计：冯龙彬
责任校对：孙　玫
责任印制：高春晓

出版发行：中国铁道出版社有限公司（100054，北京市西城区右安门西街8号）
网　　址：http://www.edusources.net
印　　刷：三河市宏盛印务有限公司
版　　次：2012年2月第1版　　2023年1月第6次印刷
开　　本：787 mm×1 092 mm　1/16　**印张：**16.25　**字数：**402千
书　　号：ISBN 978-7-113-14116-5
定　　价：48.00元

版权所有　侵权必究

凡购买铁道版图书，如有印制质量问题，请与本社教材图书营销部联系调换。电话：（010）51873174
打击盗版举报电话：（010）63549461

重印说明

《地籍测量》于2012年2月在我社出版。本次重印作者在第6次印刷的基础上对涉及以下规范的内容，按新修订版进行了更新：

《土地利用现状分类》(GB/T 21010—2017)、《卫星定位城市测量技术标准》(CJJ/T 73—2019)等。

中国铁道出版社有限公司

2023年1月

前言

QIAN YAN

地籍测量是土地管理的基础工作，受到各级土地管理部门的高度重视。随着测绘科学技术的飞速发展，全站仪、GPS、数字化、一体化作业已成为地籍测量的趋势和主要作业方式，传统的测绘方法(如大平板白纸测图、手工绘图等)被逐渐淘汰。2006年12月国家发布了《国务院关于开展第二次全国土地调查的通知》，决定2007年7月1日启动第二次全国土地调查工作，并制定了《第二次全国土地调查技术规程》(TD/T 1014—2007)和《土地利用现状分类》(GB/T 21010—2007)，为我国的土地管理工作更加科学化、信息化，指明了方向。为了提高专科学生理论联系实际的能力，培养技能应用型人才，体现"教、学、做一体"的教学思路，激发学生在实践基础上的探究精神，培养其独立思考与解决问题的能力，本教材尝试采用"项目教学法"来编写。

本书教学特点是把整个课程学习过程分解为一个个具体的工程项目，各个项目又设计出一个个典型的工作任务，不仅传授学生理论知识和操作技能，更重要的是培养学生的职业能力、解决问题能力、接纳新知识的学习能力，以及与人协作、完成各个任务的社会能力和自主创新能力。

本书内容以现代地籍测量为主线，包括了5个项目的学习内容，即：地籍调查、地籍控制测量、地籍细部测量、地籍图的编绘与入库和土地面积量算。

项目1地籍调查部分，以土地权属调查为核心，另外阐述了土地利用现状调查、土地等级调查、房产调查及变更地籍调查等基本理论和实际作业方法；项目2地籍控制测量部分，突出野外作业，阐述了GPS、全站仪进行地籍控制测量的理论和方法；项目3地籍细部测量部分，着重介绍采集界址点、地形要素、地籍要素、房产要素数据的方法和思路，同时介绍了变更地籍测量和日常地籍测量工作内容；项目4地籍图的编绘与入库部分，重点阐述现代地籍测量的内业工作，包括数字地籍测量数据传输、成图系统软件的使用、成果输出及建立地籍管理信息系统；项目5土地面积量算部分，着重阐述现代地籍测量的面积量算内容和方法。

本教材的前续课程为：测量基础知识、测量平差、控制测量、数字化测图、全站仪技术、GPS、测绘CAD及摄影测量等。

本书由高润喜(包头铁道职业技术学院)、丁延荣(青海省第一测绘院第一测绘队)主编。编写分工是:高润喜编写项目1之任务2和任务4及项目2;丁延荣编写项目1之任务5和项目5;张莉(包头铁道职业技术学院)编写项目3;谢媛媛(西安铁路职业技术学院)编写项目1之任务1和任务3;胡楠(天津铁道职业技术学院)编写项目4。全书由高润喜统稿和定稿。

本书由天津铁道职业技术学院夏春玲主审,对全书进行了细心审阅,并提出很多宝贵意见,在此深表感谢!

由于编者水平有限,加之第一次尝试采用项目教学法编写教材,书中不足之处一定不少,敬请专家、学者和同行批评指正。

编 者

2011年10月

MU LU

目录

项目1　地籍调查

项目描述

地籍调查是土地管理前期进行的基础工作，是土地调查的一部分。它包括土地权属调查、地籍测量、土地利用现状调查、土地等级调查和房产调查等内容。通过该项目学习，学生应掌握地籍调查的核心——权属调查的作业流程和方法，掌握初始地籍调查和变更地籍调查的方法、步骤和实际工作要求，能够在现场进行宗地草图的绘制并掌握地籍调查表的填写、房产调查表的填写等工作。其中地籍测量部分由后续的各个项目分别完成。

拟实现的教学目标

1. 能力目标

- 能够在现场进行土地权属调查工作；
- 能够绘制宗地草图、填写地籍调查表；
- 能够进行土地利用现状调查和房产调查工作。

2. 知识目标

- 掌握地籍调查的内容和工作程序；
- 掌握权属调查的理论、方法和步骤；
- 结合第二次全国土地调查工作实际，掌握DOM工作底图的使用；
- 了解土地等级调查的目的和内容以及土地分等定级的方法；
- 掌握房产调查的内容。

3. 素质目标

- 具备土地法常识；
- 加强与土地办人员的协作、配合能力；
- 不断提高地籍调查野外实际工作能力。

相关案例——第二次全国土地调查

1. 第二次土地调查的目标和主要任务

(1)调查目标

根据要求，第二次全国土地调查的目标是全面查清全国范围内的土地利用状况，掌握真实的土地基础数据，建立和完善我国土地调查、土地统计和土地登记制度，实现土地资源信息的社会化服务，满足经济社会发展及国土资源管理的需要。

(2)主要任务

按照国务院要求，第二次全国土地调查主要任务包括：开展农村土地调查，查清全国农村各类土地的利用状况；开展城镇土地调查，掌握城市建成区、县城所在地建制镇的城镇土地状况；开展基本农田状况调查，查清全国基本农田状况；建设土地调查数据库，实现调查信息的互联共享。在调查的基础上，建立土地资源变化信息的调查统计、及时监测与快速更新机制。

2. 第二次土地调查的组织实施

(1)进度安排

按照国务院要求，从2007年1月起，开始启动第二次土地调查工作。2007年1月至6月开展第二次土地调查的有关准备工作，完成调查方案编制、技术规范制定，以及试点经验总结、业务培训和舆论宣传等。2007年7月1日全面启动调查工作，至2009年上半年，完成全国调查工作。具体安排如下：

①2007年7月至2009年6月，开展农村土地调查，逐地块查清全国土地的位置、类型、面积、分布等利用状况。

②2007年7月至2009年6月，查清农村部分的集体土地所有权和国有土地使用权状况，确权达到90%以上。

③在现有工作基础上，全面开展城镇土地调查，到2009年底，完成城市建成区、县城所在地建制镇的城镇土地调查。

④到2009年底，在农村土地调查和城镇土地调查的基础上，通过汇总统计调查，查清工业、基础设施、金融商业服务、开发园区和房地产等用地的分布和利用状况。

⑤到2009年底，在农村土地调查基础上，依据基本农田划定和调整资料，完成基本农田的上图、登记、造册，查清全国基本农田的数量、分布和保护状况。

⑥在调查的基础上，2010年上半年，完成包括土地利用现状数据、基本农田数据和城镇地籍调查数据的国家、省、地(市)、县四级土地利用数据库的建设，建立土地利用数据库及管理系统，实现全国土地调查信息共享。

⑦进行土地调查成果统一时点变更，将成果统一到2009年10月31日同一时点，逐级汇总土地调查成果，建立土地资源变化信息的调查统计、及时监测与快速更新机制。

(2)实施计划

国家负责第二次土地调查方案和技术标准、技术规程的制定，负责全国的技术指导、省级培训和质量抽查，组织建设国家级土地利用数据库等。同时，国家负责1∶10 000比例尺以及小于1∶10 000比例尺的遥感影像购置及正射影像图制作，为农村土地调查提供基础图件。另外，国家对农村土地调查成果进行全面的内业检查。对重点地区和重点地类将开展外业实地核查，以保证调查成果真实、准确。

各省(区、市)负责本地区土地调查工作的组织实施。各省(区、市)按照国家统一要求，根据本地区的土地利用特点，编制本地区的实施方案，报国土资源部批准。各省(区、市)在土地调查实施方案的基础上制订土地调查的实施细则，通过招投标方式统一选择专业队伍，利用国家下发的基础图件，负责组织各地实地开展土地调查及数据库建设工作，主要包括农村土地调查、基本农田状况调查以及城镇土地调查等。另外，省级负责对各县(市)土地调查工作的质量检查和成果验收。

3. 第二次土地调查的主要成果

通过开展第二次土地调查工作，全面获取覆盖全国的土地利用现状信息和集体土地所有权登记信息，形成一系列不同尺度的土地调查成果。具体成果主要包括：数据成果、图件成果、相关文字成果和土地数据库成果等。

(1)数据成果

①各级行政区各类土地面积数据；

②各级行政区基本农田面积数据；

③不同坡度等级的耕地面积数据；

④各级行政区城镇土地利用分类面积数据；

⑤各级行政区各类土地的权属信息数据。

(2)图件成果

①各级土地利用现状图件；

②各级基本农田分布图件；

③市县城镇土地利用现状图件；

④土地权属界线图件；

⑤第二次土地调查图集。

(3)文字成果

1)综合报告

①各级第二次土地调查工作报告；

②各级第二次土地调查技术报告；

③各级第二次土地调查成果分析报告。

2)专题报告

①各级基本农田状况分析报告；

②各市县城镇土地利用状况分析报告。

(4)数据库成果

形成集土地调查数据成果、图件成果和文字成果等内容为一体的各级土地调查数据库。主要包括：

①各级土地利用数据库；

②各级土地权属数据库；

③各级多源、多分辨率遥感影像数据库；

④各级基本农田数据库；

⑤市(县)级城镇地籍信息系统。

典型工作任务1　土地权属调查

1.1.1　工作任务

1. 土地权属调查的目的

土地权属调查是地籍调查的重要内容之一，其目的是调查每宗土地的性质并确定其权属，为土地权属单位审核和登记发证提供具有法律效力的调查文件，为开展土地登记发证工作奠定基础，对减少土地纠纷稳定社会有十分重要的意义。

2. 土地权属调查的任务

土地权属，即土地所有权和使用权的归属，简称地权。

土地权属调查就是对土地权属单位的权属来源及其位置、界址、用途和数量等基本情况的调查。

土地权属调查的任务是:查清土地所有权、使用权的权源、权属性质,土地所有者、使用者名称,土地位置、界线、四邻关系、行政界线和地理名称等。

1.1.2 相关配套知识

1. 地籍及其特点

地籍一词,简言之,就是土地的户籍。是中国历代王朝(或政府)登记田亩地产,作为征收赋税的根据。它为上层建筑也为经济基础服务。不同国家、不同的社会制度对地籍用途和含义的解释略有不同。

随着科学技术的发展,测绘技术、信息技术、地籍管理、城市管理等各学科间相互渗透、相互配合,使传统地籍发展成为现代地籍(或多用途地籍)。现代地籍不仅为税收和产权服务,而且为城市规划、土地利用、住房改革、工程建设等提供信息和基础资料,为广泛的现代化经济建设服务。

现代地籍或多用途地籍(以下简称地籍)是由国家监管的,以土地权属为核心、地块为基础的土地及其附着物的权属、位置、数量、质量和利用现状,用数据、表册、文字和图等各种形式表示出来的土地信息系统。它要求测量的内容更广泛,测量的精度比传统测图更高;它综合运用了信息工程、电子技术、光电技术、航空航天技术和计算机等高新技术和方法,建立了网络数据库,成为地理信息系统(GIS)的重要组成部分,为实现地籍管理自动化、城乡一体化、信息化、数字城市、数字地球开辟了道路。其特点主要概括如下:

(1)地籍是由国家建立和管理的。我国地籍自出现至今,由最初的以权属认定和税收为目的发展到现阶段以保护土地、合理利用土地,以及保护土地所有者和土地使用者的合法权益为目的的现代地籍。

(2)地籍的核心是土地权属。地籍是以土地权属为核心对土地诸要素的综合表达,是以土地权属为核心进行记载并建立地籍档案。

(3)地籍是以地块为基础建立的。一个区域的土地根据被占有、使用等原因而分割成具有边界的、空间连续的若干块土地,每一块土地即称之为地块。地籍就是以土地的空间位置为依托,对每一地块所具有的自然属性和社会经济属性进行准确的描述和记录,由此所得到的信息称之为地籍信息。

(4)地籍在记载地块状况的同时,还要记载地块内附着物(建筑物、构筑物)的状况。地面上的附着物是人类赖以生存的物质基础之一。因此,土地和附着物是不可分离的,它们各自的权利和价值相互作用、相互影响。地籍必须同时对土地及其附着物进行描述和记载。图 1.1 表达了土地、地块、附着物与地籍的关系。

(5)地籍是土地基本信息的集合。土地的基本信息,简称地籍信息,包含地籍图集、地籍数据集、地籍簿册,它们通过特殊的标志符(关键字)连接成一个整体,这里的标志符就是通常所说的地块号(宗地号或地号)。

地籍图集:是用图的形式直观地描述土地及其附着物的相互位置关系,包括地籍图、专题地籍图、宗地图等。

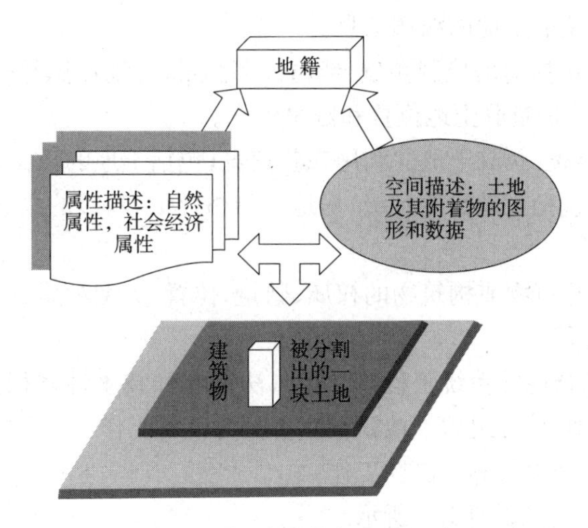

图1.1　土地、地块、附着物与地籍的关系示意图

地籍数据集：是用数据的形式描述土地及其附着物的位置、数量、质量、利用现状等要素，如控制点成果表、面积册、界址点坐标册、房地产评价数据等。

地籍簿册：是用表册的形式对土地及其附着物的位置、法律状态、利用现状等基本情况进行文字描述，如地籍调查表、各种相关文件等。

2. 地籍调查

(1)地籍调查概述

地籍调查是依照国家的法律规定，采取行政、法律手段，采用科学方法，对土地及其附着物的位置、权属、数量、质量和利用现状等基本情况进行的调查，是获取和表达地籍信息的技术性工作。

地籍调查是土地调查的一部分，是土地管理的一项极其重要的基础工作，其作用在于通过对土地进行调查和核实每宗地的地籍要素，满足土地登记的需要，为建立地籍管理信息系统奠定基础。

地籍调查根据时间和任务不同，分为初始地籍调查和变更地籍调查。前者是初次的、全面的地籍调查奠基性工作，是一项涉及面广的系统工程；后者是为了保持地籍的现势性和及时掌握地籍信息的动态变化而进行的经常性的地籍调查，是在初始调查基础上进行的，是地籍管理的日常性工作。两者的工作程序相近。

地籍调查按照区域不同，可划分为城镇地籍调查和农村地籍调查。

城镇地籍调查是指城市、建制镇、独立工矿区(包括集镇和村庄)的地籍调查。

农村地籍调查通常是结合土地利用现状调查进行。2002年1月1日国家土地管理局已公布《全国土地分类》体系，将农村地籍调查与城镇地籍调查的土地分类统一成一个体系，为城乡一体化的地籍调查创造条件，实现了城镇地籍调查与农村地籍调查既不重复，又不遗漏，相互衔接。

(2)地籍调查的内容与工作流程

①地籍调查的内容

无论是初始地籍调查还是变更地籍调查，按照土地管理的要求，地籍调查以每一个宗地为基本单元。主要有如下内容：

a. 土地权属调查：获取土地的权属信息。

b. 地籍测量：内容包括地籍控制测量、地籍细部测量（界址点测量、地籍图测绘、房产图测绘、面积量算等），其目的是获取土地位置和数量信息。

c. 土地利用现状调查：获取土地的利用现状信息，包括土地的数量、分布、结构等。

d. 土地等级调查：包括土地分等定级、房地产价格评估，其目的是获取土地及其附着物的质量信息。

e. 房产调查：获取建筑物或构筑物的权属、数量、位置、类型和质量等信息。

②地籍调查工作流程

地籍调查是一项综合性的系统工程，政策性、法律性和技术性都很强，工作量大，难度高，必须充分准备、周密计划、精心组织。地籍调查可分为准备工作、地籍要素的外业调查勘测、内业工作和调查成果的检查验收等阶段性工作。

初始地籍调查工作流程如图 1.2 所示。

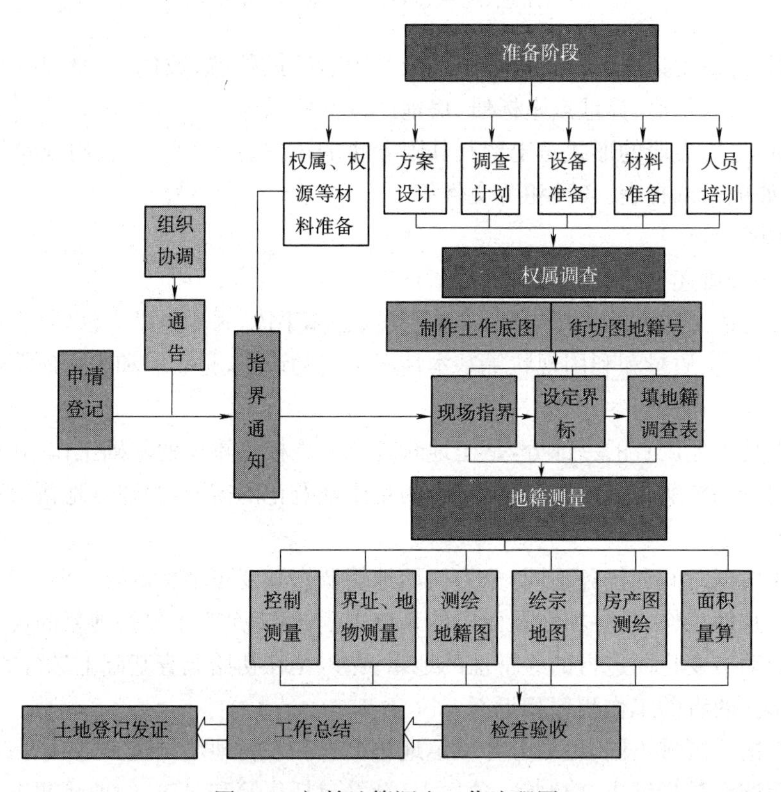

图 1.2 初始地籍调查工作流程图

3. 地籍测量

(1)地籍测量的含义

地籍测量是为获取地籍信息所进行的测绘工作。主要是测定土地及其附着物的位置、权属界线、类型、面积，绘制地籍图，建立土地档案和地籍信息系统，为土地管理和合理使用土地服务。具体内容如下：

①进行地籍控制测量，包括地籍基本控制点和地籍图根控制点的测量。

②测定行政区划界线和土地权属界线的界址点坐标。

③测绘地籍图、房产图,测算地块和宗地的面积。

④进行土地信息的动态监测,进行地籍变更测量,包括地籍图的修测、重测和地籍簿册的修编,以保证地籍成果资料的现势性与正确性。

⑤根据土地管理、开发与规划的要求,进行有关的地籍测量工作。

地籍测量是在土地权属调查的基础上进行的,像其他测量工作一样,地籍测量也遵循一般的测量原则,即由整体到局部、从高级到低级、先控制后细部、边工作边校核的原则。

(2)地籍测量的特点

地籍测量与基础测绘和专业测量有着明显不同,其本质的不同表现在凡涉及土地及其附着物的权利的测量都可视为地籍测量,是测量技术和土地法的综合。具体表现如下:

①地籍测量是一项基础性的具有政府行为的测绘工作,是政府行使土地行政管理职能的具有法律意义的行政性技术行为。在国外,地籍测量被称作为官方测绘。在我国,历次地籍测量都是由朝廷或政府下令进行的,其目的是保证政府对土地的税收并保护个人土地产权。现阶段我国进行的地籍测量工作的根本目的是保护土地、合理利用土地及保护土地所有者和土地使用者的合法权益,为社会发展和国民经济计划提供基础资料。

②地籍测量为土地管理提供了精确、可靠的地理参考系统。由地籍测量的历史可知,测绘技术一直是地籍测量技术的基础,地籍测量技术不但为土地的税收和产权保护提供精确、可靠并能被法律事实接受的数据,而且借助现代先进的测绘技术为地籍提供了一个大众都能接受的具有法律意义的地理参考系统。

③地籍测量是在土地权属调查的基础上进行的。在对完整的地籍调查资料进行全面分析的基础上,选择不同的地籍测量技术和方法。地籍测量成果是根据土地管理和房地产管理的要求提供不同形式的图、数、册等资料。

④地籍测量具有勘验取证的法律特征。无论是产权的初始登记,还是变更登记或他项权利登记,在对土地权利的审查、确认、处分过程中,地籍测量所做的工作就是利用测量技术手段对权属主提出的权利申请进行现场的勘查、验证,为土地权利的法律认定提供准确、可靠的物权证明材料。

⑤地籍测量的技术标准必须符合土地法律的要求。地籍测量的技术标准既要符合测量的观点,又要反映土地法律的要求,它不仅表达人与地物、地貌的关系和地物与地貌之间的联系,而且同时反映和调节着人与人、人与社会之间的以土地产权为核心的各种关系。

⑥地籍测量工作有非常强的现势性。由于社会发展和经济活动使土地的利用和权利经常发生变化,而土地管理要求地籍资料有非常强的现势性,因此必须对地籍测量成果进行适时更新,所以地籍测量工作比一般基础测绘工作更具有经常性的一面,且不可能人为地固定更新周期,只能及时、准确地反映实际变化情况。地籍测量工作始终贯穿于建立、变更、终止土地利用和权利关系的动态变化之中,并且是维持地籍资料现势性的主要技术之一。

⑦地籍测量技术和方法是对当今测绘技术和方法的应用集成。地籍测量技术是普通测量、数字测量、摄影测量与遥感、面积测算、误差理论和平差、大地测量、空间定位等技术的集成式应用。根据土地管理和房地产管理对图形、数据和表册的综合要求组合不同的测绘技术和方法。

⑧从事地籍测量的技术人员应有丰富的土地管理知识。从事地籍测量的技术人员,不但要具备丰富的测绘知识,还应具有不动产法律知识和地籍管理方面的知识。地籍测量工作从组织到实施都非常严密,它要求测绘技术人员要与地籍调查人员密切配合,细致认真地作业。

4. 土地权属调查

(1)土地权属调查的内容

根据《城镇地籍调查规程》规定,土地权属调查的主要内容是对宗地位置、界线、权属状况和使用状况等的调查。具体叙述如下:

①查清宗地的权属状况,包括权属性质、权属来源、上地所有者和使用者名称及权属时间和期限等。

②查清宗地界址点位置、相关行政界线、地理名称以及四至。

③查清土地用途、土地等级、地价、共有情况等。

④在土地管理人员主持下仲裁有关权属纠纷。

⑤整理好土地权属调查资料,作为永久资料归档保存。

(2)土地权属调查的程序

权属调查主要包括权属审核(即审核申请材料的齐备性、合法性及权利人的资格)、实地调查确权(即现场明确土地的权属、界线等并定界)两部分。土地权属调查的程序如图 1.3 所示。

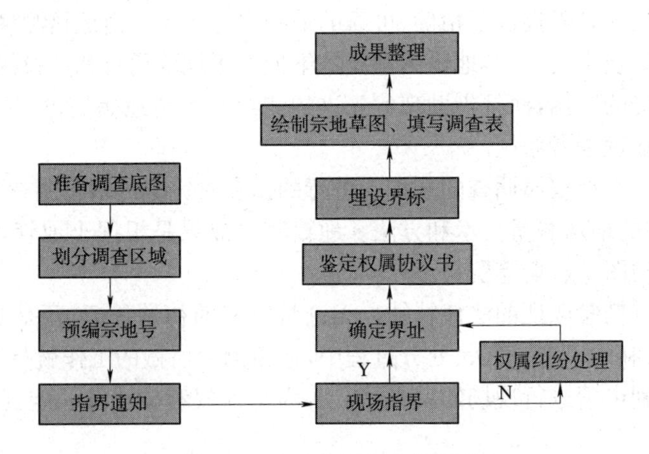

图 1.3　土地权属调查流程图

调查具体过程如下:

①调查工作底图等物资准备。首先要拟定计划,明确调查任务、范围、方法、时间、工序、人员组织及经费预算,组织专业队伍进行技术培训与试点;准备仪器与绘图工具,印制统一的调查表格和簿册,准备生活交通工具和劳保用品,根据需要和已有的图件选择调查工作底图(近期测绘的地形图、航片、正射影像图等);收集权源材料。

②划分调查区域。在确定了调查范围之后,要在调查底图上,依据行政区划或自然界线划分成若干街道和街坊,作为调查工作区。

③预编宗地号。根据权源材料进行分析,对于能够确权的宗地,在调查底图上标绘出各宗地的范围线,并预编宗地号;对于不能确权的宗地,按街道或街坊将宗地资料分类,预编宗地号,在工作底图上大致圈定其位置,以备实地调查。

④发放通知。实地调查前,要向土地所有者或使用者发出通知书,同时对其四邻发出指界通知。按照计划分区分片通知,并要求土地所有者或使用者(法人或法人委托的指界人)及其四邻的合法指界人,按时到达现场。

⑤实地调查。根据资料收集、分析、处理的情况,逐宗地进行实地调查,现场确定界址位

置，同时处理权属纠纷，签订权属协议书，埋设界标，绘制宗地草图，填写地籍调查表。

⑥资料整理。在资料收集、分析、处理和实地调查的基础上，编制宗地号，建立宗地档案。准备地籍测量所需的资料。

(3)地籍调查单元及其编号

①地籍调查单元

地籍调查单元是一宗地，即被权属界线封闭的地块。它具有固定的位置和明确的权利边界。一般情况下，由一个土地使用者所使用的地块，称为独立宗。一地块由几个权属单位使用，又难以划清权属界线者，称为共用宗，如一栋楼房各楼层使用单位不同，难以划分土地的权属界线，故应为一宗地，称共用宗。

宗地的划分根据权属性质，可分为土地所有权宗地和土地使用权宗地。

在实际工作中，依照我国有关的法律法规，一般只调查集体土地所有权宗地、集体土地使用权宗地和国有土地使用权宗地。

无论是集体土地所有权宗地，还是集体土地使用权宗地，或者是国有土地使用权宗地，一般可按如下方法划编宗地。

a. 一个权属主所有或使用的相连成片的用地范围可单独编宗。

b. 一个权属主所有或使用的不相连的若干地块，则每一块编一宗。

c. 一个土地使用者，使用两种所有权的土地，必须按国有土地和集体所有土地分别编宗。

d. 土地所有权不同或土地使用者不同的土地，应分别编宗。

e. 一个地块由若干个权属主共同所有或使用，实地又难以划分清楚各权属主用地范围的，划为一宗地，称组合宗(或共用宗)。

f. 一院多户，各自有使用范围，应分别编宗，共用部分按各自建筑面积比例分摊。

g. 凡被河流、道路、行政境界等分割的土地，不论是否属于同一使用者，一律分别编宗。

h. 市政道路、公用道路用地不编入宗地内，也不单独编宗。

i. 在城镇郊区和农村居民利用集体所有的土地，经批准建房的宅基地，可按以上宗地划分的基本原则编宗。也可与城镇建筑物一样反映在分幅地籍图上，但注意这些宗地是集体土地使用权宗地。

j. 城镇以外的独立工矿、铁路、公路等单位使用的国有土地使用权界线往往与集体土地所有权界线重合，它们可单独编宗。

k. 争议地是指有争议的地块，即两个或两个以上的权属主都不能提供有效的权属文件，却同时提出拥有所有权或使用权的地块。间隙地是指无土地使用权属主的空置土地。飞地是指镶嵌在另一个土地所有权地块之中的土地所有权地块。这些地块均应单独分宗。

②土地(地籍)编号

要达到科学管理土地的要求，地籍必须建立地块标志系统，包括土地的划分规则和编号系统。这不仅有利于土地利用规划、计划、统计与管理，而且便于资料整理以及信息化、自动化管理，便于检索、修改、存储、利用。

a. 城镇地区土地编号

通常以行政区划的街道和宗地两级进行编号，若街道下划分有街坊(地籍子区)，就应用街道、街坊和宗地三级编号。一般地，地籍编号统一自西向东，从北到南由“001”开始顺序编号。如 03-05-012，表示××省××市××区第 3 街道、第 5 街坊、第 12 宗地。地籍编号采用不同的字体和不同大小加以区分；而宗地号在地籍图上宗地内以分数形式表示，分子为宗地编号，分母为地类号。通常省、市、区、街道、街坊的编号在调查前已经编好，调查时只编宗地号，并及时填写在相应的表册中。

b. 农村地区地籍编号

农村以乡(镇)、宗地和地块三级组成编号。其原则同上。如 02-04-005，表示××省××县(县级市)××乡(镇)第 2 行政村、第 4 宗地、第 5 地块(图斑)。

通常省、县(县级市)、乡(镇)、行政村的编号在调查前已经编好，调查时只编宗地号和地块号，并及时填写在相应的表册中。

以上土地编号，每个宗地编号共长 13 位。

c. 其他的编号方法

根据宗地的划分情况，有的地区街道、街坊、宗地数较多，也可按照每个宗地编号共长 16 位来编。如表 1.1 所示。编号 1～6 位为该宗地所属行政区划的代码即省、地市、县(区)的代码，可参见《中华人民共和国行政区划代码》(GB/T 2260—2007)，如 150202 代表内蒙古包头市东河区；第 7、8、9 位为街道(乡镇)代码；第 10、11、12 位为街坊(行政村)代码。它们是在所属上一级行政区划范围内统一编号的；第 13、14、15、16 位为宗地所在街坊(村委会)范围内按"Z"型顺序编的序号。为了便于共用宗的宗地分割后编号，有的宗地编号也采用 19 位编号，即在 16 位的基础上增加 3 位子宗编号。

表 1.1　宗地编号

宗地编号	××	××	××	×××	×××	××××
编号位置	第 1、2 位	第 3、4 位	第 5、6 位	第 7、8、9 位	第 10、11、12 位	第 13、14、15、16 位
代码数字范围	00～99	00～99	00～99	000～999	000～999	0000～9 999
代码含义	省代码	市级代码	县级代码	街道、乡、镇级代码	街坊、村级代码	宗地序号

(4)边界类型与边界系统

①边界类型

边界，也称界线，在地籍中有着特殊的地位。根据土地划分的方法，形成了四种边界，即行政边界、地籍区(如街道)和地籍子区(如街坊)边界、宗地边界、地块边界。

a. 行政边界

行政边界包括省界、市界、县界、区界、乡镇界等。这些边界一般由各级政府部门(如民政部门等)划定。大都由道路、沟渠、河流、田埂、山脊或山谷、人造边界要素等构成，边界多半有一定的宽度，并由行政辖区双方共有。在农村，这些边界一般与土地所有权界线重合。

b. 地籍区或地籍子区边界

这种边界是为了地籍管理的方便由土地管理部门在进行权属调查前划定。一般地，地籍区对应街道或乡镇，地籍子区对应街坊或行政村。也有任意划定的。

c. 宗地边界

宗地边界是根据宗地划分方法而划出的地块界线。

d. 地块边界

地块边界是指在土地管理工作中，根据地块的含义划分的地块的界线。

②边界系统

所谓边界系统，就是人们或政府管理机构通常以某种方式所承认的界线存在形式。一般包括普通边界和法律边界两种。

所谓普通边界，是指主要依靠自然或人造的边界要素，依据各地的普通规则，但没有精确的边界数据，或有边界数据而没有法律手续固定下来的边界。这种边界在我国农村地区普遍存在。至今我国的行政边界以及土地利用现状调查中的地块边界大都属于此类。

所谓法律边界，是指对人造的或自然的边界要素进行精确的测量，获取测量数据，通过法律程序给予承认，并在实地以法律的形式固定下来的边界。

自然边界要素主要指一些固定的、明显的地物点（如围墙、道路中心线、房角等）和固定的、明显的线状地物或地形结构线（如山脊线，山谷线，行树、河流的边线或中心线等）。人造边界要素指人工制作的界标，如《地籍调查规程》（TD/T 1001—2012）中设计的5种界标（如图1.4～图1.8所示，图中的单位为mm）。

(5)土地权属界址的含义

土地权属界址包括界址线、界址点和界标。

所谓界址线是指相邻宗地之间的分界线，或宗地的边界线。有的界址线与明显地物重合，如围墙、墙壁、道路、沟渠等，但要注意实际界线可能是它们的中线、内线或外边线。

界址点是指界址线或边界线的转折点。

界标是指在界址点上设置的标志。界标不仅能确定土地权属界址或地块边界的地理位置，为今后可能产生的土地纠纷提供直接依据，也是测定界址点坐标值的位置依据。界标可根据实际情况选用如下五种。

①混凝土界址标桩，如图1.4所示。

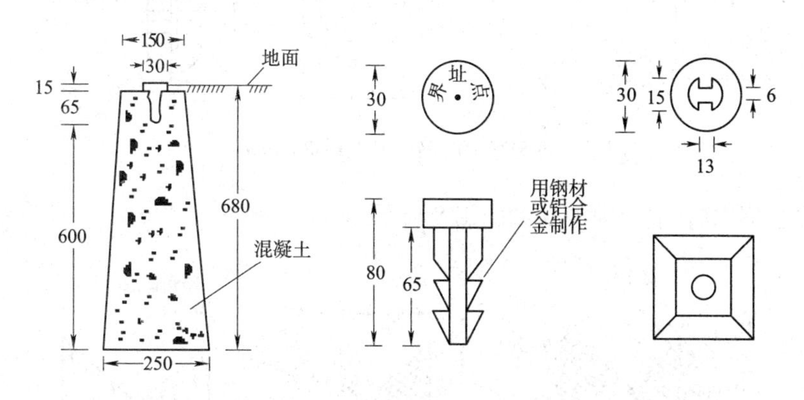

图1.4　混凝土界址标桩（单位：mm）

②石灰界址标桩（用于地面填设），如图1.5所示。

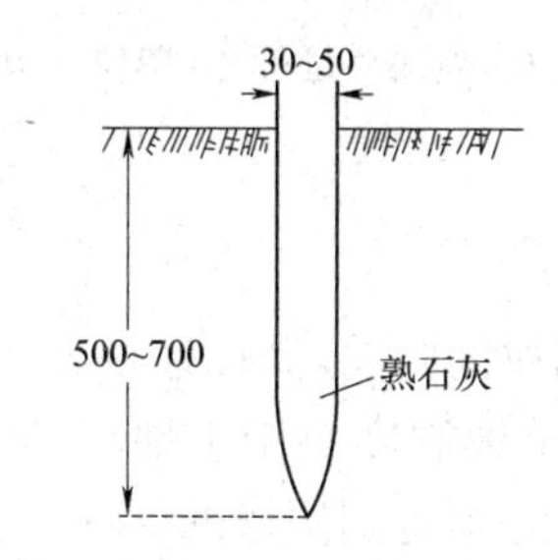

图1.5　石灰界址标桩（单位：mm）

③带铝帽的钢钉界址标桩（在坚硬的地面上打入埋设），如图1.6所示。

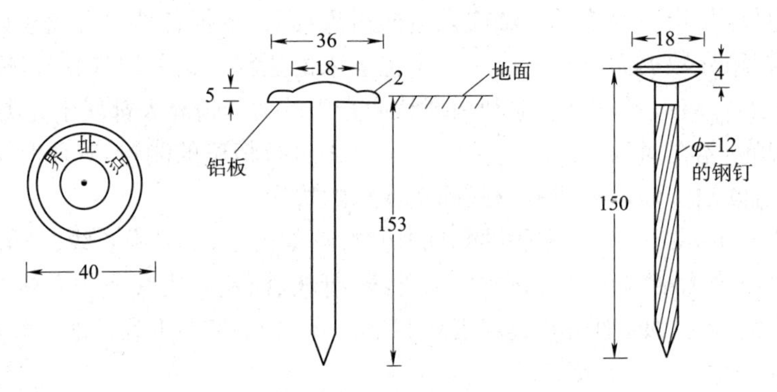

图 1.6　带铝帽的钢钉界址标桩(单位:mm)

④带塑料套的钢棍界址标桩(在房、墙角浇筑),如图 1.7 所示。

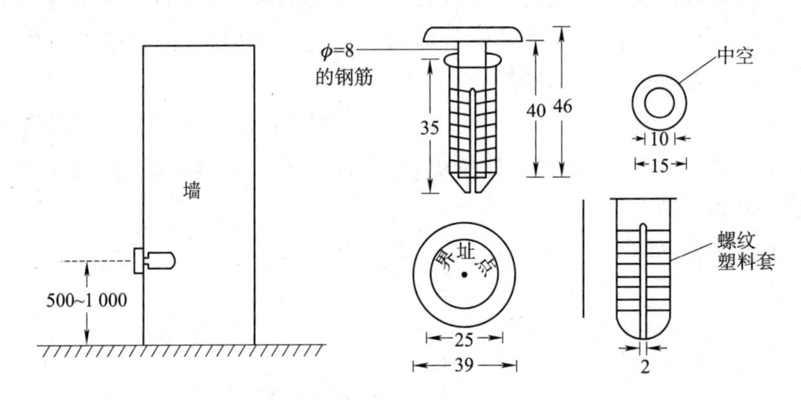

图 1.7　带塑料套的钢棍界址标桩(单位:mm)

⑤喷漆界址标志(在墙上喷漆),如图 1.8 所示。

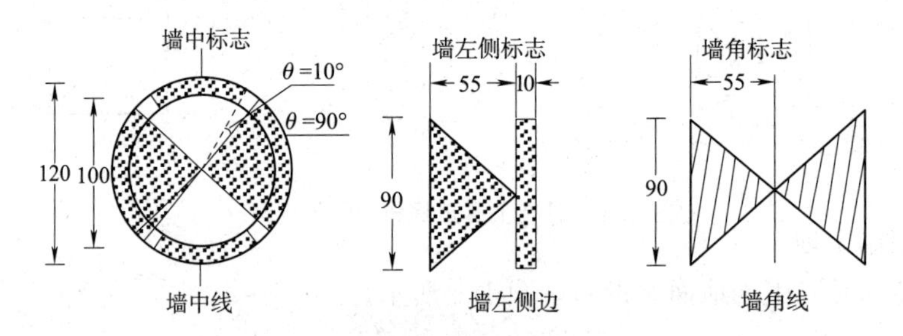

图 1.8　喷漆界址标志(单位:mm)

(6)土地权属的确认

①土地权属的概念

土地权属,即土地所有权和使用权的归属,简称地权。

土地产权是土地制度的核心。土地制度对于土地权利的种种约束表现为土地产权的约束。土地产权也像其他财产权一样,必须得到法律的保证。土地权属是指土地产权的归属,是存在于土地之中的排他性完全权利。它包括土地所有权、土地使用权、土地租赁权、土地抵押权、土地继承权、地役权等多项权利。土地权属与劳动人民的生产、生活及社会活动、思想意识等密切相关,是国家经济结构和社会安定的基础。

a. 土地所有权

所有权是所有制在法律上的表现,即从法律上确认人们对生产资料和生活资料所享有的权利。土地所有权是土地所有制在法律上的表现,具体是指土地所有者在法律规定的范围内对土地拥有占有、使用、收益和处分的权利,包括与土地相连的生产物、建筑物的占有、支配、使用的权利。土地所有者除上述权利外,同时有对土地的合理利用、改良、保护、防止土地污染、防止荒芜的义务。

新中国成立以来,土地的所有权关系经历了三个阶段:

ⓐ新中国成立之初至1957年,建立了土地国有和农民劳动者所有并存的土地所有权关系。

ⓑ1958～1978年,建立了土地全民所有和农村劳动群众(农业社、人民公社)集体所有并存的土地所有权关系。

ⓒ1978年以后,我国城乡进行了经济体制改革,建立了土地全民所有和农村集体所有的土地所有权关系,同时,进一步明确了土地所有权与使用权分离的土地使用制度。

按我国现行的法律规定,城市市区的土地属于国家所有;农村和城市郊区的土地,除由法律规定属于国家所有的外,属于农民集体所有;宅基地和自留地、自留山,属于农民集体所有;土地所有权受国家法律的保护。

b. 土地使用权

土地使用权是指依照法律对土地加以利用并从土地上获得合法收益的权利。按照有关规定,我国的政府、企业、团体、学校、农村集体经济组织以及其他企事业单位和公民,根据法律的规定并经有关单位批准,可以有偿或无偿使用国有土地或集体土地。

土地使用权是根据社会经济活动的需要由土地所有权派生出来的一项权能,两者的登记人可能一致,也可能不一致。当土地所有权人同时是使用权人的时候,称为所有权人的土地使用权;当土地使用权人不是土地所有权人的时候,称之为非所有权人的土地使用权。二者的权利和义务是有区别的。土地所有权人可以在法律规定的范围内对土地的归宿做出决定。例如,征用、划拨、调整、承包和变更登记等,必须经土地所有权人的同意和认可。而土地使用权人只有使用、支配这块土地从而获得利益和收益的权利,他无权变更土地的权属。所以,土地使用权也称土地支配权或收益权。

c. 土地权属主

所谓土地权属主(以下简称权属主,或权利人)是指具有土地所有权的单位和土地使用权的单位或个人。

在我国,根据土地法律的规定,国家机关、企事业单位、社会团体、“三资”企业、农村集体经济组织和个人,经有关部门的批准,可以有偿或无偿使用国有土地,土地使用者依法享有一定的权利和承担一定的义务。

依照法律规定的农村集体经济组织可构成土地所有权单位。乡、镇企事业单位,农民个人等可以使用集体所有的土地。

集体所有土地,由县级人民政府登记造册,核发土地权利证书,确认所有权和使用权。

单位和个人依法使用的国有土地,由县级或县级以上人民政府登记造册,核发土地使用权证书,确认使用权;其中,中央国家机关使用的国有土地的具体登记发证机关,由国务院确定。

确认林地、草原的所有权或者使用权,确认水面、滩涂的养殖使用权,分别依照森林法、草原法和渔业法的有关规定办理。

②土地权属的确认方式

所谓土地权属的确认(简称确权)是指依照法律对土地权属状况的认定,包括对土地所有权和土地使用权的性质、类别、权属主及其身份、土地位置等的认定。确权涉及用地的历史、现状、权源、取得时间、界址及相邻权属主等状况，是地籍调查中一件细致而复杂的工作。一般情况下，确权工作由当地政府授权的土地管理部门主持，土地权属主（或授权指界人）、相邻土地权属主（或授权指界人）、地籍调查员和其他必要人员都必须到现场。具体的确认方式如下：

a. 文件确认。它是根据权属主所出示并被现行法律所认可的文件来确定土地使用权或所有权的归属，这是一种较规范的土地权属认定手段，城镇土地使用权的确认大多用此方法。

b. 惯用确认。它主要是对若干年以来没有争议的惯用土地边界进行认定的一种方法，是一种非规范化的权属认定手段，主要适用于农村和城市郊区。在使用这种认定方法时，为防止错误发生，要注意以下几点：一是尊重历史，实事求是，二是注意四邻认可，指界签字，三是不违背现行法规政策。

c. 协商确认。当确权所需文件不详，或认识不一致时，本着团结、互谅的精神，由各方协商，对土地权属进行认定。

d. 仲裁确认。在有争议而达不成协议的情况下，双方都能出示有关文件而又互不相让的情况下，应充分听取土地权属各方的申述，实事求是地、合理地进行裁决，不服从裁决者，可以向法院申诉，通过法律程序解决。

③农村地区（含城市郊区）土地所有权和使用权的确认

农村土地所有权和使用权的确认涉及村与村、乡与乡、乡村与城市、村与独立工矿及事业单位的边界等。它不但形式复杂，而且往往用地手续不齐全。因此，应将文件确认、惯用确认、协商确认或仲裁确认几种方式结合起来确认农村土地所有权和使用权。对完成了土地利用现状调查的地区，其调查成果中的表册和图件是很有说服力的确权文件应予承认。

铁路、公路、军队、风景名胜区和水利设施等用地，其所有权属国家，使用权归各管理部门。由于这些用地分布广泛，并且比较零乱，其权属边界比较复杂。在进行土地权属调查时，按照土地使用原则和征地或拨地文件确认土地的使用权和所有权。

④城市土地使用权的确认

城市的土地所有权为国家所有，权属主只有土地使用权。城市土地使用权主要按以下文件确认：

a. 单位用地红线图。红线图是指在大比例尺的地形图上标绘出单位的用地红线，并注有用地单位名称、用地批文的文件名、批文时间、用地面积、征地时间、经办人和经办单位印章等信息的一种图件。红线图的形成经过建设立项、上级机关批准、用地所在市县审批、城市规划部门审核选址、地籍管理部门和建设用地部门审定和办理征（拨）地手续、再由城市勘测部门划定红线等一系列法定手续。红线图是审核土地权属的权威性文件。在进行地籍调查时，可根据该红线图来判定土地权属，并实地勘定用地范围的边界。

b. 房地产使用证。包括地产使用证、房地产使用权证或房产所有权证。1949 年以来的几十年中，有的城市曾经核发过地产使用证。1978～1986 年，城市房地产部门组织过地籍测量，绘制过房产图，并发放过房地产使用权证或房产所有权证。这些文件可作为确权依据。

c. 土地使用合同书、协议书、换地书等。1949～1986 年几十年中，企事业单位之间的调整、变更，企事业单位之间的合并、分割、兼并、转产等情况，它们所签订的各种形式的土地使用合同书、协议书、换地书等，本着尊重历史、注重现实的原则，可作为确权文件。

d. 征（拨）地批准书和合同书。1949～1982 年，企事业单位建设用地采取征（拨）地制度。

权属主所出示的征(拨)地批准书和合同书,可作为确权文件。

e. 有偿使用合同书(协议书)和国有土地使用权证书。1986年之后,国家进一步明确了土地所有权与使用权分离的制度,改无偿使用土地为有偿使用土地。政府土地管理部门为国有土地管理人,以一定的使用期限和审批手续,对土地使用权进行出让、转让或拍卖。所签订的有偿使用合同书(或协议书)和发放国有土地使用权证是土地使用权确认的文件。

f. 城市住宅用地确权的文件。现阶段我国的城市住宅有三种所有制,即全民所有制住宅、集体所有制住宅和个人所有制住宅。一般情况下,住宅的权属主同时是该住宅所坐落的土地的权属主。单位住宅用地根据其征(拨)地红线图和有关文件确权;个人住宅用地(含购商品房住宅)根据房产证、契约等文件确权;奖励、赠与的房屋用地应根据奖励证书、赠与证书和有关文件(如房产证)确认土地使用权。

(7)权属界址调查

①土地权属来源调查

土地权属来源(简称权源)是指土地权属主依照国家法律获取土地权利的方式。

a. 集体土地所有权来源调查

集体土地所有权的权属来源种类主要有:

ⓐ土改时分配给农民并颁发了土地证书,土改后转为集体所有。

ⓑ农民的宅基地、自留地、自留山及小片荒山、荒地、林地、水面等。

ⓒ城市郊区依照法律规定属于集体所有的土地。

ⓓ凡在1962年9月《农村人民公社工作条例修正草案》颁布时确认的生产经营的土地和以后经批准开垦的耕地。

ⓔ城市市区内已按法律规定确认为集体所有的农民长期耕种的土地,集体经济组织长期使用的建设用地、宅基地。

ⓕ按照协议,集体经济组织与国营农、林、牧、渔场相互调整权属地界或插花地后,归集体所有的土地。

ⓖ国家划拨给移民并确定为移民拥有集体土地所有权的土地。

b. 城镇土地使用权来源调查

迄今为止,我国城镇土地使用权属来源主要分两种情况:

一种是1982年5月《国家建设征用土地条例》颁布之前权属主取得的土地,通常叫历史用地。

另一种是1982年5月《国家建设征用土地条例》颁布之后权属主取得的土地。

ⓐ经人民政府批准征用的土地,叫行政划拨用地,一般是无偿使用的。

ⓑ1990年5月19日中华人民共和国国务院令第55号《中华人民共和国城镇国有土地使用权出让和转让暂行条例》发布后权属主取得的土地,叫协议用地,一般是有偿使用的。

在土地权属调查时,具体的情况可能较复杂,各个地方的情况也有所差别。

c. 土地权属来源调查的注意事项

在调查土地权属来源时,应注意被调查单位(即土地登记申请单位)与权源证明中单位名称的一致性。发现不一致时,需要对权属单位的历史沿革、使用土地的变化及其法律依据进行细致调查,并在地籍调查表的相应栏目中填写清楚。

②其他要素的调查

a. 权属主名称

权属主名称是指土地使用者或土地所有者的全称。有明确权属主的为权属主全称;组合宗地要调查清楚全部权属主全称和份额;无明确权属主的,则为该宗地的地理名称或建筑物的名称,如××水库等。

b. 取得土地的时间和土地年期

取得土地的时间是指获得土地权利的起始时间。土地年期是指获得国有土地使用权的最高年限。在我国,城镇国有土地使用权出让的最高年限规定为:住宅用地为 70 年;工业用地为 50 年;教育、科技、文化、卫生、体育用地 50 年;商业、旅游、娱乐用地 40 年;综合或者其他用地 50 年。

c. 土地位置

对土地所有权宗地,调查核实宗地四至,所在乡(镇)、村的名称以及宗地预编号及编号。对土地使用权宗地,调查核实土地坐落,宗地四至,所在区、街道、门牌号,宗地预编号及编号。

d. 土地利用分类和土地等级调查

土地利用现状调查包括宗地批准用途和实际用途的调查,按《土地利用现状分类》(GB/T 21010—2017)调查至二级分类。

利用城镇土地分等定级成果,确定每宗地的土地级别。

③土地权属界址调查

界线调查时,必须向土地权属主发放指界通知书,明确土地权属主代表到场指界时间、地点和需带的证明与权源材料。

a. 现场指界

界址调查的指界是指确认被调查宗地的界址范围及其界址点、线的具体位置。

ⓐ权属界址明确的调查指界

现场指界必须由本宗地及相邻宗地指界人亲自到场共同指界。若由单位法人代表指界,则出示法人代表证明。当法人代表不能亲自出席指界时,应由委托的代理人指界,并出示委托书和身份证明。由多个土地所有者或使用者共同使用的宗地,应共同委托代表指界,并出示委托书和身份证明。

对现场指界无争议的界址点和界址线,要埋设界标,填写宗地界址调查表,各方指界人要在宗地界址调查表上签字盖章,对于不签字盖章的,按违约缺席处理。

宗地界址调查表的填写应特别注意标明界址线应在的位置,如界址点(线)标志物的中心、内边、外边等。

对于违约缺席指界的,根据不同情况按下述办法处理:

如一方违约缺席,其界址线以另一方指定的界址线为准确定;

如双方违约缺席,其界址线由调查员依据有关图件和文件,结合实地现状决定。

确定界址线(简称确界)后的结果以书面形式送达违约缺席的业主,并在用地现场公告,如有异议的,必须在结果送达之日起十五日内提出重新确界申请,并负责重新确界的费用,逾期不申请,确界自动生效。

指界后,无正当理由不在地籍调查表上签字盖章的,可参阅缺席指界的有关规定处理。

ⓑ权属主不明确的界线调查

征地后未确定使用者的剩余土地和法律、法规规定为国有而未明确使用者的土地,在国有土地使用权、乡(镇)集体土地所有权和村集体土地所有权界线调查的基础上,根据实际情况划定土地界线。

暂不确定使用者的国有公路、水域的界线,一般按公路、水域的实际使用范围确界。

不明确或暂不确定使用者的国有土地与相邻权属单位的界线,暂时由相邻权属单位单方指界，并签订《权属界线确认书》，待明确土地使用者并提供权源材料后，再对界线予以正式确认或调整。

ⓒ乡镇行政境界调查

调查队会同各相邻乡（镇）土地管理所依据既是村界又是乡（镇）界的界线，结合民政部门有关境界划定的规定，分段绘制相邻乡（镇）行政境界接边草图，并将该图附于《乡（镇）行政界线核定书》，并由调查队将所确定的乡（镇）行政界线标注在航片或地形图上，提供内业编辑。

b. 界标设置

界标是界址点的标志，是界址在实地的法律凭证，是处理土地权属纠纷的依据。设置界标可以防止权属调查和勘丈、绘制宗地草图与地籍测量过程中对界址点的判断错误，保障准确地勘丈、绘制宗地草图和进行地籍测量，便于对地籍调查的测量成果进行实地检查，有利于土地使用者依法利用土地，减少违法占地和土地纠纷，也有利于地籍的日常管理。

界址认定后，调查人员在双方指界人均在的情况下，根据指界认定的土地范围，设置界标。一般设置在界址线的拐点上。设置界标要因地制宜，注意市容、镇容美观，便于保存、查找。

对于弧形界址线，按弧线的曲率可多设几个界标。对于弯曲过多的界址线，由于设置界标太多，过于繁琐，可以采取截弯取直的方法，但对相邻宗地来说，由取直划进、划出的土地面积应尽量相等。

乡（镇）、行政村、村民小组、公路、铁路、河流等界线一般不设界标。但土地行政管理部门或权属主有要求和易发生争议的地段，应设立界标。

c. 界址点编号

界址点编号是宗地界址管理的基础，根据各地区的图件资料和测量方法及相关规范的规定，界址点可按照宗地编号、图幅编号、地籍街坊统一编号三种方法进行编号。

ⓐ按宗地编号

调查区内没有近期的大比例尺地形图或其他相应图件时，可按照宗地进行界址点编号，即每宗地的界址点独立编号，从每个宗地的左上角起顺时针顺序由①、②、…依次编号。这种编号方法便于地籍调查工作的开展，如需要可在权属调查后，在地籍图、宗地图上再以街坊为单位统一编号。

ⓑ按图幅编号

如果调查区内有与要测的地籍图同比例尺、并且坐标系统和分幅亦相同、现势性较好的地形图作工作底图时，可依据权属调查对图幅内的所有界址点统一编号。界址点编号统一自左向右、自上而下，由“1”开始顺序编号。

ⓒ按街坊统一编号

如果调查区内有现势性好、能反映宗地关系的图件作工作底图，可依据权属调查将一个地籍街坊的每宗地界址点统一编号，自西向东、自北向南，由“1”开始顺序编号。对于新增的界址点可按街坊内最大界址点号续编。

按街坊统一编号是地籍调查最常用的编号方法。此法既容易操作，也比较实用，有利于管理，实际工作中的手段也很多。对于解析坐标地籍或数字地籍更应按照街坊或图幅统一编号。

d. 界址勘丈

界址勘丈与权属调查同时进行，当确定了界址点后，即应勘丈界址边长和界址点与固定建筑物的关系，并绘制在宗地草图上，作为地籍调查的原始资料。对于特大边长的界址线，比如超过 200 m 的边长，也可用界址点坐标计算边长，但应有校核条件。

外业调查后，要对其结果进行审核和调查处理。使用国有土地的单位，要将实地标绘的界线与权源证明文件上记载的界线相对照。若两者一致，则可认为调查结束；否则需查明原因，视具体情况作进一步处理。对集体所有土地，若其四邻对界线无异议并签字盖章，则调查结束。

有争议的土地权属界线，短期内确实难以解决的，调查人员填写“土地争议原由书”一式 5 份，权属双方各执 1 份，市、县(区)、乡(镇、街道)各 1 份。调查人员根据实际情况，选择双方实际使用的界线，或争议地块的中心线，或权属双方协商的临时界线作为现状界线，并用红色虚线将其标注在提供市、区的“土地争议原由书”和航片(或地形图)上。争议未解决之前，任何一方不得改变土地利用现状，不得破坏土地上的附着物。

e. 绘制宗地草图

宗地草图是描述宗地位置、界址点、线和相邻宗地关系的实地草编记录。在进行权属调查时，调查员填写并核实所需要调查的各项内容，实地确定了界址点位置并对其埋设了标志后，现场草编绘制宗地草图。图 1.9 为城镇土地使用权宗地草图样图。

ⓐ宗地草图记录的内容

ⅰ本宗地号和门牌号，权属主名称和相邻宗地的宗地号、门牌号、权属主名称；

ⅱ本宗地界址点，界址点序号及界址线，宗地内地物及宗地外紧靠界址点线的地物等；

ⅲ界址边长、界址点与邻近地物的相关距离和条件距离；

ⅳ确定宗地界址点位置、界址边长方位所必需的建筑物或构筑物；

ⅴ概略指北针和比例尺、丈量者、丈量日期。

ⓑ宗地草图的特征

ⅰ它是宗地的原始描述；

ⅱ图上数据是实量的，精度高；

ⅲ所绘宗地草图是近似的，相邻宗地草图不能拼接。

ⓒ宗地草图的作用

ⅰ它是地籍资料中的原始资料；

ⅱ配合地籍调查表，为测定界址点坐标和制作宗地图提供了初始信息；

ⅲ可为界址点的维护、恢复和解决权属纠纷提供依据。

ⓓ绘制宗地草图的基本要求

ⅰ绘制宗地草图时，图纸质量要好，能长期保存，其规格为 32 开、16 开或 8 开，过大宗地可分幅绘制；

ⅱ草图按概略比例尺，使用 2H～4H 铅笔绘制，要求线条均匀，字迹清楚，数字注记字头向北或向西书写，斜线字头垂直斜线书写；

ⅲ宗地使用者名称注记在宗地内，字头向北，界址点间的距离注记在界址线外，过密的部位可移位放大绘出；

ⅳ应在实地绘制，不得涂改注记数字；用钢尺丈量界址边长和相关边长，并精确至 0.01 m。

f. 填写地籍调查表

一个乡(镇)权属调查结束后，在乡(镇)境界内形成的土地所有权界线、国有土地使用权界线、无权属主或权属主不明确的土地权属界线、争议界线、城镇范围线构成无缝隙、无重叠的界线关系，这些界址点、线均应标注在调查用图上。

同时，每一宗地单独填写一份地籍调查表，宗地草图是地籍调查表的附图。填表时应随调查随填表，做到图表与实地一致，项目齐全，准确无误，其样式见表 1.2。若相邻宗地指界人无

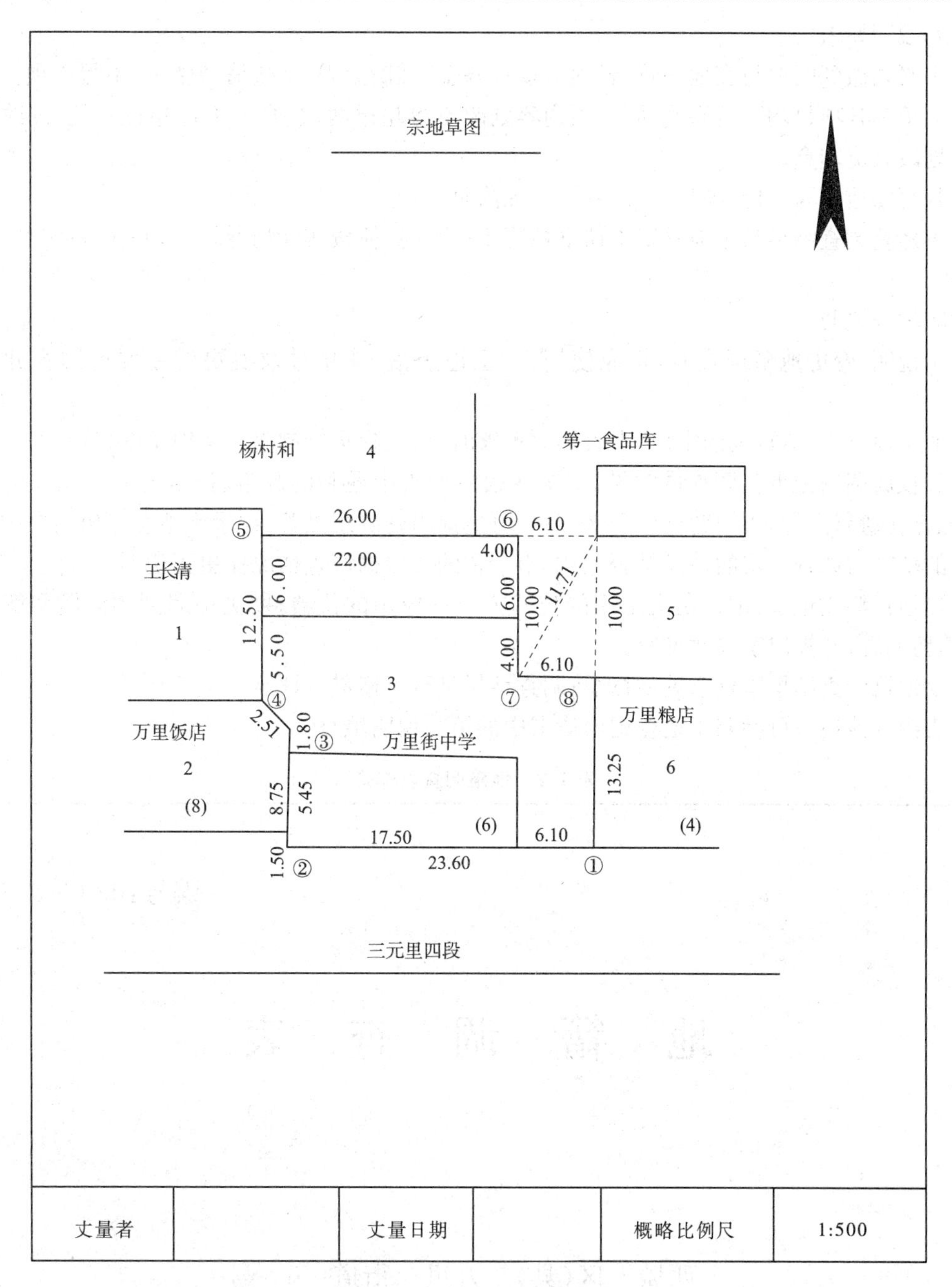

图1.9　宗地草图样图

注:(1)图中(4)、(6)、(8)为门牌号。

(2)①、②、…为界址点号。

(3)边长单位为m。

争议,则由双方指界人在地籍调查表上签字盖章,即为有效。

表中主要内容:包括本宗地籍号及所在图幅号;土地坐落、权属性质、宗地四至;土地使用者名称;单位所有制性质及主管部门;法人代表或户主姓名,身份证明号码、电话号码;委托代理人姓名、身份证号码、电话号码;批准用途、实际用途及使用期限;界址调查记录;宗地草图;权属调查记事及调查员意见;地籍勘丈记事;地籍调查结果审核。

ⓐ填写要求

ⅰ必须做到图表与实地一致,各项目填写齐全,准确无误,字迹清楚整洁,不得空项。

ⅱ填写各项目均不得涂改,同一项内容划改不得超过两次,全表不得超过两处,划改处应加盖划改人员印章。

ⅲ每宗地填写一份,项目内容多的,可加附页。

ⅳ地籍调查结果与土地登记申请书填写不一致时,应按实际情况填写,并在说明栏中注明原因。

ⓑ填表说明

ⅰ说明:变更地籍调查时,将原使用人、土地坐落、地籍号及变更的主要原因在此栏内注明。

ⅱ宗地草图:对较大的宗地,本表幅面不够时,可加附页绘制附在宗地草图栏内。

ⅲ权属调查记事及调查员意见:记录在权属调查中遇到的政策、技术上的问题和解决方法;如存在遗留问题,将问题记录下来,并尽可能提出解决意见等;记录土地登记申请书中有关栏目的填写与调查核实的情况是否一致,不一致的要根据调查情况作更正说明。

ⅳ地籍勘丈记事:记录勘丈采用的技术方法和使用的仪器;勘丈中遇到的问题和解决办法、遗留问题,并提出解决意见等。

ⅴ地籍调查结果审核意见:对地籍调查结果是否合格进行评定。

表内其他栏目可参照土地登记申请书中的填写说明填写。

表 1.2 地籍调查表样式

编号:09-08-003

地 籍 调 查 表

<u>西城</u> 区(县)<u>万里</u> 街道<u>6</u>号

2011 年 2 月 25 日

续上表

<table>
<tr><td rowspan="2">土地使用者</td><td>名称</td><td colspan="4">东江市西城区万里街中学</td></tr>
<tr><td>性质</td><td colspan="4">全民</td></tr>
<tr><td colspan="2">上级主管部门</td><td colspan="4">东江市西城区教育委员会</td></tr>
<tr><td colspan="2">土地坐落</td><td colspan="4">东江市西城区万里街 6 号</td></tr>
<tr><td colspan="2">法人代表或户主</td><td colspan="4">代理人</td></tr>
<tr><td>姓名</td><td>身份证号码</td><td>姓名</td><td colspan="2">身份证号码</td><td>电话号码</td></tr>
<tr><td>郭川</td><td></td><td>李冬</td><td colspan="2"></td><td></td></tr>
<tr><td colspan="2">土地权属性质</td><td colspan="4">国有土地使用权</td></tr>
<tr><td colspan="3">预编地籍号</td><td colspan="3">地　籍　号</td></tr>
<tr><td colspan="3">09—(08)—003</td><td colspan="3">4100000090080003</td></tr>
<tr><td colspan="2">所在图幅号</td><td colspan="4">10.00-20.00</td></tr>
<tr><td colspan="2">宗地四至</td><td colspan="4">详见宗地草图</td></tr>
<tr><td colspan="2">批准用途</td><td colspan="2">实际用途</td><td colspan="2">使用期限</td></tr>
<tr><td colspan="2">教育</td><td colspan="2">科教用地
(083)</td><td colspan="2">终止日期:2026 年 9 月 10 日止</td></tr>
<tr><td colspan="2">共有使用权情况</td><td colspan="4">万里街中学使用本宗地</td></tr>
<tr><td colspan="2">说明</td><td colspan="4"></td></tr>
</table>

续上表

界 址 标 示

界址点号	界标种类						界址间距/m	界址线类别						界址线位置			
	钢钉	水泥桩	石灰桩	喷油漆				围墙	墙壁					内	中	外	
1	√								√							√	
2	√						23.60		√							√	
3	√						8.75	√							√		
4	√						2.51		√							√	
5	√						11.50		√							√	
6	√						26.00		√							√	
7	√						10.00	√							√		
8	√						6.10		√							√	
1							13.25										

界址线		邻宗地			本宗地		
起点号	终点号	地籍号	指界人姓名	签章	指界人姓名	签章	日期
1	2	4100000090080007	李红		李冬		25/2
2	3	4100000090080002	王成		李冬		25/2
3	4	4100000090080002	王成		李冬		25/2
4	5	4100000090080001	王长清		李冬		25/2
5	5	4100000090080004	杨村和		李冬		25/2
6	7	4100000090080005	万方		李冬		25/2
7	8	4100000090080005	万方		李冬		25/2
8	1	4100000090080006	刘江		李冬		25/2
界址调查员姓名		张成元					

续上表

权属调查记事及调查员意见：
经现场核实，申请书和调查表上有关项目填写与实际情况一致，本宗地与邻宗地指界人到现场指界，调查员对8个界址点均设置界址标志，实地丈量了8条界址边长、建筑物边长和界址点的相关距离等。 经核查该宗地可进行细部测量。 调查员签名　张成元　　　　日期　2011.02.25
地籍勘丈记事：
经现场检查，界址点设置齐全完好。本宗地采用全站仪采集界址点坐标。 勘丈员签名　李　为　　　　日期　2011.02.27
地籍调查结果审核意见：
经审核成果合格 审核人签章　刘书明　　　　审核日期　2011.03.02

知识拓展

1. 地籍调查的组织实施

1)准备工作

(1)制定地籍调查的技术方案

技术人员应根据已有资料和实地踏勘了解的情况编写地籍调查技术设计书。

①技术设计书主要内容

a. 调查区的地理位置和用地特点；

b. 地籍调查程序及组织实施方案；

c. 地籍调查的技术要求；

d. 地籍调查成果的质量标准、精度要求和依据。

②技术设计书提纲

a. 调查区情况：包括调查区地理位置、范围、行政隶属、用地特点、用地状况等；技术设计的依据；地籍调查工作程序、人员组成、经费安排及时间计划等。

b. 地籍要素调查：包括确权规定；工作底图、调查区的划分及地籍编号的要求；界标设置要求；宗地草图勘丈、绘制的方法及要求。

c. 地籍测量：包括已有控制点点位及其成果资料的分析与利用；控制测量(所用坐标系、控制网的布设方案、控制点的埋设要求、实测纲要、计算方法)；细部测量(界址点的观测方法、精度要求、成图方法、面积量算方法、精度要求)。

d. 地籍数据库：包括软、硬件设备配置；建库方法及流程；数据库逻辑设计(要素分层、属性值、数据文件命名规则、数据库类型等)；数据备份方式等。

在实施技术方案时，应做好地籍调查区的划分。根据道路、规划路网、行政村、街道或街坊区域划分地籍调查区。城镇、村庄地籍调查范围要与土地利用现状调查范围相互衔接、不重不漏，在比例尺为1∶500～1∶10 000的地形图上标绘出来。若有大比例尺航片，也可在航片上勾画调查范围。

③技术设计的审批

原则上由上一级土地主管部门审批，也可由省级统一审批。

对审批后的技术设计书，在实施过程中没有大的原则性变动的情况下，实施单位可对技术设计书进行少量的修改和补充；若有大的变动、修改，还须经原审批机关批准。

(2)组织准备

①成立领导小组。领导小组一般是在各级人民政府的组织下，由市(区、县)政府及各部门领导参加，各部门分工负责，解决具体工作中出现的难题，保证调查工作的顺利进行。

②建立专业队伍。地籍调查是一项十分细致、专业性很强的工作，要保证外业调查成果的规范化，必须有一支技术过硬的专业队伍。因此，调查人员的业务水平是保证质量的必要条件。

(3)宣传培训

通过广播、电视、报纸、宣传提纲等方式，向广大群众讲清开展地籍调查工作的意义及重要性，以引起土地使用者、所有者的重视，使广大群众在地籍调查中能积极配合，以加快地籍调查进度，提高调查成果的质量。

对调查人员进行有关政策、法规及调查业务的培训，提高调查人员对工作的重视程度，明确调查任务，掌握调查方法、要求和操作要领，确保调查质量。

(4)组织试点

开展初始地籍调查前，必须先进行小范围试点。通过试点工作，使调查人员掌握基本要求及具体方法，积累经验。然后在此基础上开展全面的地籍调查工作。

①试点区的选择

城镇地籍调查时，应选择一个街道或1 km^2 左右的调查范围作为试点。

村庄地籍调查时，应选择一个村庄或几个村庄作为试点。

试点区内地类应比较丰富，能反映当地的用地特点，即代表性要强。

②试点要求

试点区的调查工作应严格按照《城镇地籍调查规程》及技术设计书的有关要求实施，严格把关，边试点、边总结。在试点工作获得一定经验并通过验收后，方可将地籍调查工作全面展开。

在进行试点区的控制测量及地籍编号时，应充分考虑其与整个调查范围的一致性，以免造成不必要的返工。

(5)表册、仪器、工具的准备

根据国家地籍调查规范的要求统一印制所需的各种表格、公告和宣传材料。如地籍调查表、委托书、地籍调查法人代表身份证明书，违约缺席指界通知书等。购买办公用品及外业调查所需用品，尽可能使用先进的仪器设备。

(6)收集资料

将原有资料尽量收集齐全，并进行分析整理。收集的主要资料有：

①原有的地籍资料。

②测量控制点资料，已有的大比例尺地形图、航测资料。

③土地利用现状调查、非农业建设用地清查资料。

④调查区域内的各种用地资料和建筑物、构筑物的产权资料。在许多县市由于规划、国土、建设由多个部门管理，应分别收集。收集的资料越多，调查的工作量就越少，确权的准确性和真实性就越高。

⑤土地征用、划拨、出让、转让等档案资料。

⑥土地登记申请书及其权属证明材料。

⑦其他有关资料。

2)地籍要素外业调查、勘测

外业调查是根据土地登记申请人(法人、自然人)的申请和对申请材料的初审结果而进行的实证调查，即对土地的位置、界址、用途等进行实地核定、调查、勘丈。外业调查结果的记录，须经土地登记申请人的认定。

需要外业调查依法认定的权属界址和利用现状，必须按《城镇地籍调查规程》及《第二次全国土地调查技术规程》的要求进行实地勘测，并确定各地籍要素的空间位置。

地籍要素调查包括土地权属、土地利用现状、土地等级、界址点、房产情况等方面的调查。各项要素外业调查、勘测的方法及其要求，本书后面各项目将作详细介绍。

3)内业工作

在外业工作基础上，进行室内面积量算、宗地图和地籍图绘制、地籍数据库建设、地籍成果资料整理等。地籍调查成果资料主要包括技术设计书、地籍调查表、地籍平面控制测量的原始记录、控制网点图、平差计算资料及成果表、地籍勘丈原始记录、解析界址点成果表、地籍铅笔原图和着墨二底图、宗地图、地籍图、房产图、分幅结合表、面积量算表及原始记录、验收报告以及技术总结等。

2. 权属调查阶段的成果整理

权属调查成果是地籍档案的重要组成部分，也是地籍测量的依据，成果的整理应符合档案管理规定，便于地籍测量工作的实施。

(1)宗地调查资料按宗进行立卷。立卷资料的规格必须一致，不得参差不齐。卷内资料按一定次序统一编排。资料属复印件的，应加盖管理机关印章后才能归档。

(2)调查资料立卷后，应逐宗用资料(档案)袋装放。档案封面必须说明土地使用者名称和土地编号、卷内资料的编号及名称目录，并按街道、街坊汇总。同一街道、街坊的宗地档案按宗地编号的先后顺序同一排列。

(3)违法用地的调查资料整理参照宗地整理调查资料的整理办法进行。整理后的资料按街道、街坊汇总，与宗地资料集中存放，并造册摘录违法用地者名称、地块编号、面积、用途和违法用地性质，以便处理。

(4)街道、街坊分区示意图可与地籍图分幅结合图一起编制成地籍索引图。

(5)调查底图应以街道、街坊为单位进行整理。

(6)在整理过程中，应核查资料是否齐全、是否符合要求，凡发现资料不全、不符合要求或调查存在遗漏的应及时进行补调、修正。

权属调查成果整理过程中，应考虑后续地籍测量成果检核的有关数据的完整性，确保地籍调查工作做到“边工作边校核”的效果。

相关规范、规程与标准

1. 地籍测绘规范

(1)地籍要素调查一般规定

①组织领导

地籍要素调查必须在当地人民政府领导下进行。

②调查内容

调查的基本内容包括地块权属、土地利用类别、土地等级、建筑物状况等。

③调查的基本要求

地籍要素调查以地块为单元进行；调查前应收集有关测绘、土地划拨、地籍档案、土地等级评估及标准、地名等资料；调查内容应参照“地籍调查表”逐一填记在调查表或宗地草图中。

(2)地块与编号

①地块

地块是地籍的最小单元，是地球表面上一块有边界、有确定权属主和利用类别的土地。一个地块只属于一个产权单位，一个产权单位可包含一个或多个地块。

地块以地籍子区为单元划分。

②地块编号

地块编号按省、市、区(县)、地籍区、地籍子区、地块六级编立。

地籍区是以市行政建制区的街道办事处或镇(乡)的行政辖区为基础划定；据实际情况，可以街坊为基础将地籍区再划分为若干个地籍子区。

编号方法：省、市、区（县）的代码采用GB 2260《中华人民共和国行政区划代码》规定的代码；地籍区和地籍子区均以两位自然数字从01至99依序编列；未划分地籍子区时，相应的地籍子区编号用“00”表示，在此情况下地籍区也代表地籍子区；地块编号以地籍子区为编号区，采用5位自然数字从1至99 999依序编列；后新增地块接原编号顺序连续编列。

（3）权属调查

①调查内容

地块权属是指地块所有权或使用权的归属。

地块权属调查包括地块权属性质、权属主名称、地块坐落和四至，以及行政区域界线和地理名称。

②界址点、线的调查

界址点、线调查是依据有关条件关系和法律文件，在实地对地块界址点、线进行判识。

2. 城镇地籍调查规程之权属调查

（1）调查工作图

用已有地籍图或大比例尺地形图复制图作为调查工作图；无上述图件的地区，应按街坊或小区现状绘制宗地关系位置图，作为调查工作图，避免重漏。

（2）划分调查区

根据调查范围，在调查工作图上依行政界或自然界线划分调查区。

（3）编制地籍号

依据规定，调查前逐宗预编地籍号，通过调查正式确定地籍号。

（4）指界通知

按调查工作计划，分区分片公告通知或邮送通知单，通知土地使用者按时到场指界。

（5）现场调查核实

核实各宗地的土地使用者、地籍号和实际用途等。

（6）界址调查

界址的认定必须由本宗地及相邻宗地使用者亲自到现场共同指界。

单位使用的土地，须由法人代表出席指界，并出具身份证明和法人代表身份证明书；个人使用的土地，须由户主出席指界，并出具身份证明和户籍簿。

法人代表或户主不能亲自出席指界的，由委托代理人指界，并出具身份证明及委托书。两个以上土地使用者共同使用的宗地，应共同委托代表指界，并出具委托书及身份证明。

经双方认定的界址，必须由双方指界人在地籍调查表上签字盖章。

有争议的界址，调查现场不能处理时，按《中华人民共和国土地管理法》第十三条的规定处理。

一宗地有两个以上土地使用者时，要查清各自使用部分和共同使用部分的界线。

违约缺席指界的，根据不同情况按下述办法处理：

a. 如一方违约缺席，其宗地界线以另一方所指界线确定；

b. 如双方违约缺席，其宗地界线由调查员依现状界址及地方习惯确定；

c. 将确界结果以书面形式送达违约缺席者，如有异议，必须在15日内提出重新划界申请，并负担重新划界的全部费用，逾期不申请，a、b两条确界自动生效。

调查结果应在现场记录于地籍调查表上，并绘出宗地草图。

3. 中华人民共和国土地管理法

以下内容为便于查找，按原条款条目级别直接引入，类似问题全书同本处处理，不再说明。

第二章　土地的所有权和使用权

第八条　城市市区的土地属于国家所有。

农村和城市郊区的土地，除由法律规定属于国家所有的以外，属于农民集体所有；宅基地和自留地、自留山，属于农民集体所有。

第九条　国有土地和农民集体所有的土地，可以依法确定给单位或者个人使用。使用土地的单位和个人，有保护、管理和合理利用土地的义务。

第十条　农民集体所有的土地依法属于村农民集体所有的，由村集体经济组织或者村民委员会经营、管理；已经分别属于村内两个以上农村集体经济组织的农民集体所有的，由村内各该农村集体经济组织或者村民小组经营、管理；已经属于乡（镇）农民集体所有的，由乡（镇）农村集体经济组织经营、管理。

第十一条　农民集体所有的土地，由县级人民政府登记造册，核发证书，确认所有权。农民集体所有的土地依法用于非农业建设的，由县级人民政府登记造册，核发证书，确认建设用地使用权。

单位和个人依法使用的国有土地，由县级以上人民政府登记造册，核发证书，确认使用权；其中，中央国家机关使用的国有土地的具体登记发证机关，由国务院确定。

确认林地、草原的所有权或者使用权，确认水面、滩涂的养殖使用权，分别依照《中华人民共和国森林法》《中华人民共和国草原法》和《中华人民共和国渔业法》的有关规定办理。

第十二条　依法改变土地权属和用途的，应当办理土地变更登记手续。

第十三条　依法登记的土地的所有权和使用权受法律保护，任何单位和个人不得侵犯。

第十四条　农民集体所有的土地由本集体经济组织的成员承包经营，从事种植业、林业、畜牧业、渔业生产。土地承包经营期限为三十年。发包方和承包方应当订立承包合同，约定双方的权利和义务。承包经营土地的农民有保护和按照承包合同约定的用途合理利用土地的义务。农民的土地承包经营权受法律保护。

在土地承包经营期限内，对个别承包经营者之间承包的土地进行适当调整的，必须经村民会议三分之二以上成员或者三分之二以上村民代表的同意，并报乡（镇）人民政府和县级人民政府农业行政主管部门批准。

第十五条　国有土地可以由单位或者个人承包经营，从事种植业、林业、畜牧业、渔业生产。农民集体所有的土地，可以由本集体经济组织以外的单位或者个人承包经营，从事种植业、林业、畜牧业、渔业生产。发包方和承包方应当订立承包合同，约定双方的权利和义务。土地承包经营的期限由承包合同约定。承包经营土地的单位和个人，有保护和按照承包合同约定的用途合理利用土地的义务。

农民集体所有的土地由本集体经济组织以外的单位或者个人承包经营的，必须经村民会议三分之二以上成员或者三分之二以上村民代表的同意，并报乡（镇）人民政府批准。

第十六条　土地所有权和使用权争议，由当事人协商解决；协商不成的，由人民政府处理。

单位之间的争议，由县级以上人民政府处理；个人之间、个人与单位之间的争议，由乡级人民政府或者县级以上人民政府处理。

当事人对有关人民政府的处理决定不服的，可以自接到处理决定通知之日起三十日内，向人民法院起诉。

在土地所有权和使用权争议解决前,任何一方不得改变土地利用现状。

4. 第二次全国土地调查技术规程

8.3　土地权属调查

8.3.1　调查单元是宗地。凡被权属界址线封闭的土地为一宗地。包括集体土地所有权宗地和国有土地使用权宗地。同一所有者的集体土地被铁路、公路,以及国有河流、沟渠等线状地物分割时,应分别划分宗地。有争议土地,且一时难以调处解决的,可将争议土地单独划"宗",待争议调处后划入相关宗地或单独划宗。

8.3.2　以县级行政区为单位,采用乡(镇)、行政村、宗地三级编号,宗地号按从左到右、自上而下,由"1"开始顺序编号。

8.3.3　以宗地为单位,界址点按顺时针方向由"1"开始顺序编号,界址点坐标可用图解或实测坐标。

8.3.4　已确权登记的,经复核存在错误或界线调整的,有关各方法定代表人或委托代理人应共同指界,重新签订"土地权属界线协议书"。资料手续不完善的,应补办手续。经复核无误的,不再重新调查、指界和签字。

8.3.5　未确权登记的,有关各方法定代表人或委托代理人应共同指界。集体土地与没有明确使用者的国有土地权属界线,由集体土地指界人指界、签字,根据有关法规和实地调查结果予以确认。

8.3.6　有争议的界线,应依法予以调处,签订"土地权属界线协议书"。难以调处的,划定工作界线,签订"土地权属界线争议原由书"。

8.3.7　违约缺席指界的,如一方违约缺席,以另一方所指界线确定;如双方违约缺席,根据权源材料和实际使用状况确定界线;指界人认定界址后不签字的,按违约处理。调查结果以书面形式送达违约方。违约方在15日内未提出异议或未提出重新指界的,按调查结果认定权属界线。

8.3.8　已征收但未明确土地使用者的,按征收界线确定国有土地使用权界。

典型工作任务2　土地利用现状调查

1.2.1　工作任务

1. 土地利用现状调查的目的

(1)全面查清土地利用现状,掌握真实的土地基础数据,为制定国民经济计划和有关政策服务。

(2)为建立土地登记、土地统计制度服务。

(3)为农业生产提供科学依据。

(4)为地籍管理、土地权属管理、土地利用管理、建设用地管理和土地监察等提供基础的土地数据和其他信息,为全面管理土地服务。

2. 土地利用现状调查的任务

(1)农村土地调查。逐地块实地调查土地的地类、面积和权属,掌握各类用地的分布和利用状况,以及国有土地使用权和集体土地所有权状况。

(2)城镇土地调查。调查城市、建制镇内部每宗土地的地类、面积和权属,掌握每宗土地的位置和利用状况,以及土地所有权和土地使用权状况。

(3)基本农田调查。依据基本农田划定和调整资料，将基本农田地块落实到土地利用现状图上，掌握全国基本农田的数量、分布和保护状况。

(4)土地调查数据库及管理系统建设。建立国家、省、市(地)、县四级集影像、图形、地类、面积和权属于一体的土地调查数据库及管理系统。

1.2.2 相关配套知识

1. 土地利用现状调查基本知识

(1)概念

土地利用现状调查主要是指在全国范围内，为全面查清土地的数量及其分布等现时利用状况而进行的土地资源调查。

土地利用现状调查分概查和详查两种类型。概查是为满足国家编制国民经济长远规划、制定农业区划和农业生产规划的急切需要而进行的土地利用现状调查。详查是为国家发展改革与规划部门、统计部门提供各类土地的详细准确的数据，为土地管理提供基础数据和图件资料而进行的调查。1984 年国务院部署进行第一次全国土地利用现状调查，至 1996 年基本完成。

第一轮进行的土地利用现状调查工作中，结合进行土地权属的调查，实际上是除城、镇、村庄以外的地籍调查。根据《国务院关于开展第二次全国土地调查的通知》(国发〔2006〕38 号)，国务院决定自 2007 年 7 月 1 日起，开展第二次全国土地调查，新一轮国土资源大调查推进了城乡统一的土地利用现状分类系统，建立数字国土信息工程，为土地用途管制和土地资源、土地资产管理奠定基础。

(2)土地利用现状调查的原则

①实事求是的原则

为查清土地资源，国家投入巨大的人力、物力和财力。因此，在调查过程中，一定要坚持实事求是的原则，防止来自任何方面的干扰。

②全面调查的原则

土地利用现状调查必须严格按照《第二次全国土地调查规程》的规定和精度要求进行，并实施严格的检查、验收制度。

③一查多用的原则

所谓一查多用，就是要充分发挥土地利用现状调查成果的作用，不仅为土地管理部门利用，而且为其他部门——农业、林业、水利、城建、统计、计划、交通运输、民政、工业、能源、财政、税收、环保等部门服务，成为多用途地籍信息系统中的重要内容。

④运用科学的方法

土地利用现状调查中选用的技术手段，应当贯彻在保证精度的前提下，兼顾技术先进性和经济合理性原则。为了保证和提高精度，应逐步把现代化技术手段运用到土地利用现状调查中。

⑤以改进土地利用、加强土地管理为基本宗旨

土地利用现状调查最根本的目的是管好、用好土地，因而管好、用好土地是考虑一切问题的基本点。土地利用现状调查中对土地的分类应当与土地的利用方式有密切的联系，应当适合于土地管理的需要。

⑥以“地块”为单位进行调查

土地利用现状调查中，在所有权宗地内，按土地利用现状分类标准的二级类为依据划分出

的一块地，称为分类地块，俗称图斑。

(3)比例尺

土地利用现状调查所用的底图有DOM、正射影像图和相片平面图。农村地区土地调查以1∶10000比例尺为主；荒漠、沙漠、高寒等地区可采用1∶50000比例尺；经济发达地区和大中城市城乡结合部，可根据需要采用1∶2000或1∶5000比例尺；城镇地区调查宜采用1∶500比例尺。DOM比例尺与摄影比例尺关系按技术规程的要求执行。

(4)土地利用现状调查的程序

土地利用现状调查是为了掌握真实的土地利用分类及其分布，为此遵照新的《第二次全国土地调查技术规程》，以县为单位，按如下程序进行(图1.10)。

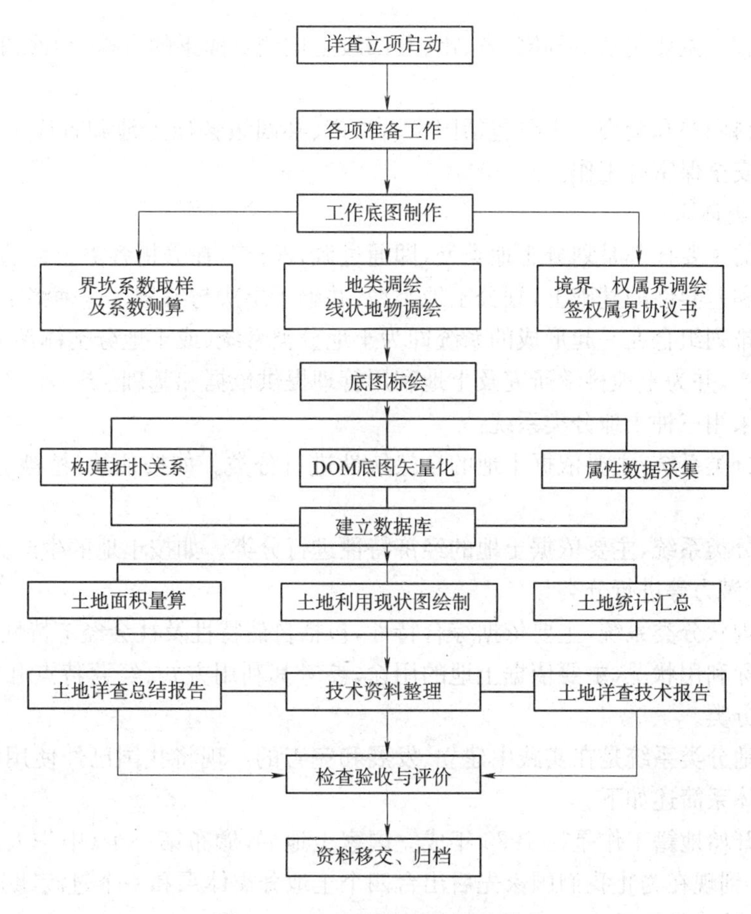

图1.10　土地利用现状调查程序

①准备工作。主要包括组织准备，建立领导机构；人员培训、落实经费、制订方案；资料准备，如基础地理资料、遥感资料、土地权属资料等；仪器、设备以及各种手簿、表册等的准备。

②调查底图的制作。主要包括制作DOM、土地利用数字线划图等相关图件资料和相片平面图，分幅形成调查底图。

③外业调查。主要包括土地利用类型调查、土地权属确认、城镇地籍测量、表格填写、现场记录等相关工作。

④基本农田调查绘在图上。

⑤调查底图标绘。室内应在 DOM 调查底图上标绘全部调查信息，以行政村为单位进行土地统一编号，补测地物的顺序号前加“B”，并填写、整理农村土地调查记录手簿。

⑥数据库建设。主要包括国家、省、市、县四级土地利用数据库建设，城镇土地数据库建设，土地调查数据库整合等。

⑦成果制作与整理。主要包括面积量算、土地面积统计汇总等，以及国家、省、市、县四级土地调查图件制作，以及表格、文本、电子光盘等各项成果的制作。其中，土地利用现状调查报告编写的内容是调查区的自然与社会经济情况及调查工作情况。包括组织机构，工作计划，规程、规范的执行，经费使用，调查成果及质量，合理利用土地的经验及建议，土地利用存在的问题及分析等。

⑧检查验收。主要包括对国家、省、市、县四级土地调查成果的自检、预检、验收、核查等各项验收工作。

⑨成果资料归档和会交。主要包括国家、省、市、县四级各项土地调查成果的存档和逐级会交以及各种安全保密等工作。

2. 土地分类体系

土地分类的主要任务是划分土地类型，即通过调查研究，在分析各类土地的特点以及它们之间的共同性和差异性的基础上，划分土地类型，并给予层次与编号。这种将土地及其编号有规律分层次地排列组合在一起形成的系统即为土地分类系统（或土地分类体系）。土地分类可直接服务于生产，并为土地科学研究及土地利用管理提供依据和基础。

我国主要采用三种土地分类系统：

土地自然分类系统，主要依据土地的自然属性进行分类。如按地貌、植被、土壤等进行土地分类。

土地评价分类系统，主要依据土地的经济特性进行分类。如按土地的生产力水平、土地质量、土地的生产潜力等进行分类。

土地利用现状分类系统，主要依据综合特性，包括自然特性及社会经济特性。它反映某一时期的土地实际利用状况，主要依据土地的用途，参考其利用方式、经营特点和覆盖特征等因素对土地进行分类。

我国的土地分类系统是在实践中建立、发展和完善的。现将我国已经使用和正在使用的几个土地分类体系简述如下。

全国全面开始地籍工作是在 1986 年成立国家土地局，颁布第一个《中华人民共和国土地管理法》之后。到现在为止我们国家先后出台四个土地分类体系和一个过渡期分类体系。

(1)城镇土地分类体系

该分类体系是由国家土地局于 2012 年以行业标准《地籍调查规程》发布试行的。城镇土地分类是以土地用途为主要依据，规定全国城镇土地采用两级分类：10 个一级类、24 个二级类。其中一级分类分为：商业金融业用地、工业、仓储用地、市政用地、公共建设用地、住宅用地、交通用地、特殊用地、水域用地、农用地和其他用地（详见《地籍调查规程》）。城镇土地分类在我国 20 世纪 80 年代和 90 年代的地籍调查中发挥过重要作用，一直沿用到 2001 年 12 月。

(2)土地利用现状分类体系

我国农村土地分类，采用的是全国农业区划委员会 1984 年制定的《土地利用现状调查技术规程》规定的土地利用现状分类体系。采用两级分类：8个一级类、46个二级类。（详见《土地利用现状调查地（市）级汇总技术规程》（TD 1002—1993）。到21世纪初逐渐被新的全国土地分类体系所取代。

（3）全国土地分类体系

自20世纪80年代以来，上述两个土地分类系统在地籍调查中基本上满足了土地管理和社会经济发展的需要。随着新的土地管理法的颁布实施，需要依照法律的规定，进一步明确农用地、建设用地和未利用地的范围及与土地分类的衔接。同时，根据多年来市场经济的发展和土地使用制度的改革，也要求对原城市土地分类进行适当调整。并且，随着城乡一体化进程的加快，科学实施全国土地和城乡地政统一管理已提到议事日程，为了实施土地统一管理，汇总全国城乡统一的土地数据，因而建立城乡土地统一分类系统。

城乡统一的土地分类体系于2001年8月21日由国土资源部颁布，并命名为《全国土地分类（试行）》，在前两个土地分类的基础上，采用三级分类：3个一级类，15个二级类、71个三级类。具体内容见附录B之表B3。

（4）全国土地分类的过渡期分类体系

当时有的地区尚未完成城镇和村庄地籍调查，土地变更调查、更新调查与区域内的城镇和农村地籍调查仍在分别进行。土地变更调查和全国统计年报暂时无法全面执行新的《全国土地分类》，需要有一个过渡期。在过渡期内新修改的《全国土地分类》建设用地中“21～25”及“28”等6个二级地类（含所属全部三级地类）及“交通用地”中的“266”一个三级地类暂不启用，仍使用原土地利用现状分类中的“居民点及工矿用地”地类进行土地变更调查和土地统计年报，该“居民点及独立工矿用地”地类的编号定为“20”，具体请参阅附录B之表B2。2001年国土资源部颁布的《全国土地分类（试行）》，在过渡时期使用时，采用三级分类：3个一级类，10个二级类、52个三级类。该分类体系有效地应用于土地变更调查和国土资源管理工作中。

（5）第二次全国土地调查分类

2017年，国家标准化管理委员会发布了《土地利用现状分类》（GB/T 21010—2017），“新分类”包括一级分类12个，二级分类57个。该分类被国土资源部指定为第二次全国土地调查所采用的分类标准，对城乡用地进行统一分类。具体参见附录A之表A1和表A2。当进行农村土地调查时，其城镇、村及工矿用地按表A2执行。

3. 第二次全国土地调查几点专项要求

第二次全国土地调查是一项重大的国情国力调查，国家非常重视，并在规程中作出了一些专门要求，叙述如后。

（1）正射数字影像图（DOM）调查

用航空遥感影像和航天遥感影像制作DOM，用于土地调查是第二次全国土地调查明确规定的。目前DMC及数字摄影已成功地用于航测生产，制作成DOM更为方便。DOM与航空相片相比有明显的优点：DOM便于全数字摄影测量各工序使用，垂直投影消除了投影误差，易于相片解译，影像图上比例尺处处一致，可直接在DOM上取得准确的地物坐标或面积，等等。因此，采用DOM作为底图是技术进步的表现。

第二次土地调查的地类调查，是内业解译和外业核实、补充调查相结合的综合调绘法，既能提高效率又保证质量。

（2）基本农田调查

第一次全国土地利用现状调查未列此项调查。为了贯彻国家确保18亿亩耕地的红线保护范围，单列基本农田调查专项是十分必要的。土地管理法明确规定：国家实行基本农田保护制度。下列耕地应当根据土地利用总体规划划入基本农田保护区。

①国务院主管部门或县以上人民政府批准确定的粮、棉、油生产基地内的耕地；

②有良好水利与水土保持措施的耕地，列入改造计划以及可以改造的中、低产田；

③蔬菜生产基地；

④农业科研、教学试验田；

⑤国务院规定划入基本农田保护区的其他耕地。

基本农田调查的过程如下：

①收集基本农田资料，包括土地利用总体规划图、基本农田划定图件或档案、基本农田调整文件和图件等资料。

②扫描套合，将收集的基本农田图件扫描，在数据库中与土地利用现状图套合，其套合结果经基本农田划定部门审核后，进行必要的调整，经同意认可确定为基本农田数据库层的数据。

③根据套合结果，将基本农田的位置、范围、地类标绘在土地利用现状图上，在农村土地调查数据库中建立基本农田数据层。

④在土地调查数据库中，计算基本农田面积，并填写相应表格；将基本农田面积数据，以及地类状况报基本农田规划部门审核确认。

(3)田坎系数问题

田坎是指丘陵地、山地的耕地中，南方≥1.0 m，北方≥2.0 m的地坎、地垄或小土埂。由于比例尺的限制，它们较短和过于窄小的无法在图上标绘，从而包围在大图斑内。然而它们的数量较大，不能全部在实地逐一勘丈和测算，用求田坎系数的办法来解决是比较简便而实用的。

田坎系数是指田坎面积占扣除其他线状地物后耕地图斑面积的比重。它可分为样方田坎系数和平均田坎系数。样方田坎系数＝田坎面积合计/(样方面积－其他线状地物面积合计)×100%。通常要求样方应为均匀分布的图斑，单个样方不小于0.4 hm^2(6亩)。测算时按地形坡度分为梯田或坡地进行测算。平均田坎系数＝样方田坎系数总和/样方数。平均田坎系数可简称田坎系数，测求时要求样方数不少于30个，且该组内最大值不得大于最小值的30%。

第二次全国土地调查规定：田坎系数由省(市、区)统一组织测算，经验收合格后，在计算耕地净面积时，将图斑面积扣除田坎面积即是。对于地面坡度≤2°的平坦地区耕地中的田坎，需外业逐条调绘田坎并上图，丈量其宽度，内业量测长度，在计算面积时逐条予以扣除。地面坡度可应用土地数据库的数字高程模型(DEM)生成坡度图，计算不同坡度级的耕地面积。

(4)海岛、江河入海口和滩涂调查

①海岛调查

海岛是构成全国土地总面积的重要组成部分，第二次全国土地调查对面积≥500 m^2，不与大陆相连的海岛进行调查与统计。特作如下规定：

海岛范围调查至零米等深线；调查底图覆盖到的海岛，调绘在底图上；调查底图覆盖不到的，依据相关资料确定其位置(经纬度)，仅对其名称(无名称的予以编号)、地类和面积等进行统计；对有固定人口长期居住的海岛，必须登岛进行实地调查，方法与大陆调查相同；对无人居住的海岛且离海岸较近，如有资料可不登岛实地调查，依据DOM影像、地形图和有关资料进行调查上图；因围海造地、修建港口、筑建堤坝，已与大陆相连成为半岛的海岛应视为大陆，不作海岛调查与统计;修桥与大陆相连的海岛仍以海岛进行调查统计。

②江河入海口调查

江河入海口的陆海分界线一般是入海口两岸突出岬角的连线。全国土地调查办公室将收集江河入海口陆海分界线画法供各省参照使用。在调查中按实际情况分别对待大江大河的入海口,如长江、珠江、杭州湾、闽江等,通常采用海洋测绘和水利勘测等部门的陆海界线画法确定;黄河由于泥沙沉淀,其入海口的滩涂经常处于变化之中,因此,黄河入海口的陆海分界线以调查时的两岸突出岬角连线为分界线;其他小的河流入海口陆海分界线,以调查时两岸突出岬角连线为分界线。

全国土地调查办公室将收集海洋测绘主管部门的有关滩涂界线之图件资料,供沿海省份使用。在调查中可对其相应界线按实际情况进行调整。

(5)农村土地调查记录表的填写

农村土地调查应详细记载图斑地类、权属,以及线状地物权属、宽度等信息,补测地物还需绘制草图,并在备注栏内予以说明。"农村土地调查记录手簿"分为"图斑记录表"和"线状地物记录表"两种,现场填写调查底图无法完整表示的内容和信息。图斑记录表如表1.3所示,具体填写要求如下:"序号"以行政村为单位按顺序填写;"图幅号"填写图斑所在的图幅号;"图斑预编号"按外业调查时图斑的临时编号填写;"图斑编号"填写数据库建成后图斑编号,统一以行政村为单位,对地类图斑从左到右、自上而下由1开始顺序编号,补测地物编号之前加"B"字;"地类编码"是指图斑地类编码;"权属单位"填写图斑所属的权属单位名称;"权属性质"国有填"G",集体填"J",后者可以省略不填;"耕地类型"仅填梯田耕地,用"T"表示,坡地耕地不必填写;"备注"填需要备注的内容,或补测地物的说明;"草图栏"只绘补测地物的图斑草图。

表1.3　农村土地调查记录手簿(图班)

行政村名称:　　　　　　　　　　　　　　　　　第　页共　页

序　号	图编号	图斑预编号	图斑编号	地类编码	权属单位	权属性质	耕地类型	备　注
1	2	3	4	5	6	7	8	9
草图								

调查人:　　　　　调查日期:　　　　　检查人:　　　　　检查日期:

线状地物记录表(表1.4),第8栏"宽度"填写线状地物实地量测的完整宽度;"比例"栏,当线状地物与权属界线重合时,填写在本权属单位内的线状地物宽度占完整宽度的比例。其余填写要求与图斑记录表相同。

(6)统一时点

第二次全国土地调查成果数据汇总统一时点为2009年10月31日。对于2008年年底以前完成调查的，2009 年由国土资源部统一购置遥感影像进行更新；2009 年完成调查的从完成之日到 2009 年 10 月 31 日有变化的，对变化的部分予以更新。更新数据包括土地利用和土地权属变化情况，以及土地数据的变更。数据逐级汇总，形成统一时点数据。

表 1.4 农村土地调查记录手簿(线状地物)

行政村名称： 第 页共 页

序号	图幅号	预编号	编 号	地类编码	权属单位	权属性质	宽 度	比 例	备 注
1	2	3	4	5	6	7	8	9	10
草图									

调查人： 调查日期： 检查人： 检查日期：

4. 土地利用现状调查基本内容

根据调绘作业规律，土地利用现状调绘一般按：境界和行政界线—土地权属界线—居民地及相关地物—土地利用分类图斑—线状地物—未利用地的顺序，结合实际情况进行调绘。

1)国界和行政界线的调绘

①国界的调绘

一般从事国界调绘时，应与外交部、总参谋部及国家测绘局等联系，取得划界图件，严格准确地按标准样图，在边防人员的帮助下，搞好国界线调绘。第二次全国土地调查，则由全国土地调查办公室提供国界线资料。

对界桩(界碑)和两国共有双线河流，都要严格按照规定进行调绘。

②国内行政界线的调绘

国内行政界线包括省、地(市)、县、各级辖区的界线。

国内的行政区划界线，有的是历史沿用下来现仍得到认可的，有的是新中国成立以后由国务院批准设立的。1996 年以后首次完成了法定的行政界线勘界。县级以上行政区域界线采用全国陆地行政区域勘界成果确定的界线；陆地和海岛与海洋的界线，以及香港、澳门特别行政区界、台湾省界采用国家确定的界线。底图调绘前，应尽可能向民政部门和测绘主管部门索取行政区域界线标准划法图集、界桩编号示意图，并抄录界桩成果表及界桩位置略图作为调绘界线的重要依据和参考资料。调绘时应由熟悉情况的人员带领。

2)土地权属界线的调绘

土地权属界线包括乡(镇)、街道、行政村、自然村、农(林、牧、渔)场、机关团体、部队、院校、工矿企业和事业单位，以及法人或自然人的物权界线，是土地利用现状调绘的重要内容之一。乡(镇)、街道、村等的行政界线以上级政府的批复文件为依据调绘在图上。

农村集体土地所有权界线调查的法律程序、技术要求、宗地(图斑)编号等，与地籍调查基本相同，具体可参阅本项目典型任务 1 土地权属调查。

土地权属界线调绘的方法和绘图要求如下：

①按照县人民政府发布的文告，结合土地局土地利用现状调查总的分区安排，有计划地发送土地权属调查通知书，要求土地权属单位按规定派员准时到调绘现场指界。

②在土地局工作人员的参与下，调绘员持调绘底图、地形图等资料及土地权属调查表（表1.2）、土地权属界线协议书到指定地点。人员会齐即可从本村（组）所属宗地1号界址点开始指界，无异议即可桩钉界址点，编号填入表1.5。

表1.5 ______县（市）（农村集体）土地权属界线调查表

土地所有者（农民集体）名称										王家村					
宗地坐落	图幅号	H—50—15—(24)								南至	周家湾		东至	刘家坪	
	宗地号	02—(16)—037								北至	农机站		西至	大树村	
界址点号	重要界址点界桩种类	界址线类别								界址线位置			界址间距/m	本宗地指界人签字加盖公章	邻宗地指界人签字加盖公章
		田埂	地埂	道路	水沟					内	中	外			
1	水泥桩												506.3	王志东	刘水富
2	水泥桩												384.6	王志东	周大民
3	水泥墩												497.4	王志东	张小平
4	水泥墩												408.3	王志东	李书文
1	水泥桩														
周围有明显线性地物的界址点点位说明								南边道路为自有路、界址点在路南侧							
周围有明显线性地物的权属界线走向说明								西边界址线在高于地面水渠的堤脚处							
备注：（宗地内有线状国有或上一级集体所有土地通过的说明）								无							
土地权属界线调查记事及调查员意见								属实无误　　签字：吴辉业　　1999年8月8日							

③调绘员确认位置判准后，即将界址点标绘在地形图上，如图1.11所示。图中权属界线的拐点用直径1.5 mm的小圆和0.2 mm的圆点表示。

调查中经过线状地物，必须查清和标明其归属，如图1.11的3—4界址线和4—5自有路界址线。在底图上无法标清的界址线，须绘制草图，并加文字说明。

④一宗地调查完毕，当即填写权属界线协议书，各方指界代表签名并加盖公章。

⑤农民集体土地与铁路、公路、水利、工矿企业、国家风景名胜区、自然保护区为邻的界线，以双方出示的具有法律效力的权属界线证明文件，例如征地红线图、划拨地协议等进行确权，确定土地权属界线。农民集体不能提供权属证明文件的，以国有土地使用者提供的有效证明文件调绘国有土地使用权界线。

⑥依上述方法逐村、逐乡地进行调绘，直至该幅图调绘完毕而转入其他图幅作业。

⑦第二次全国土地调查利用以往确权资料的原则是:沿用性原则,当已有确权资料经核实未发生变化,且与实地一致时,无须重新调查而使用原资料;已有确权资料权属正确,但手续不完善的,应补办相关手续,无须重新确权;已有的确权资料经复核存在错误,且实地已经变化的,需重新确权划界,签订土地权属协议书。

⑧界址点除绘出位置草图外,用文字作出说明,描述要准确,以利今后的应用。如 Jx 号界址点位于周庄西边农村道路与××公路交叉中心点。对于不便于用文字表述的界址点,可注记坐标表示其位置。

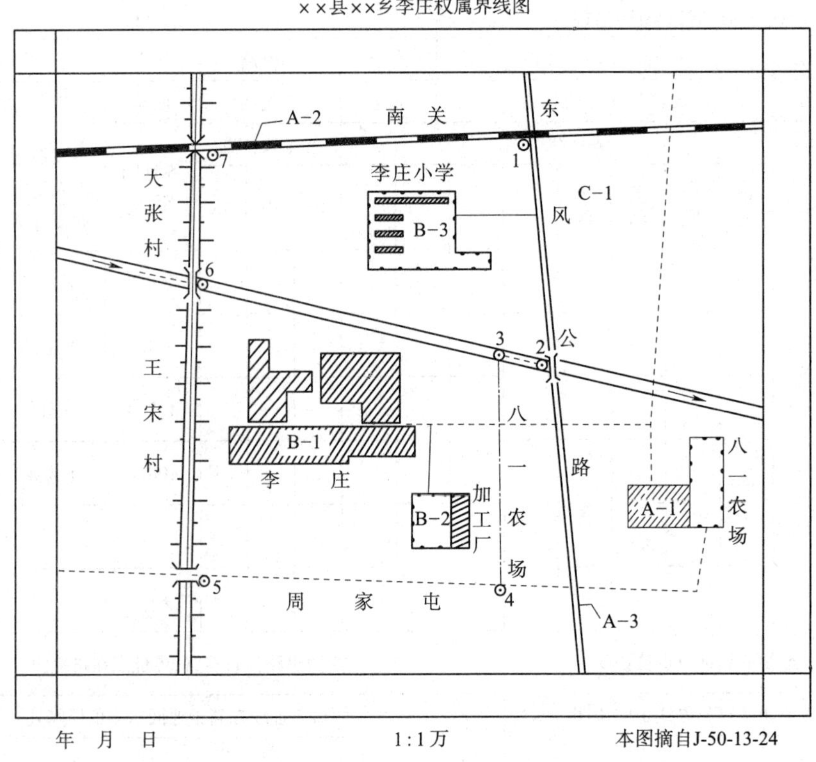

图 1.11 权属界线图样图

3)居民地图斑及相关地物调绘

单一地类地块以及被行政界线、土地权属界线或线状地物分割的单一地类地块称为图斑。划分图斑的要求:按土地利用现状的末级类划分图斑。其中城市、建制镇、村庄、采矿用地、风景名胜及特殊用地边界形成的地块为一图斑;梯田、坡耕地单独划分图斑。当各种界线重合,依行政界线、土地权属界线、地类界线的高低顺序,只表示高一级界线。

《第二次全国土地调查技术规程》(TD/T 1014—2007)规定,农村地籍与城镇地籍调查分别进行。城镇居民地街坊调绘,详述于项目 3 地籍细部测量相关内容。

居民地图斑调绘的特点是:若按城镇地籍调绘,则比地形图更详细;若按农村居民点图斑调绘,只要求居民点图斑与其他图斑的界线准确,图斑内建筑物另作调绘。居民地调绘的最小图斑标准为 4.0 mm^2。在农村土地调查时,将《土地利用现状分类》(GB/T 2010—2017)中的 05、06、07、08、09 一级类和 103、121 二级类归并为 20 城镇村及工矿用地。参见附录 A 之表 A1。

(1)村镇、村庄图斑的调绘

乡、村非农建设用地包括连片的农村居民点、散列的农村居民点，还包括居民点内外为其服务的学校、村办企业、供销社和信用社等，都视为村庄用地。

①在土地利用现状分类调绘中，村庄只表示外围与农用地的界线，作为村庄居住区非农建设用地的范围。村庄边缘的范围界线一般以围墙、水沟、塘埂、人行路、成行的树木、屋后竹林等地物为界，在底图上判出这些地物后，以相应符号或细实线相连。其拐点一般可不设界址点。

②农村居民点内部的少量菜地、晾晒场、猪圈、草地、空地、坑塘小面积种植水生作物水面等非建设用地，符号照实际表示，但以农村居民点用地对待，不列入农用地面积内。

③北方窑洞式居民地以相应符号表示，实地丈量出长、宽。牧区蒙古包居住地，只调绘长年固定的，面积如何丈量，以所在地省级土地管理局确定。

(2)相关地物的调绘

除土地利用现状图图式、图例外，与人们社会活动紧密相关的地物，例如人文性独立地物、房屋附属建筑、水系附属建筑物等为相关地物。水塔、古塔、纪念塔、钟楼、城楼、寺庙、牌坊等，往往是居民地的一部分，调绘时按相应符号描绘。房屋的附属建筑如围墙、栅栏、门楼、台阶、柱廊，能依比例表示的应予调绘，围墙等作为居民地的使用界线应详细表示。水系附属建筑，如桥梁(车行桥、人行桥)、渡槽、码头等应予调绘，量测长、宽，其面积归入相应地类中。

4)地类图斑的调绘

地类图斑的调绘，依土地利用分类之农用地、建设用地和未利用地的末级类的分布范围为对象，植被、农作物和土质等分类状况及界线，是地类图斑调绘的任务。

①地类图斑调绘着重地类的区分和界线的调查，图斑编号以行政村为单位，即在一个村的范围内，按调绘顺序的先后，编排序号；也可以图幅为单位进行图斑编号，不允许重号。

②地类界在外业底图上用符号标出范围，并注记地类名称。清绘时应同时标注图斑编号和权属性质。注记采用 ab/c 的形式，a 表示图斑编号，b 表示权属性质，c 表示图斑地类编号。用符号标志的图斑注记只用 ab 表示。当两种地类之界线很明显，且影像清晰时，界线移位不得大于图上 0.3 mm；地类界线不清晰时，其判绘移位不大于图上 1.0 mm。地类界与线状地物重合时，前者省略。

③外业调绘的最小图斑面积是：耕地、园地为 6 mm^2；林地、草地和其他地类为 15 mm^2。底图上最小调绘图斑的面积，应根据底图平均比例尺进行折算。小于上述面积的地类图斑应实地丈量长、宽，按要求在手簿和调绘志上作出记录。小于 66.7 m^2(0.1 亩)的图斑不作调查，直接划归所在的大图斑地类之中。

④飞地必须绘出图斑界线，并注明飞地的权属单位名称。有争议的飞地，注明××村与××村争议地。

⑤河堤内或湖堤内的季节性菜地、耕地、鱼塘等，属水务部门管辖的，按退耕还水的原则归类为滩涂调绘。

⑥我国农村居民地中，北方村庄较大、房舍排列紧密，属密集式居民点，调绘中容易判明外围边界线。南方农村稀疏式或散列式居民点，当农户房屋之间距离较大，间有农民承包的水田或旱地等地块时，不得将其综合调绘到居民点之内。

⑦农村土地调查中，由于调查的比例尺所限，城镇等建设用地内部调查无法使用《土地利用现状分类》(GB/T 2010—2017)标准，可按《第二次全国土地调查技术规程》(TD/T 1014—2007)归并为“城镇村及工矿用地”的 5 个地类表示。

5)线状地物的调绘

土地利用现状图上线状地物包括河流、沟渠、堤坝、铁路、公路、农村道路、管道用地、林带和田坎等。线状地物是土地利用分类的重要组成部分，这类地物因其长度特征，判读标志比较明显，其宽度丈量参照《第二次全国土地调查技术规程》(TD/T 1014—2007)的要求进行。

①线状地物宽度大于图上 2 mm，按图斑调查；宽度小于 2 mm 的调绘中心线，用单线符号表示。按《规程》的要求在实地丈量其宽度，精确至 0.1 m。宽度变化大于 20%的，要分段丈量。

②依比例表示的河流、沟渠等线状地物，可直接在地形图上量取长和宽，除新增的附属设施外，不必外业调绘。不依比例表示的要外业调绘上图，其宽度在清绘时注记在相应的地物符号上。

③依比例表示的沟渠和水工建筑物，如果底图与实地现状一致，调绘时不必在底图上着铅。渡槽和倒虹吸管按水渠附属设施调绘和计算面积。

④护路、护岸林带并入到相应地物中，计算面积时不单列。以沟渠为主，两旁小路和小堤面积归入到沟渠面积之中。以路、堤为主，小沟为辅的，则并入到路和堤的图斑中调绘和计算面积。

⑤铁路、公路、农村道路用相应符号表示。调绘铁路应包括铁轨、路基、站场用地、路堤、路堑、护沟和护路林带等附属设施，宽度丈量至道沟外侧、护路林外侧或用地界桩处；高速公路宽度量至两侧界桩，其他公路宽度量至道沟外侧；农村道路是指村与村之间(或田间)，南方宽≥1 m，北方宽≥2 m 的人行(含机耕)道路，调绘上图并丈量宽度。

⑥长城调绘出范围线，其内填绘专用符号，丈量宽度，或用文字注记，属风景名胜及特殊用地，采用新规程上长城符号描绘。围墙、栏栅、篱笆以相应符号表示，属于权属单元(或各户)的围护物，不单独计算面积。

⑦地面上有明显设施的大型管道，如运输石油、输送天然气的西气东输工程等，用地分类为编号 107，依相应的图式符号描绘，其用地范围包括管线和附属设施用地，两侧有界桩的，其范围以界桩为界进行调绘。

⑧以单线线状地物中心为界的权属界址线，其符号离线状地物 0.2 mm，交错标绘在其两侧表示。

⑨为了方便读图和用图，在调查底图上对应实地位置处打点标注量测点及宽度。

6)新增地物和图斑的补测

为了保持图件的现势性而进行的野外测量称为补测。当地物、地貌变化范围不大时，采用补测；当其变化范围超过 1/3 时，则需进行重测或重摄。

从遥感影像的获取到外业调绘期间，由于经济建设和城市发展等原因，新增了调查底图上无影像的各种地物，或改变了地貌及自然景观，在底图调绘过程中，要将它们补绘到底图上，反映现势情况。补绘可根据底图上原有的明显地物的影像，判读或实测出新增地物在底图上的位置，绘以相应的图式符号。补测将根据新增地物的范围、地物、地貌的复杂程度选取如下的补测方法：简易补测(包括截距法、交会法、透绘法、转绘法等)、仪器补测(包括全站仪、GPS—RTK 补测)等。详见项目 3 地籍细部测量相关内容。

无论采用什么方法，都要保证精度，加强检核。精度要求是：透绘时两图套合后，界线要目视重合，移位不大于图上 0.3 mm；转绘法误差不大于图上 1.0 mm；其他补测的地物距离限差，平地、丘陵地不大于图上 0.5 mm，山地不大于图上 1.0 mm。

5. 土地利用现状调查成果

土地利用现状调查成果按《第二次全国土地调查技术规程》分为两部分：一是县级调查成果；二是汇总成果。

县级调查成果包括：调查底图及“农村土地调查记录手簿”；地籍平面控制测量、地籍测量原始记录;土地权属有关成果;田坎系数测算成果;图幅理论面积与控制面积接合图表;土地调查数据库及管理系统;统计汇总表;土地利用现状图、地籍图、宗地图;基本农田、耕地坡度分级等专题图;工作报告、技术报告、成果分析报告及有关专题报告等。

汇总成果包括:市(地)级、省级、国家级土地调查数据库及管理系统;市(地)级、省级、国家级汇总数据;市(地)级、省级、国家级土地利用现状图;市(地)级、省级、国家级基本农田等专题图;市(地)级、省级、国家级工作报告、技术报告、成果分析报告及有关专题报告等。

这里仅对其中的土地利用现状图及土地利用数据库两方面作介绍。

1)土地利用现状图的概念

土地利用现状图是土地利用现状调查工作结束后所提交的主要成果,是土地管理的重要基础资料,因此,必须认真编制。土地利用现状图有两类:一类是分幅土地利用现状图;另一类是行政区域土地利用现状图。

利用传统转绘方法得到的利用现状图底图,以分幅底图为依据,绘制分幅土地利用分类类别和范围,土地所有权和使用权状况等,用聚酯薄膜透绘整饰成图,是基本图件。在分幅土地利用现状图的基础上,可编绘乡、县两级行政区域土地利用现状图。以前外业调绘的成果只有图件和数据,没有土地利用管理系统,因此,土地利用调查的成果管理和更新具有一定的局限性,不能满足需求。

土地利用现状数据库的建立是土地管理信息化的基础,建库数据质量的好坏直接影响结果的可靠性和应用目标的真正实现。因此,只有按照统一的规范、标准和地理空间关系,通过科学的方法采集、存储和管理才能实现信息的快速查询、检索、修改更新、统计制表、分析预测和辅助决策。

2)土地利用数据库的设计和外业成果的入库

按照国家的有关规定,外业成果入库时,数据采用分层无缝覆盖方式入库,有行政辖区、权属界限、地类图斑、地类界限、线状地物、零星地物、注记等数据层,并建立相应的属性表。

根据“第二次全国土地调查总体方案”要求,建设覆盖国家到县的土地调查数据库,实现调查信息的互联共享。

本书项目4地籍图的编绘与入库将介绍数据库管理系统。包括:农村土地调查数据库管理系统,城镇土地调查数据库管理系统。其整体要求为:能实现规定格式的数据交换;对土地调查数据检查,具有增、删、改等编辑功能;满足日常土地管理业务对土地调查数据的管理需求;数学基础、面积量算方法、数据统计表模板和图件输出格式等符合《第二次全国土地调查技术规程》要求;能支持多种数据源的土地调查数据更新。

(1)分级建立土地利用数据库

按照数据库建设标准,以区县为单位组织开展土地利用数据库建设,对土地利用现状数据、土地权属数据和基本农田等进行管理,满足县级变更等业务需要。

其总体要求:以完整县级辖区为单位建立农村土地调查数据库,系统以GIS平台为基础,满足各级数据库之间的互联互通和同步更新,系统应满足矢量、栅格和与之关联的属性数据的管理,具有数据输入、编辑处理、查询、统计、汇总、制图、输出,以及更新等功能。

市(地)级、省级、国家级农村土地调查数据库要求:上级对下级上报的数据库进行检查、接边、组织和整合后导入本级数据库。在省、市两级,结合两级管理需求和日常管理模式,整合(数据接边、坐标及投影转换等)各县级土地利用数据库,构建两级土地利用数据库,满足两级国土资源管理对土地数据的基本需要。

各级库之间提供访问和调用接口，满足数据上传、接收、交换、备份、更新、日常应用等工作需要，各级数据库的联系框架如图 1.12 所示。

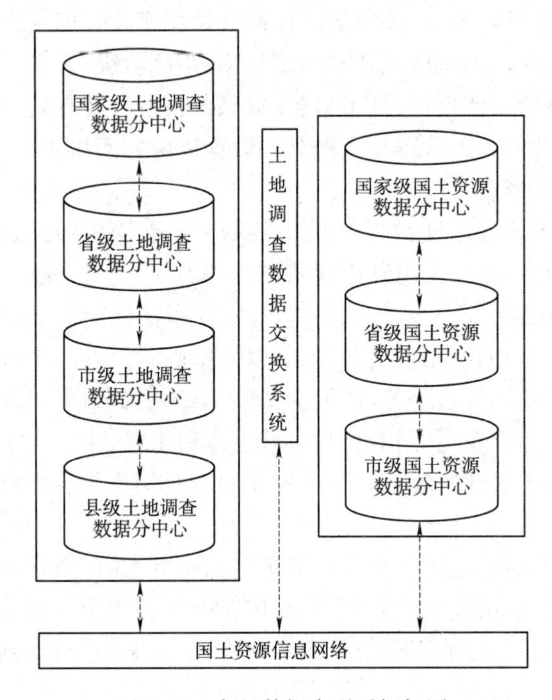

图 1.12　各级数据库联系框架图

(2)建立市、县地籍信息系统

各市(县)按照地籍信息系统建设有关技术标准和要求，以市(县)为单位，组织建立地籍信息系统，对市(县)地籍调查和地籍测量结果的图形数据、宗地属性以及各种表、卡、册等数据信息进行集中管理，并提供编辑录入、查询统计、日常变更、制图输出、登记发证以及办公流程等管理功能，满足日常业务及管理需求。

(3)数据库建设实施要求

数据库建设在技术指标、标准体系、数据库结构等方面具有系统性，并与金土工程及已有数据库良好衔接；依据《土地利用数据库标准》(TD/T 1016—2007)、《城镇地籍数据库标准》(TD/T 1015—2007)等标准开展数据库建设。

以 GIS 为平台，满足矢量、栅格和与之关联的属性数据管理；采用空间数据交换格式，实现成果数据正确会交和共享，能够保证省、市、县各级之间的互联互通；具有数据输入、编辑处理、查询、统计、汇总、制图、输出，以及更新等功能。满足对土地调查数据的调查统计、数据更新和维护，保证数据的现势性。数据库基本功能结构如图 1.13 所示。

(4)农村土地调查数据库建库内容和流程

农村土地调查数据库主要包括土地权属、土地利用、基本农田、基础地理、影像、DEM 等信息。县级农村土地调查数据库具体功能有：

①图形数据采集

参照农村土地调查记录手簿，矢量化调查底图上的权属界线、地类图斑界线和线状地物等。明显界线与 DOM 上同名地物的移位不得大于图上 0.2 mm。

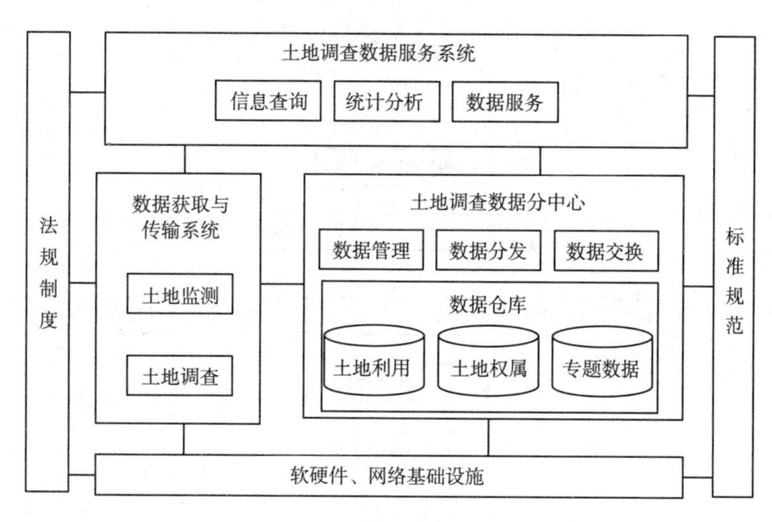

图 1.13　数据库基本结构功能图

②拓扑关系构建

检查点、线、面之间的相互关系，并进行拓扑处理，建立拓扑结构。

③属性数据采集

按规定的数据结构输入属性数据，并进行校验和逻辑错误检查。

④分幅数据接边

分幅采集的矢量数据，图廓线两侧明显地物接边误差小于图上 0.6 mm，不明显地物接边误差小于图上 2.0 mm 时，可直接按照影像接边，否则应实地核实后接边。接边后图廓线两侧相同要素的图形、属性数据应保持一致。

⑤数据检核与入库

检查数据完整性、准确性、逻辑一致性，以及数据分层和文件命名的规范性等，满足要求的导入数据库。

农村土地调查数据库建库流程如图 1.14 所示。

(5)城镇土地调查数据库建库内容和流程

城镇土地调查数据库建库的基本内容为土地权属、土地登记、土地利用、基础地理、影像等信息。

城镇土地调查数据库建库总体要求：系统以 GIS 平台为基础，满足土地登记需要；系统应满足矢量、栅格和与之关联的属性数据的管理，具有数据输入、编辑处理、查询、统计、汇总、制图、输出，以及更新等功能。

城镇土地调查数据库具体功能：

①图形数据采集

检查已有的电子数据，包括野外采集的数据和已建数据库，导入数据库；对纸质地籍图，通过矢量化采集数据。

②图形数据编辑处理

包括图形编辑、坐标系变换、图幅接边及拓扑关系建立等。

③属性数据采集

根据外业调查结果录入属性信息，与图形数据挂接。扫描纸质申请书、调查表、审批表、土

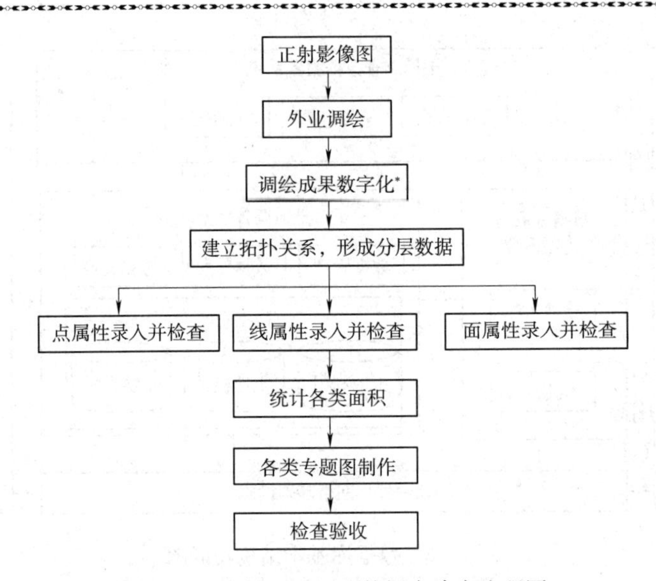

图 1.14　农村土地调查数据库建库流程图

注：如本地区有数字化的地形图，外业调绘可利用正射影像图和数字化地形图结合进行，为调绘成果数字化和后续的建立拓扑关系及分层管理带来方便。

地证，以及权属来源证明文件等资料，并与属性信息挂接。审批表等电子文件可直接挂接。

④数据检核与入库

检查数据完整性、准确性、逻辑一致性，以及数据分层和文件命名的规范性等，满足要求的转入数据库。

城镇土地调查数据库建库流程与农村土地调查数据库建库流程类似。

(3)土地利用现状图的制作与输出

在相应的软件支持下，使用软件工具中的相应模块功能，以地类图斑、线状地物、地类界线、辅助线层、辅助面层、辅助点层等为内容基础，按照土地利用现状图编制要求设置各参数，自动生成对应的图例。使用相应的软件工具中的比例尺模块功能，选择符合土地利用现状图编制要求的比例尺类型，按照土地利用现状图编制要求，对应修改、整饰图例和比例尺的布局，完成出图比例尺及页面设置，打印输出土地利用现状图。

知识拓展

1. 土地利用现状调查新技术

(1)概述

为了全面查清土地利用状况，掌握真实的土地基础数据，建立和完善土地调查、统计和登记制度，实现土地调查信息的社会化服务，满足经济社会发展及国土资源管理的需要，国务院决定 2007 年 7 月 1 日起开展第二次全国土地调查。目前调查的技术手段主要有卫星遥感、航测和直接外业调绘。遥感数据虽然获取方便，但由于受其分辨率的限制，它主要应用于区域性的土地资源的动态监测。航测法是利用航片到野外调绘，再进行室内量测处理，其完成周期较长，处理技术复杂。而目前普遍采用的直接外业调绘法，是以纸质图纸作为工作地图，用常规方法进行测量，并用变更调查表手工记录有关的变化信息，然后，进行内业数据处理和面积统计。这种方法手工操作较难保证精度，而且由于人工参与环节较多，容易出错，调查数据质量很难控制。为了解决土地基础数据采集的数字化、准确化、实时化问题，2000年开始，国土资源部启动了土地调查的新科技项目和科技专项计划。《GPS/PDA土地调查技术示范及应用》是其中一项。历时五年的研发，解决了GPS/PDA土地调查的一系列关键技术问题，在示范应用的基础上，总结归纳出了采用GPS/PDA新技术进行土地利用现状调查的作业流程，特别是针对变更调查的历史继承性这一特点，提出了从外业调查底图的导出、现场变更图斑的信息采集，到内业编辑处理，最后返回数据库实现原有数据库更新的全作业流程。为这一新技术的推广应用奠定了很好的基础。

(2)新技术的核心思想

新技术是集成GPS、PDA、GIS、遥感(RS)、网络通信(GPRS)等技术的一种土地调查作业系统。先将土地利用现状信息与遥感信息导入到PDA，借助卫星定位及其他辅助手段，由基层土地调查人员用GPS进行数据采集、用PDA现场对变化图斑的几何信息和属性信息进行记录，经过内业编辑处理后生成数字化土地利用现状信息，实现土地利用现状数据库的更新。新技术将GPS/PDA/GIS技术与遥感影像图和矢量数据套合显示、全数字化现场构图与录入属性，能够更加直观地进行影像纠正和质量检查，辅助影像解译进行修测、补测，实现GPS引导下的国家控制与地方细化调查的有机结合。

(3)系统组成、功能和作业流程

①系统组成

根据第二次全国土地调查的技术要求，该系统是基于GPS/PDA/GIS的一种集成应用，如图1.15所示，GPS用于实时采集空间点位数据，利用PDA的数据处理功能，在PDA上构建小型GIS系统，以显示图形和记录数据，再以文件传输方式与PC机实现连接并进行数据变更操作，以最终实现土地调查数据库的更新。

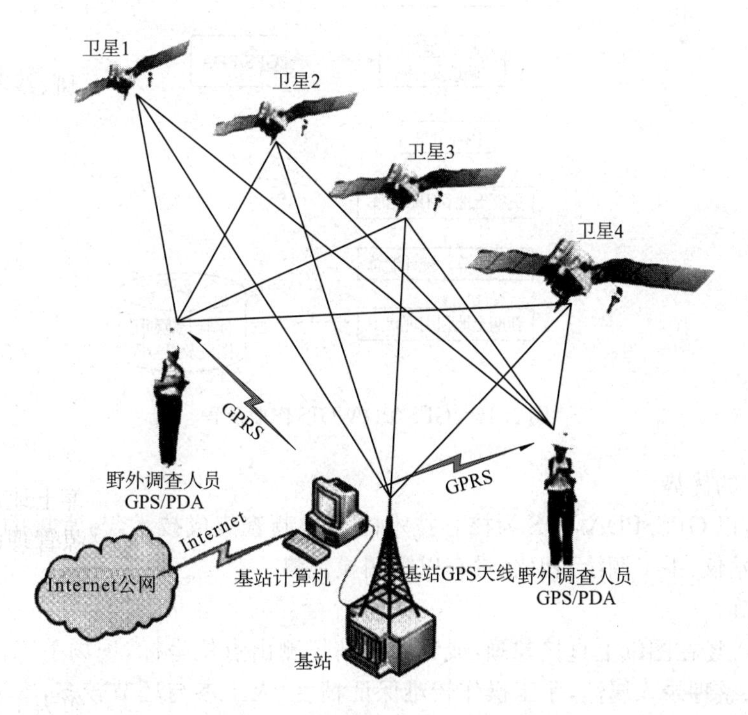

图1.15　GPS/PDA/GIS作业系统

②系统功能

该系统能提供以下功能：能实现调查区域的代码、采集关联数据的文件名、文件存储方式、地类代码体系、GPS 数据接收参数，以及图形等其他方面的设置；实现底图导入、打开、显示、隐藏、关闭等功能；实现文件的创建、打开、保存、删除等功能；实现视图放大、缩小、漫游等功能；实现 GPS 接收数据的坐标解算、转换，以及原始数据、记录数据、解算数据的传输；实现记录数据格式与土地利用标准数据格式之间的转换。

③作业流程

如图 1.16 所示，将最新的正射影像图和已有的土地利用现状数据库导入到 PDA，并以矢量的形式显示在 PDA 界面上，以此作为外业调查的工作底图，对于通过人工判读、室内解译，边界仍不清晰、地类仍不明确的图斑，利用 GPS/PDA 到实地进行外业核查和现场实测；对新增地物进行现场修测和补测。调查人员身背 GPS，手持 PDA，在图斑的各个特征点上逐一站立 10 s 左右进行 GPS 定位，采集完所有特征点后，现场在 PDA 上构成一个完整的图斑，录入该图斑的地类、权属等信息。回到室内后，将 PDA 上记录的图斑的位置信息和属性信息导入到 PC 机内，再用专用软件与原有数据库进行叠加，按要求编辑处理，数据合格后再进行数据库更新、统计汇总、存盘上报。

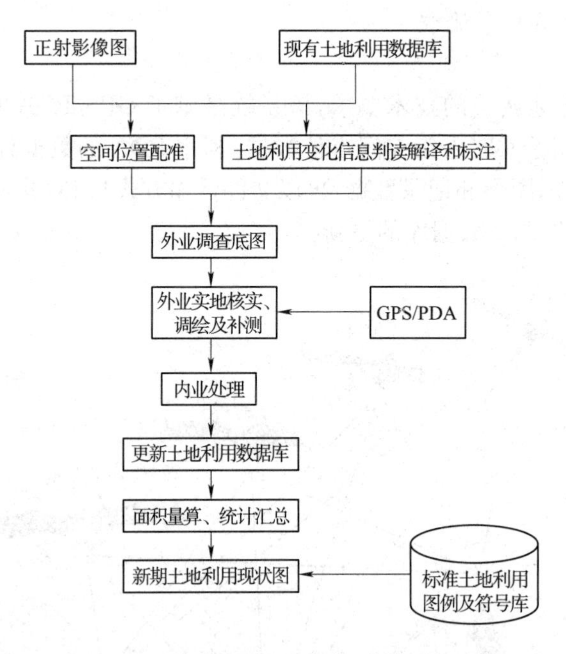

图 1.16 GPS/PDA/GIS 作业流程

(4)新技术的优势

实践证明，以 GPS/PDA/GIS 为核心技术的土地调查集成技术，与常规的外业土地调查技术(皮尺、全站仪、手工调绘)相比，具有以下明显优势。

①更加准确

常规方法现场在图纸上直接勾画，或者用全站仪测出点位坐标，现场手工记录属性，回到内业进行成图、整理录入属性，手工操作较难保证精度，人工参与环节较多，容易出错，调查数据质量控制的难度大；GPS/PDA/GIS 土地调查新技术定位精度高且均匀，数据记录准，现场成图、录入属性，数据均以数字化形式保存，所获得的数据更加准确。

②效率更高

常规方法分野外调绘及内业上图，对范围较大图斑、周围无明显地物或控制点不足时，常规方法需要布设导线作控制，再进行图斑测量，野外作业工序繁杂、工作量大、时间长；而新技术利用 GPS 绝对定位，无须布设导线，直接测量图斑拐点，现场构图，与常规方法相比效率显著提高。

③操作简单

常规方法野外作业需要作业人员有较好的测量背景知识，了解导线布设、交会测量的方法，能够熟练地使用各种测绘仪器；GPS/PDA 土地调查新技术针对一线工作人员开发，实现了智能化，操作简单，即使操作人员没有测绘知识背景，只需经过短期培训即能熟练使用。

④实时性高

在二次调查成果的基础上，利用新技术进行实时变更，为突破现行的年度变更模式，建立随变随调的土地调查更新机制，保证土地利用现状数据库的现势性，提供了便捷的技术手段，解决了每年的变更调查测绘单位嫌钱少不愿做、基层缺乏技术手段做不好的难题。

总之，GPS/PDA/GIS 集成系统是一项内外业一体化的土地调查新技术，实现了 GPS、PDA 和 GIS 的应用集成，可大幅度提高土地调查的精度、效率和自动化程度，为全国第二次土地调查的开展奠定了坚实的技术基础，对完善国土资源科技支撑体系具有重要意义。

相关规范、规程与标准

1. 第二次全国土地调查技术规程

(1)土地利用现状分类

采用二级分类，其中一级类 12 个，二级类 57 个。具体分类的编码、名称及含义见附录 A。本次调查的土地利用现状分类与已有土地分类对应关系见附录 B。

(2)地类调查

利用 DOM 和已有土地调查成果等资料，按现状实地调查地类及其界线。地类调查至《土地利用现状分类》(GB/T 2010—2017)的二级类。

2. 地籍测绘规范

(1)土地利用类别调查

土地利用分类标准依照 10 个一级类，24 个二级类，调记至二级分类。具体分类的名称及含义如表 1.6 所示。

(2)调查方法

土地利用类别调查以地块为单位调记一个主要利用类别。综合使用的楼房按地坪上第一层的主要利用类别调记。如第一层为车库，可按第二层利用类别调记。

地块内如有几个土地利用类别时，以地类界符号标出分界线分别调注利用类别。

3. 城镇地籍调查规程

(1)土地分类依据

土地分类以土地用途为主要依据。

(2)分类体系

根据土地用途的差异，城镇土地分为 10 个一级类，24 个二级类。具体分类的名称及含义见表 1.6。

表 1.6 城镇土地分类及含义

一级类型		二级类型		含 义
编号	名 称	编号	名 称	
10	商业金融业用地			指商业服务业、旅游业、金融保险业等用地
		11	商业服务业	指各种商店、公司、修理服务部、生产资料供应站、饭店、旅社、对外经营的食堂、文印誉写社、报刊门市部、蔬菜购销转运站等用地
		12	旅游业	指主要为旅游业服务的宾馆、饭店、大厦、乐园、俱乐部、旅行社、旅游商店、友谊商店等用地
		13	金融保险业	指银行、储蓄所、信用社、信托公司、证券兑换所、保险公司等用地
20	工业、仓储用地			指工业、仓储用地
		21	工业	指独立设置的工厂、车间、手工业作坊、建筑安装的生产场地、排渣(灰)场地等用地
		22	仓储	指国家、省(自治区、直辖市)及地方的储备、中转、外贸、供应等各种仓库、油库、材料堆场及其附属设备等用地
30	市政用地			指市政公用设施、绿化用地
		31	市政公用设施	指自来水厂、泵站、污水处理厂、变电所、煤气站、供热中心、环卫所、公共厕所、火葬场、消防队、邮电局(所)及各种管线工程专用地段等用地
		32	绿化	指公园、动植物园、陵园、风景名胜、防护林、水源保护林以及其他公共绿地等用地
40	公共建设用地			指文化、体育、娱乐、机关、科研、设计、教育、医卫等用地
		41	文、体、娱	指文化馆、博物馆、图书馆、展览馆、纪念馆、体育场馆、俱乐部、影剧院、游乐场、文艺体育团体等用地
		42	机关、宣传	指行政及事业机关,党、政、工、青、妇、群众组织驻地、广播电台、电视台、出版社、报社、杂志社等用地
		43	科研、设计	指科研、设计机构用地。如研究院(所)、设计院及其试验室、试验场等用地
		44	教育	指大专院校、中等专业学校、职业学校、干校、党校,中、小学校,幼儿园、托儿所,业余、进修院校、工读学校等用地
		45	医卫	指医院、门诊部、保健院(站、所)、疗养院(所),救护、血站、卫生院、防治所、检疫站、防疫站、医学化验、药品检验等用地
50	住宅用地			指供居住的各类房屋用地
60	交通用地			指铁路、民用机场、港口码头及其他交通用地
		61	铁路	指铁路线路及站场、地铁出入口等用地
		62	民用机场	指民用机场及其附属设施用地
		63	港口码头	指专供客、货运船舶停靠的场所用地
		64	其他交通	指车场站、广场、公路、街、巷、小区内的道路等用地
70	特殊用地			指军事设施、涉外、宗教、监狱等用地
		71	军事设施	指军事设施用地。包括部队机关、营房、军用工厂、仓库和其他军事设施等用地

续上表

一级类型		二级类型		含　　义
编号	名　　称	编号	名　　称	
		72	涉外	指外国使领馆、驻华办事处等用地
		73	宗教	指专门从事宗教活动的庙宇、教堂等宗教自用地
		74	监狱	指监狱用地。包括监狱、看守所、劳改场(所)等用地
80	水域用地			指河流、湖泊、水库、坑塘、沟渠、防洪堤坝等用地
90	农用地			指水田、菜地、旱地、园地等用地
		91	水田	指筑有田埂(坎)可以经常蓄水,用于种植水稻等水生作物的耕地
		92	菜地	指种植蔬菜为主的耕地。包括温室、塑料大棚等用地
		93	旱地	指水田、菜地以外的耕地,包括水浇地和一般旱地
		94	园地	指种植以采集果、叶、根、茎等为主的集约经营的多年生木本和草本作物,覆盖度大于50%或每单位面积株数大于合理株数70%的土地,包括树苗圃等用地
100	其他用地			指各种未利用土地、空间地等其他用地

4.《土地利用现状调查地(市)级汇总技术规程》(TD 1002—1993)

第二章　土地利用现状分类

第八条　分类依据

土地利用现状分类,主要依据土地的用途、经营特点、利用方式和覆盖特征等因素。它只反映土地利用现状,不以此划分部门管理范围。

第九条　分类系统

全国土地利用现状采用两级分类,统一编码排列,其中一级分8类,二级分46类。各地根据需要可进行三、四级分类,但不能打乱全国统一的编码顺序及其代表的地类。具体分类的名称及其含义见表1.7。

表1.7　土地利用现状分类及含义

一级类		二级类		三级类		含义
编码	大类名称	编码	二类名称	编码	三类名称	
1	耕地	种植农作物的土地,包括新开荒地、休闲地、轮歇地、草田轮作地;以种植农作物为主间有零星果树、桑树或其他树木的土地;耕种三年以上的滩地和海涂。耕地中包括南方宽<1.0 m,北方宽<2.0 m的沟、渠、路、田埂				
		11	灌溉水田			有水源保证和灌溉设施,在一般年景能正常灌溉,用以种植水稻、莲藕、席草等水生作物的耕地,包括灌溉的水旱轮作地
		12	望天田			无灌溉工程设施,主要依靠天然降雨,用以种植水稻、莲藕、席草等水生作物的耕地,包括无灌溉设施的水旱轮作地
		13	水浇地			指水田、菜地以外,有水源保证和灌溉设施,在一般年景能正常灌溉的耕地
		14	旱地			指无灌溉设施,靠天然降水生长作物的耕地,包括设有固定灌溉设施,仅靠引洪灌溉的耕地
		15	菜地			种植蔬菜为主的耕地,包括温室、塑料大棚用地

续上表

<table>
<tr><th colspan="2">一级类</th><th colspan="2">二级类</th><th colspan="2">三级类</th><th rowspan="2">含义</th></tr>
<tr><th>编码</th><th>大类名称</th><th>编码</th><th>二类名称</th><th>编码</th><th>三类名称</th></tr>
<tr><td rowspan="6">2</td><td rowspan="6">园地</td><td colspan="5">种植以采集果、叶、根茎等为主的集约经营的多年生木本和草本作物，覆盖度>50%，或每亩株树大于合理株数70%的土地，包括果树苗圃等用地</td></tr>
<tr><td>21</td><td>果园</td><td colspan="3">种植果树的园地</td></tr>
<tr><td>22</td><td>桑园</td><td colspan="3">种植桑树的园地</td></tr>
<tr><td>23</td><td>茶园</td><td colspan="3">种植茶树的园地</td></tr>
<tr><td>24</td><td>橡胶园</td><td colspan="3">种植橡胶树的园地</td></tr>
<tr><td>25</td><td>其他园地</td><td colspan="3">种植可可、咖啡、油棕、胡椒等其他多年生作物的园地</td></tr>
<tr><td rowspan="7">3</td><td rowspan="7">林地</td><td colspan="5">生长乔木、竹类、灌木、沿海红树林等林木的土地。不包括居民绿化用地，以及铁路、公路、河流、沟渠的护路、护岸林</td></tr>
<tr><td>31</td><td>有林地</td><td colspan="3">树木郁闭度>30%的天然、人工林</td></tr>
<tr><td>32</td><td>灌木林</td><td colspan="3">覆盖度>40%的灌木林地</td></tr>
<tr><td>33</td><td>疏林地</td><td colspan="3">树木郁闭度10%～30%的疏林地</td></tr>
<tr><td>34</td><td>未成林
造林地</td><td colspan="3">指造林成活率大于或等于合理造林株数的41%，尚未郁闭但有成林希望的新造林地（一般指造林后不满3～5年或飞机播种后不满5～7年的造林地）</td></tr>
<tr><td>35</td><td>迹地</td><td colspan="3">森林采伐、火烧后，五年内未更新的土地</td></tr>
<tr><td>36</td><td>苗圃</td><td colspan="3">固定的林木育苗地</td></tr>
<tr><td rowspan="4">4</td><td rowspan="4">牧草地</td><td colspan="5">生长草本植物为主，用于畜牧业的土地</td></tr>
<tr><td>41</td><td>天然草地</td><td colspan="3">以天然草本植物为主，未经改良，用于放牧或割草的草地，包括以牧为主的疏林、灌木草地</td></tr>
<tr><td>42</td><td>改良草地</td><td colspan="3">采用灌溉、排水、施肥、松耙、补植等措施进行改良的草地</td></tr>
<tr><td>43</td><td>人工草地</td><td colspan="3">人工种植牧草的草地，包括人工培植用于牧业的灌木</td></tr>
<tr><td rowspan="8">5</td><td rowspan="8">居民点及
工矿用地</td><td colspan="5">指城乡居民点、独立居民点以及居民点以外的工矿、国防、名胜古迹等企事业单位用地，包括其内部交通、绿化用地</td></tr>
<tr><td rowspan="3">51</td><td rowspan="3">城镇</td><td colspan="3">市、镇建制的居民点，不包括市、镇范围内用于农、林、牧、渔业生产用地</td></tr>
<tr><td>51A</td><td>城市</td><td></td></tr>
<tr><td>51B</td><td>建制镇</td><td></td></tr>
<tr><td>52</td><td>农村居民点</td><td colspan="3">镇以下的居民点用地</td></tr>
<tr><td>53</td><td>独立工矿用地</td><td colspan="3">居民点以外独立的各种工矿企业、采石场、砖瓦窑、仓库及其他企事业单位的建设用地，不包括附属于工矿、企事业单位的农副业生产基地</td></tr>
<tr><td>54</td><td>盐田</td><td colspan="3">以经营盐业为目的，包括盐场及附属设施用地</td></tr>
<tr><td>55</td><td>特殊用地</td><td colspan="3">指居民点以外的国防、名胜古迹、风景旅游、墓地、陵园等用地</td></tr>
</table>

续上表

一级类		二级类		三级类		含义
编码	大类名称	编码	二类名称	编码	三类名称	
6	交通用地	居民点以外的各种道路及其附属设施和民用机场用地，包括护路林				
		61	铁路			铁道线路及站场用地，包括路堤、路堑、道沟、取土坑及护路林
		62	公路			指国家和地方公路，包括路堤、路堑、道沟和护路林
		63	农村道路			指农村南方宽≥1 m，北方宽≥2 m的道路
		64	民用机场			民用机场及其附属设施用地
		65	港口、码头			专供客、货运船泊停靠的场所，包括海运、河运及其附属建筑物，不包括常水位以下部分
7	水域	指陆地水域和水利设施用地，不包括滞洪区和垦殖三年以上的滩地、海涂中的耕地、林地、居民点、道路等				
		71	河流水面			天然形成或人工开挖河流常水位岸线以下的蓄水面积
		72	湖泊水面			天然形成的积水区常水位岸线以下的蓄水面积
		73	水库水面			人工修建总库容≥10万 m^3，正常蓄水位岸线以下的蓄水面积
		74	坑塘水面			天然形成或人工开挖蓄水量＜10万 m^3 常水位岸线以下的蓄水面积
		75	苇地			生长芦苇的土地，包括滩涂上的苇地
		76	滩涂			包括沿海大潮高潮位与低潮位之间的潮侵地带，河流、湖泊常水位至洪水位间的滩地，时令湖、河洪水位以下的滩地；水库、坑塘的正常蓄水位与最大洪水位间的面积
		77	沟渠			人工修建，用于排灌的沟渠，包括渠槽、渠堤、取土坑、护堤林。指南方宽≥1 m，北方宽≥2 m的沟渠
		78	水工建筑物			人工修建，用于除害兴利的闸、坝、堤路林、水电厂房、扬水站等常水位岸线以上的建筑物
		79	冰川及永久积雪			表层被冰雪常年覆盖的土地
8	未利用土地	目前还未利用的土地，包括难利用的土地				
		81	荒草地			树木郁闭度＜10%，表层为土质，生长杂草，不包括盐碱地、沼泽地和裸土地
		82	盐碱地			表层盐碱聚集，只生长天然耐盐植物的土地
		83	沼泽地			经常积水或渍水，一般生长湿生植物的土地
		84	沙地			表层为沙覆盖，基本无植被的土地，包括沙漠，不包括水系中的沙滩
		85	裸土地			表层为土质，基本无植被覆盖的土地
		86	裸岩、石砾地			表层为岩石或石砾，其覆盖面积＞50%的土地
		87	田坎			主要指耕地中南方宽≥1 m，北方宽≥2 m的地坎或堤坝

典型工作任务3　土地等级调查

1.3.1　工作任务

1. 土地等级调查的目的

为制定各项计划、规划及土地政策提供主要的基础资料；为编制农业规划和农业生产服务；为城乡土地资源的优化配置提供科学依据；为城乡土地分等定级、土地经济、土地税收提供可靠资料；充分发挥土地资源的生产潜力。

2. 土地等级调查的任务

对土地的自然条件和社会经济条件进行调查，正确地反映土地质量差异，完成对土地进行分等定级的工作。

1.3.2 相关配套知识

1. 土地等级概述

(1)土地的质量与性状

土地质量是土地相对于特定用途所表现(或可能表现)出的效果的优良程度。不同质量水平的土地被人们利用的程度是不一样的。因而，认识土地的质量，客观上是人们利用土地资源的基础。

随着科学的发展，我们对于土地质量的认识也越来越深入。土地质量总是与土地用途相关联的，其适宜的用途受土地本身的性状和环境条件的影响。

土地性状是指土地在自然、社会和经济等方面的性质与状态，是判断土地质量水平的依据。土地评价，如土地开发和利用的评价、土地生产潜力的评价、土地等级的评价，都必须以土地性状为基础。

土地性状指标，通常是指土地的一些可度量或可测定的属性。总的来说，包括土地自然属性和社会经济属性。土地的自然属性包括土壤、地貌、水文、植被、气候等；土地的社会经济属性包括土地利用的现状、地理位置、交通条件、单位面积产量、城市设施、环境优劣度等因素。

(2)土地等级评价

土地等级是反映土地质量与价值的重要标志。土地等级是地籍内容的重要组成部分，在地籍调查中也要把土地等级调查清楚，记载在地籍调查表中。

土地等级评价，又叫土地分等定级，是指在特定的目的下，对土地的自然和经济属性进行综合鉴定并使鉴定结果等级化的工作。

土地用途不同，衡量等级的指标亦不同。所以土地等级评价是一项极其复杂、涉及学科较多的综合性工作。土地分等定级是地籍管理工作的一个重要组成部分，它是以土地质量状况为具体工作对象的，并且必须以土地利用现状调查和土地性状调查为基础。

土地分等定级在我国有着悠久的历史。早在我国上古时代就有按土壤色泽、性质或水分状况来识别土壤肥力，进行土地生产力的评估和分类的记载。在《禹贡篇》和《管子·地员篇》中就有当时黄河流域及长江中下游土壤分类评级的实际记载。据《禹贡篇》记载，夏禹治水后，将九州土地的自然肥力估计为上、中、下 3 等，每等又分上、中、下 3 级，共 9 级，并按土地等级规定田赋标准。距今 2630 余年的战国时的《管子·地员篇》将土地分为 3 等 18 类，每类又分为 5 种，共 90 种。这是世界上最早的土地分类和土地评级的著作。

古代土地分等定级主要用其作为制定田赋等级标准和确定地租的依据。在现代，土地分等定级成果有了更多的用途，除了为土地估价提供控制区域和为确定土地税额、土地征用补偿等提供依据外，还为土地利用规划和合理组织城乡土地利用提供基础资料。

按城乡土地的特点不同，土地分等定级可以分为城镇土地分等定级和农用土地分等定级两种类型。

城镇土地分等定级是对城镇土地利用适宜性的评定，也是对城镇土地资产价值进行科学评估的一项工作。其等级是揭示城镇不同区位条件下，土地价值的差异规律的表现形式。

农用土地分等定级则是对农用土地质量，或是对其生产力大小的评定，也是通过农业生产条件的综合分析，对农用土地生产潜力及其差异程度的评估工作。农用土地分等定级成果直接为指导农用土地利用和农业生产服务。

2. 土地性状调查

土地性状调查是指对土地性状指标的调查，包括土地自然属性及社会经济属性的调查。

1)土地自然属性调查

土地自然属性包含着许多具体的项目指标，涉及多种专门的调查知识和方法，有专门的论著可以借鉴。本任务仅就其地貌、土壤、气候、植被、水文的调查内容作简要介绍。

(1)地貌调查

主要查清地面的地貌类型、坡度、坡向、绝对高度(高程)、相对高度(高差)等。

①地貌类型

地貌类型从大的方面，划分为山地、丘陵、平原。它们在土地性状方面表现出极大的差异。有时为了较细地考察土地性状，从地形特征的角度还可再细分。如:平原、山地丘陵、河谷等。

②坡度

坡度是指地面两点间高差与水平距离的比值。坡度大小对土地性状影响很大，它与土壤厚度、质地、土壤水分及肥力都直接相关，制约着土壤中水分、养分、盐分的运动规律，是各类农业生产用地适宜性的重要指标。各地在农业利用上划分坡度级的标准很不一致，特别是南北方之间，目前除考虑到适用于规划耕地利用的需要外，划分土地坡度级的重要指标还在于考虑对水土流失的防治，尤其是土地垦殖的临界坡度。

③坡向

坡向(即坡地的朝向)是坡地接受太阳辐射的基本条件。其对地面气温、土温、土壤水分状况都有直接的影响，对于某些农业生产(果树病害、作物适宜性)尤为重要，对于居民住房建设也有很大的影响。坡向可从地形图上判读或在实地测量。

④绝对高度(海拔)

地面高度通常是农业生产利用尤其是一些农作物适宜种植的临界指标，对于农、林、牧分布也极为重要。我国的海拔高度起始面为黄海平均海水面，称为1985国家高程基准。根据地形图上的高程点注记及等高线，可直接从地形图上查得任意位置土地的绝对高度。

⑤高差

表示地面上两点的高程之差。由于地面各点的绝对高度可从地形图上判读，所以高差同样可以从地形图上推算而知。高差为区分地形特征、考虑灌排条件以及为农业技术的运用提供依据。

(2)土壤调查

土壤性状是土地性状的主要构成部分。特别是对于农业土地利用来讲，土地的生产性能主要取决于土壤肥力，即土壤供给和调节作物所需水分、养料、空气和热量的能力，因而土壤调查的中心应当是反映土地的肥力水平。农作物产量是反映土地肥力水平的重要标志，但单纯从农作物产量来考察土壤质量性状，有较大的局限性，而且需一系列附加条件。实际上，需要在土壤供肥过程发生之前就能判断土壤供肥能力。

土壤调查的项目很多，其中一些项目，针对不同地点和不同用途，其调查的价值相差极大，在调查前需认真选择。调查的项目主要是土壤质地、土层厚度及构造、土壤养分、土壤酸碱度和土壤侵蚀等。

(3)气候调查

农业气候调查的主要内容为光照强度、热量、水分等要素。

光照强度只在个别地区才会有过大或过小的情况。光照的显著差异,通常是小气候的特征之一,在考察小气候条件时有必要调查这方面的资料。

热量对农作物发育有着十分重要的影响。热量以温度表示。常用指标有农业界限温度的通过日期、持续日数、活动积温(大多作物均以大于10℃的活动积温为指标)、霜冻特征等。

水分条件对于作物生长尤其是作物的生产率关系甚大。过多或过少的水分都会抑制作物的生命活动。主要调查内容为年降水量、干燥指数等,尤其是农作物生长需水季节的降水量。有条件时最好统计降水量高于或低于某作物需水值的累计总频率,即降水保证率。对于空气中的水分,可通过测定空气相对湿度、测算湿润指数(或干燥指数)或者计算干燥度来调查。

(4)植被调查

主要查清植被群落、盖度、草层高度、产草量、草质以及利用程度等。

植被群落通常以优势植物命名。盖度则以植被的垂直投影面积与占地面积的百分比来表示。它们共同反映了当地植物生长的适宜种类,是土地质量多种因素的综合反映指标。

草地调查在荒地及草原等地区尤为重要。草层高度是其首要指标,主要是指草种的生长高度。其营养枝的高度称为叶层高度。它们是草层生产能力的重要指标。按植株的生长高度、健壮程度等可将草被的生活力按强、中、弱加以分别调查。草被更为有效的反映指标是草被质量和产草量。对于草被质量,主要是调查可被食用的草的数量和营养价值,以及其中有毒、有害植物的种类及分布。

(5)水文调查

水文调查即对水资源条件(地表水、地下水和水质)的调查。包括如下五项工作:

①水文水资源监测:地表水水量监测、地下水水量监测、水质监测、水文调查、水文测量、水平衡测试、水能勘测。

②水文水资源情报预报:水文情报预报、水质预测预报、地下水预测预报。

③水文测报系统工程的设计与实施:水文水资源监测设施、传输设施及其附属设施的设计与实施。

④水文分析与计算。

⑤水资源调查评价:地表水水资源调查评价、地下水水资源调查评价、水质评价。

2)土地社会经济属性调查

土地利用从来不是一项只受自然规律制约的人类活动。土地利用方向和效果在很大程度上受社会经济因素的制约。这方面的有关项目指标非常多,有许多是社会经济与农业经济调查的内容,这里仅就主要调查指标加以介绍。

①地理位置与交通条件

从地理分布来讲,重要的在于反映土地与城市、集镇的相对位置,与行政、经济中心的相关位置,与河流、主要交通道路的相对关系。可以通过对地图的分析和调查,查清上述要素的分布、相互距离、各自规模、利用(效益)程度等。对于城市用地,“位置优势”往往是衡量土地质量的主要因素。对于农业利用来说,虽然位置的作用具体表现上与城市不完全一样,但它依然十分重要,是决定土地利用方向、集约利用程度和土地生产力的重要因素。交通条件方面除对道路分布、等级、宽度、路面质量、车站、码头等有必要调查外,对当地货流关系的调查有时也很有必要,因为它对于开发产品,疏通流通环节,充分发挥土地资源优势,都是十分重要的。在交通条件调查中,有时也需对运输手段、运输量做出调查。

②人口和劳动力

人口及劳动力对提高土地利用集约化水平是重要的因素。应当查清人口、劳动力数量及其构成情况。尤其应当调查统计人均土地、劳均耕地等直接关系到土地利用集约程度的指标。此外,人口增长率、人口流动趋势也可为调查的指标。

③农业生产及农业生产环境条件

农、林、牧、渔生产结构与布局,反映了当地土地利用的方向,应当加以查明。作物品种、布局、轮作制度、复种指数、农产品成本、用工量、投肥量、单产、总产、产值、纯收入,林木积蓄量、载畜量、出栏率、牲畜品种、鱼种类等,可根据研究土地资料的目的,有选择地加以调查。农业生产条件,如水利(灌溉、排水)条件,包括水源、渠系、水利工程、机电设备,往往是对土的质量水平有关键作用的因素,应加以调查。此外,与农业机构有关的机械设备、机械作业经济效益等指标在机械化作业地区也是很重要的。

④土地利用水平

上述不少指标与土地利用水平有关。除已叙述的项目外,主要有土地开发利用和土地组织利用方面的项目。土地开发利用方面,可以对反映当地土地质量水平的指标作调查,如土地垦殖率、土地农业利用率、森林覆盖率、田土比、稳产高产农田比重、水面养殖利用率等;土地组织利用方面,主要有农、林、牧、渔用地结构和地段形态特征的调查。

⑤地段形态特征

地段形态特征在机械化作业的情况下是很重要的调查项目。它是指一定范围土地的外形及内部利用上的破碎情况,是影响土地高效利用的因素。调查具体项目指标按需要选取,小到每一个地块的耕作长度和外部形状,大到一定范围内土地的破碎情况,甚至一个土地使用单位的相连成片的土地的规整程度。土地范围规整程度可用规整系数、紧凑系数或伸长系数来衡量。

3. 土地分等定级概述

1)城镇土地分等定级概述

城镇土地分等定级的工作对象为城镇规划区的全部土地及独立工矿区土地。

(1)城镇土地等级体系

为正确反映城镇土地质量的差异,土地质量采用"等"和"级"两个层次的划分体系。

城镇土地的"等"别反映城镇之间土地的地域质量差异。它是将各城镇看做一个点,研究整个城镇在各种社会经济、自然、区位条件影响下,从整体上表现出的土地质量差异,土地"等"别在全国范围内具有可比性,其顺序是在各城镇间进行排列的。

以前我国城镇土地共分15等,如上海、北京、深圳、广州为1、2等,发达省会城市为3、4等,一般省会城市和发达省辖市为5、6、7等,一般省辖市和发达县级市为8、9、10、11等,其他城镇为12、13、14、15等。新的城市土地全国共分七等,四大直辖市和一些发达大城市为一等,经济比较发达城市为二等,经济比较发达中等规模的城市为三等,经济较好的地级市为四等,一般的地级市为五等,其他为六、七等。

城镇土地的"级"别反映城镇内部的区位条件和利用效益的土地质量差异。通过分析投资于土地上的资本、自然条件、经济活动程度和频率条件得到收益的差异,并据此划分出土地的级别高低。土地的"级"别的顺序是在各城镇内部统一排列的。土地"级"的数目,根据城镇的性质、规模及地域组合的复杂程度，一般规定：大城市 5～10 级，中等城市 4～7 级，小城市以下 3～5 级。

(2)城镇土地分等定级方法体系

城镇土地分等定级方法目前主要有三种，即多因素综合评定法、级差收益测算评定法、地价分区定级法。

①多因素综合评定法

多因素综合评定法是通过对城市土地在社会经济活动中所表现出的各种特征进行综合分析，揭示土地的使用价值或价值及其在空间分布的差异性，并以此划分土地级别的方法。多因素综合评定法的指导思想是从影响土地的使用价值或质量的原因着手，采用由原因到结果、由投入到产出的思维方法，即通过系统、综合地分析各类因素和因子对土地的作用强度，推论土地在空间分布上的优劣差异。

②级差收益测算评定法

级差收益测算评定法是通过级差收益确定土地级别的方法。其指导思想是从土地的产出(企业利润)入手，认为土地级别由土地的级差收益体现，级差收益又是企业利润的一部分，所以由土地的区位差异所产生的土地级差收益完全可以通过企业利润反映出来。级差收益测算方法主要对发挥土地最大使用效益的商业企业利润进行分析，从中剔除非土地因素如资金、劳力等带来的影响，建立适合的经济模型，测算土地的级差收益，从而划分土地级别。

③地价分区定级法

地价分区定级法的指导思想是直接从土地收益的还原量(地价)出发，根据地价水平高低在地域空间上划分地价区块，制定地价区间，从而划分土地级别。

由于上述三种方法各有优缺点，在实际土地定级中，应根据实际情况将各种方法结合使用。

2)农用地分等定级概述

农用土地等级由土地部门实施并提供等级资料。

①农用地等级体系

我国对农用地质量也是采用“等”和“级”两个层次划分体系。

农用地的“等”别反映农用地潜在的(或理论的)区域自然质量、平均利用水平和平均效益水平的不同所造成的农用地生产力水平差异。

农用地“等”别的划分是依据构成土地质量稳定的自然条件和经济条件，在全国范围内进行的农用地质量综合评定。农用地分等成果在全国范围内具有可比性，其顺序按全国农用土地间的相对效益差异进行比较划分。

农用地的“级”别反映土地“等”别影响下的土地的差异。“级”的划分依据是土地质量和易变自然条件的差别，以及利用水平和效益水平的细小差异。“级”的数目、级差及排列顺序在县、区范围内按相对差异评定。

②农用地分等定级的方法体系

农用地分等的方法主要有因素法和样地法。农用地定级的方法主要有因素法、样地法和修正法。

因素法是通过对构成土地质量的自然因素和社会经济因素的综合分析，确定因素因子体系及其影响权重，计算单元因素总分值，以此为依据客观评定农用地等级的方法。

样地法是以选定的标准样地为参考，建立特征属性计分规则，通过比较计算分等定级单元特征属性分值，评定土地等级的方法。

修正法是在农用地分等指数的基础上，根据定级目的，选择区位条件、耕作便利度等因素修正系数，对分等成果进行修正，评定出农用地级别的方法。

目前，我国在农用地分等中采用较多的是因素法。而农用地定级工作往往是在农用地分等的基础上进行的，所以可以在农用地定级中采用修正法。

知识拓展

1. 农用地分等的工作程序

下面以因素法为例简要介绍农用地分等的工作程序。

(1)确定标准耕作制度、基准作物和指定作物。

目前，我国现阶段标准耕作制度主要是指种植制度。种植制度是一个地区或生产单位作物组成、配置、熟制与种植方式的总称。基准作物是指全国比较普遍的主要粮食作物，如小麦、玉米、水稻，按照不同区域生长季节的不同，进一步区分春小麦、冬小麦、春玉米、夏玉米、一季稻、早稻和晚稻等7种粮食作物，是理论标准粮的折算基准。指定作物是《农用地分等规程》所给定的，行政区所属耕作区标准耕作制度中所涉及的作物。

(2)划分分等单元。

分等单元的划分可采用叠置法、地块法、网格法、多边形法。一般采用地块法，以土地利用现状图的图斑为分等单元，分等单元不打破村界线。

(3)分等指标因素及其权重的确定。

各县可以在《农用地分等规程》(TD/T 1004—2003)附件中查到本县所在分区，查到本县农用地分等评价指标体系所包含的必选评价指标，这些诊断指标的分级、以及诊断指标级别所对应的指标分值和指标权重。如果各地实际情况与附件中给出的评价指标、指标分级、指标分值及指标权重有较大出入，可参考附件“区域性土壤指标分级、指标分值、指标权重”给出的全国性评价指标、指标分级、指标分值及指标权重，来确定本地区的评价指标、指标分级、指标分值及指标权重。

(4)计算农用地自然质量分。

按指定作物用几何平均法或加权平均法将分等因素质量分综合成该分等评价单元的农用地质量分。

(5)计算农用地分等的自然质量等指数。

从有关规程中查找光温生产潜力指数、产量比系数，根据标准耕作制度，对各指定作物的光温生产潜力指数逐一进行自然质量修正，再求和，得自然质量等指数。

(6)初步划分农用地等。

分指定作物，计算土地利用系数，编制等值区图。对农用地自然质量等进行利用水平修正，得利用等指数。

分指定作物，计算土地经济系数，编制等值区图。对农用地利用等进行经济水平修正，得分等指数，依据分等指数初步划分农用地等。

(7)对初步划分的农用地等进行检查、校验调整，确定农用地等。

在所有分等单元中随机抽取不超过总数5%的单元进行野外实测，将实测结果与分等结果进行比较。如果差异小于5%，则认为初步分等成果总体上合格，对于发现的不合格的初步分等结果应进行调整；如果大于5%，则应对初步分等成果进行全面调整。

(8)进行成果资料整理及验收。

2. 农用地定级的工作程序

下面以修正法为例简要介绍农用地定级的工作程序。

(1)确定修正因素。修正因素是指在县域范围内具有明显差异,对农用地级别有显著影响的因素,包括必选因素和参选因素。必选因素有土地区位因素和耕作便利因素。

(2)外业补充调查。农用地定级外业调查宜结合分等调查进行,共享一套外业调查资料。农用地定级外业调查与分等外业调查的侧重点不同,定级的外业调查更详细,需要根据定级参数的计算需要,补充相应的定级评价因素的调查。

(3)编制修正因素分值图。根据现有资料整理出定级修正因素分值,标注在与定级单元图相同比例尺的底图上。根据外业补充调查资料获得的定级修正因素分值,标注在底图上。再综合成定级修正因素分值图。

(4)划分定级评价单元。定级单元以农用地分等评价单元图进行划分,定级单元的边界应满足定级目的的要求。定级单元划分方法可采用采用地块法和网格法。

(5)计算单元修正因素质量分。呈点、线状分布的修正因素分值由相应因素对单元中心点的作用分值按相应衰减公式直接计算,面状因素分值则直接读取中心点所在指标区域的作用分值。

(6)计算修正系数。主要计算土地区位修正系数、耕作便利修正系数、参选修正因素修正系数。各因素的修正系数等于本单元的因素分值除以反映区域内该因素平均作用分值。

(7)计算定级指数。根据单元所对应的自然质量等指数和修正系数,采用乘积法逐步修正光温生产潜力指数,得到农用地定级指数。

(8)初步划分农用地级。根据单元定级指数,采用数轴法、总分频率曲线法进行农用地级别的初步划定。

(9)校验及级别调整,级别确定。

(10)进行成果资料整理及验收。

相关规范、规程与标准

1. 城镇土地分等定级规程

3.1 城镇土地分等定级的任务与目的

3.1.1 城镇土地分等是通过对影响城镇土地质量的经济、社会、自然等各项因素的综合分析,揭示城镇之间土地质量的地域差异,运用定量和定性相结合的方法对城镇进行分类排队,评定城镇土地的"等"。

3.1.2 城镇土地定级是根据城镇土地的经济、自然两方面属性及其在社会经济活动中的地位、作用,对城镇土地使用价值进行综合分析,揭示城镇内部土地质量的地域差异,评定城镇土地的"级"。

3.1.3 城镇土地分等定级的目的是为全面掌握城镇土地质量及利用状况,科学管理和合理利用城镇土地,提高土地使用效率,为国家和各级政府制定各项土地政策和调控措施、为土地估价、土地税费征收和城镇土地利用规划、计划制定提供科学依据。

3.2 城镇土地分等定级体系

3.2.1 城镇土地分等定级采用"等"和"级"两个层次的工作体系。

3.2.2　土地等反映城镇之间土地质量的地域差异。

城镇土地分等宜分层次进行。全国开展城镇土地分等，应重点考虑对全国范围内重要的设市城市划分土地等；省域（自治区）开展城镇土地分等，应重点考虑对省、自治区内的城市和县城镇划分土地等；直辖市域开展城镇土地分等，应重点考虑对市域内的市区、地级和县级政府驻地城镇划分土地等。城市所辖的空间上与主城区分隔的实体（如独立工矿区、开发区等），宜在城市分等基础上，经综合平衡划定等别。必要时，可对跨不同行政区域的城镇进行分等。不同层次的分等工作应相互衔接。

3.2.3　土地级反映城镇内部土地质量的差异。

城镇土地定级有综合定级和分类定级两种类型。综合定级指对影响城镇土地质量的各种经济、社会、自然因素进行综合分析，按综合评价值的差异划分土地级。分类定级指分别对影响城镇某类型用地质量的各种经济、社会、自然因素进行分析，按分类评价值的差异划分土地级；分类定级包含商业用地定级、住宅用地定级、工业用地定级等。

城镇土地定级主要分析现状土地质量的差异，必要时，应考虑城市规划等其他因素对土地级别的影响。市区非农业人口五十万以上的大城市，宜进行综合定级和分类定级；其他城镇宜进行综合定级，必要时可同时进行分类定级。

3.3　城镇土地分等定级对象

3.3.1　城镇土地分等对象是城市市区、建制镇镇区土地。

3.3.2　城镇土地定级对象是土地利用总体规划确定的城镇建设用地范围内的所有土地。城镇以外的独立工矿区、开发区、旅游区等用地可一同参与评定。

3.4　城镇土地分等定级原则

3.4.1　综合分析原则

城镇土地分等定级应对影响城镇土地质量的各种经济、社会、自然因素进行综合分析，按综合差异划分土地等和级。

3.4.2　主导因素原则

城镇土地分等定级应重点分析对土地等和级具有重要作用的因素，突出主导因素的影响。

3.4.3　地域分异原则

城镇土地分等结果要符合城镇本身的经济特征，充分考虑城镇的宏观地理位置，与区域经济发展水平保持相对一致。城镇土地定级应掌握土地区位条件和土地特性的分布与组合规律，分析由于区位条件不同形成的土地质量差异，将类似地域划归为同一土地级。

3.4.4　土地收益差异原则

城镇土地等和级的划分应符合区域和城镇内部的土地收益分布规律。

3.4.5　定量与定性分析结合原则

城镇土地分等定级应尽量把定性的、经验性的分析进行量化。在确定城镇土地等和级的初步方案时以定量分析为主，城镇土地等和级的调整和最终定案宜依靠定性分析。

3.5　城镇土地分等定级的工作内容

3.5.1　城镇土地分等工作内容包括：

(a)城镇土地分等准备工作及外业调查；

(b)城镇土地分等因素选取、资料整理及定量化；

(c)城镇分值计算及土地等初步划分；

(d)验证、调整分等初步结果，评定城镇土地等；

(e)编制城镇土地分等成果；

(f)城镇土地分等成果验收；

(g)成果应用和更新。

3.5.2 城镇土地定级工作内容包括：

(a)城镇土地定级准备工作及外业调查；

(b)城镇土地定级因素资料整理及定量化；

(c)单元分值计算及土地级评定；

(d)编制城镇土地级别图及量算面积；

(e)城镇土地级的边界落实及分宗整理；

(f)编写城镇土地定级报告；

(g)城镇土地定级成果验收；

(h)成果归档和资料更新。

3.6 城镇土地分等定级的技术程序

3.6.1 城镇土地分等的技术程序如下：

(a)建立影响城镇间土地等的因素因子体系；

(b)确定各因素因子的相应权重；

(c)分析因素因子的影响方式，建立评价标准；

(d)对各城镇因素因子的评价指标值进行标准化处理，加权计算各城镇总分值，并初步划分城镇土地等；

(e)验证分等初步结果，制定分等基本方案，开展意见征求，对城镇土地等进行调整并定案；

(f)编制城镇土地分等成果图件、报告和基础资料汇编。

3.6.2 城镇土地定级的技术程序如下：

(a)建立城镇土地定级的因素体系；

(b)确定各因素的权重值；

(c)计算各因素的指标值和作用分，编制各因素的指标值与作用分值的对照表；

(d)划分城镇土地定级单元；

(e)计算单元内各因素分值，加权求和计算总分值，按总分的分布排列和实际情况，初步划分土地级；

(f)进行土地收益测算或市场交易价格定级，对初步划分的土地级进行验证和调整；

(g)编制城镇土地定级图件、报告和基础资料汇编。

3.7 城镇土地分等定级的技术方法

3.7.1 城镇土地分等定级的技术途径采用多因素综合评价法，以市场资料分析法等进行验证。

3.7.2 影响城镇土地等和级的因素(因子)选择宜建立在本标准规定的因素(因子)体系基础上，根据各地具体情况，通过特尔菲法进行选定。必要时，城镇土地分等的因素(因子)体系可通过主成分分析等方法进行筛选。

3.7.3 影响城镇土地等和级的因素(因子)权重值应采用特尔菲测定法、层次分析法、因素成对比较法中的一种或多种进行。

3.7.4 城镇土地分等的因子评价指标值标准化处理应采用位序标准化、极值标准化中的一种进行。城镇土地定级因素的作用分计算采用相对值法和距离递减法，按[0,100]区间赋分，因素指标优劣与作用分的关系按正相关设置，因素条件越好，作用分越高。

3.7.5　城镇土地定级单元划分可选用主导因素判定法、叠置法或网格法等。

3.7.6　城镇土地分等对象和定级单元的总分值计算采用多因素分值加权求和法。

3.7.7　城镇土地等和级的初步划分应采用数轴法、总分频率曲线法等进行，城镇土地级划分还可采用总分剖面图法进行。

3.7.8　反映城镇土地质量的市场资料应首先进行数理统计分析处理，才能用于成果验证。城镇内部土地收益测算采用典型抽样测定、数理统计检验方法。

3.8　城镇土地分等定级成果

城镇土地分等定级成果包括文字报告、图件、基础资料汇编。当采用计算机进行数据处理时，基础资料汇编可采用基础资料信息数据库的方式来替代。

3.9　技术应用

国家鼓励采用计算机技术开展城镇土地分等定级工作。

2. 地籍测绘规范

5.5　土地等级调查

5.5.1　土地等级标准

土地等级标准执行当地有关部门制定的土地等级标准。

5.5.2　调查方法

5.5.2.1　土地等级调查在地块内调注，地块内土地等级不同时，则按不同土地等级分别调记。

5.5.2.2　对尚未制定土地等级标准的地区，暂不调记。

典型工作任务4　房产调查

1.4.1　工作任务

1. 房产调查的目的

(1)获取房产要素资料，通过确权审查、定质定量，认定房屋及其用地的产权归属。

(2)房产调查的成果作为权证的附件经审核批准后具有法律效力，为城市房地产管理提供服务。

2. 房产调查的任务

(1)查清房屋及其用地的位置、权属、界线、数量、质量和利用现状等。

(2)查清房产的行政界线和地理名称。

1.4.2　相关配套知识

1. 房产及其编号

房产是一种不动产，它又是城市经济的最重要组成部分，是人类活动、居住的最基本场所，也是城市地籍管理的主要内容。房产调查成果资料的好坏将影响地籍调查的准确性，也将直接影响房地产登记和管理工作。城市房产调查主要包括房产产权类别、房产主或房产法人、坐落位置、尺寸、建筑面积、房屋结构、层数、建筑年份、用途等。

房产调查既然作为地籍调查的一项内容，当然同土地权属调查一样，应该在当地国土房产管理部门的领导下，会同房屋权属主和房屋相邻权属主等有关人员，到现场指认界址。各方认可后，在权属调查表上签字盖章方有效。房产调查应充分利用已有地形图、地籍图、航摄相片及相关资料，按国家《房产测量规范》的要求，逐项进行实地调查。

(1)房产区与房产分区

房产调查以丘为单位分户进行，丘以房产分区为单位划分，房产分区又是以房产区为单位划分。这里的房产区、房产分区和丘与土地权属调查中的地籍区(街道)、地籍子区(街坊)和宗地三级相类似。房产区可以是行政建制区的街道办事处、镇或乡的行政辖区，或根据房地产管理划分的区域范围为基础划定，其应该在市辖区或县、县级市的范围内统一编号，避免重号，保证代码的唯一性。在进行房产区和房产分区的划分时，要考虑城市的发展，预留部分编号。

(2)丘、幢的划分与编号

丘是指地表上一块有界空间的地块，类似于土地权属调查中的宗地，是调查的最小单元。根据丘内产权单元的情况，丘亦有独立丘与组合丘之分。一个地块只属于一个产权单元时，称独立丘；一个地块属几个产权单元时，称组合丘。

丘在划分时，有固定界标的按固定界标划分，没有固定界标的按自然界线划分。

①丘的编号

丘的编号按市、市辖区(县)、房产区、房产分区、丘五级编号组成。

编号方法：市代码、市辖区(县)的代码采用《中华人民共和国行政区划代码》(GB/T 2260—2002)规定的代码。

房产区和房产分区均以两位自然数字从01至99依序编列；当未划分房产分区时，相应的房产分区编号用"01"表示。

丘的编号以房产分区为编号区，采用4位自然数字从0001至9999编列；以后在变更测量或修测补测中，新增丘接原编号顺序连续编立。

丘的编号格式如下：

市代码＋市辖区(县)代码＋房产区代码＋房产分区代码＋丘号

(2位)　(2位)　(2位)　(2位)　(4位)

丘的编号从北至南，从西至东以反"S"形顺序编列。

②丘支号的编立

在组合丘内，为反映各权属单元用地状况，可在丘号的基础上编立丘支号。各丘支号的编立按照从左到右、从上到下呈反"S"形顺序编立。其表示方法为：丘号在前，丘支号在后且字级小一号，中间加短线表示，如"48-6"。

③幢与幢号

幢是指一座独立的，包括不同结构和不同层次的房屋。

幢号以丘为单位，自进大门起，从左到右，从前到后，用数字1、2……顺序按反"S"形编号。幢号注在房屋轮廓线内的左下角，并加括号表示。当丘内房屋已有连续而完整的幢号时，可继续沿用。

在他人用地范围内所建的房屋，或自己的权属范围内土地上有他人建造的房屋，应在幢号后面加编房产权号。房产权号用标志符A表示，注记在房屋幢号的右侧，和幢号并列，且字号相同。

多户共有一幢的房屋，还应在幢号后面加编共有权号。共有权号用标志符B表示，以相同的字号与幢号并列，注记在房屋幢号的右侧。

2. 房屋调查

房屋是指具有门窗、顶盖(屋面)、承重结构及围护墙体的建筑物。

这里,我们所讲的房屋调查中的房屋一般指上有屋顶,周围有墙,能防风避雨,御寒保温,供人们在其中工作、生活、学习、娱乐和储藏物资,并具有固定基础,层高一般在2.2 m以上的永久性场所。有一些建筑物的顶盖如为石棉瓦、油毡等材料,即使其他三要素齐全,也只能算作简易房,不是房屋调查的对象;另外,借助高架桥(立交桥)的路面当做屋面的建筑物,也不是房屋调查的对象。

房屋调查的主要内容包括:房屋权属、位置、质量、用途、数量的调查和其他情况(他项权利、产权纠纷等)的调查。

(1)房屋的权属

房屋权属包括权利人、权源、产权性质、产别、墙体归属、房屋权属界线示意图和登记情况等。

①权利人

房屋权利人是指房屋所有权人的姓名。

私人所有的房屋,一般按照产权证件上的姓名登记。若产权人已死亡的,则应注明代理人的姓名;产权是共有的,则应注明全体共有人姓名。

单位所有的房屋,应注明单位的全称。两个以上单位共有的,应注明全体共有单位名称。

房屋是典当或抵押的,应注明典当或抵押人的姓名及典当或抵押的情况。

产权不清或无主的房屋,可直接注明产权不清或无主,并作简要说明。

②产权来源(权源)

房屋产权来源是指产权人取得房屋产权的时间和方式,如继承、购买、受赠、交换、自建、翻建、征用、收购、调拨、价拨、拨用等。

产权来源有两种以上的,应全部注明。

③产权性质

我国房屋的产权性质是按照社会主义经济三种所有制形式,对房屋产权人占有的房屋进行所有制分类,共划分为全民(全民所有制)、集体(集体所有制)、私有(个体所有制)三类。外资房产、中外合资房产不进行分类,但应注明。

④产别

房屋产别是指根据产权占有和管理不同而划分的类别。按两级分类调记,一级分8类,二级分4类,具体分类标准及编号见表1.8。

⑤墙体归属

房屋墙体归属是指房屋四面墙体所有权的归属,一般分为三类:自有墙、共有墙和借墙。在房屋调查时应根据实际的墙体归属情况分别注明。

⑥房屋权属界线示意图

房屋权属界线示意图是以房屋权属单元为单位绘制的略图,表示房屋及其相关位置。其内容有房屋权属界线、共有共用房屋权属界线,以及与邻户相连墙体的归属、房屋边长等。对有争议的房屋权属界线应标注争议部位,并作相应的记录。

⑦房屋权属登记情况

办理过房屋所有权等记的房屋,在房屋调查表中应注明房屋所有权证的证号。

(2)房屋的位置

房屋的位置包括房屋的坐落和所在层次。

房屋坐落是指房屋所在街道的名称和门牌号。房屋坐落在小的里弄、胡同和小巷时，应加注附近主要街道名称；缺门牌号时，应借用毗连房屋门牌号并加注东、南、西、北方位；房屋坐落在两个或以上街道或有两个以上门牌号时，应全部注明；单元式的成套住宅，应加注单元号、室号。

所在层次是指权利人的房屋在该幢楼房中的第几层。地下层次以负数表示。

表 1.8 房屋产别分类标准

一级分类		二级分类		含 义
编 号	名 称	编 号	名 称	
10	国有房产			指归国家所有的房产。包括由政府接管、国家经租、收购、新建以及由国有单位用自筹资金建设或购买的房产
		11	直管产	指由政府接管、国家经租、收购、新建、扩建的房产（房屋所有权已正式划拨给单位的除外），大多数由政府房地产管理部门直接管理、出租、维修，少部分免租拨借给单位使用
		12	自管产	指国家划拨给全民所有制单位所有以及全民所有制单位自筹资金构建的房产
		13	军产	指中国人民解放军部队所有房产。包括由国家划拨的房产、利用军费开支或军队自筹资金购建的房产
20	集体所有房产			指城市集体所有制单位所有的房产。包括集体所有制单位投资建造、购买的房产
30	私有房产			指私人所有地房产。包括中国公民、港澳台同胞、海外侨胞、在华外国侨民、外国人所投资建造、购买的房产，以及中国公民投资的私营企业（私营独资企业、私营合伙企业和有限责任公司）所投资建造、购买的房产
		31	部分产权	指按照房改政策，职工个人以标准价购买的住房，拥有部分产权
40	联营企业房产			指不同所有制性质的单位之间共同组成新的法人经济实体所投资建造、购买的房产
50	股份制企业房产			指股份制企业所投资建造或购买的房产
60	港、澳、台投资房产			指港、澳、台地区投资者以合资、合作或独资在祖国大陆创办的企业所投资建造或购买的房产
70	涉外房产			指中外合资经营企业、中外合作经营企业和外资企业、外国政府、社会团体、国际性机构所投资建造或购买的房产
80	其他房产			凡不属于以上各类别的房屋，都归在这一类，包括因所有权人不明，由政府房地产管理部门、全民所有制单位、军队代为管理的房屋以及宗教用房等

(3)房屋的质量

房屋的质量包括层数、建筑结构、建成年份。

①层数

房屋层数是指房屋的自然层数，一般按室内地坪±0 以上计算。当采光窗在室外地坪以上的半地下室，其室内层高在 2.20 m 以上的，则计算层数。地下层、假层、附层（夹层）、插层、阁楼（暗楼）、装饰性塔楼，以及突出屋面的楼梯间、水箱间不计层数。屋面上添建的不同结构的房屋不计算层数，但需测绘平面图并计算建筑面积。

②建筑结构

房屋建筑结构是指根据房屋的梁、柱、墙等主要承重构件的建筑材料划分类别，具体分类标准见表1.9。一幢房屋一般只有一种建筑结构，如房屋中有两种或以上建筑结构，如能够分清界线的，则分别注明；否则以面积较大的结构为准。

表1.9　房屋建筑结构分类标准

分类		含义
编号	名称	
1	钢结构	承重的主要构件是用钢材料建造的，包括悬索结构
2	钢、钢筋混凝土结构	承重的主要构件是用钢、钢筋混凝土建造的。如一幢房屋一部分梁柱采用钢、钢筋混凝土构架建造
3	钢筋混凝土结构	承重的主要构件是用钢筋混凝土建造的，包括薄壳结构、大模板现浇结构及使用滑模、升板等建造的钢筋混凝土结构的建筑物
4	混合结构	承重的主要构件是用钢筋混凝土和砖木建造的，如一幢房屋的梁是用钢筋混凝土制成，以砖墙为承重墙，或者梁是用木材建造，柱是用钢筋混凝土建造
5	砖木结构	承重的主要构件是用砖、木材建造的，如一幢房屋是木制房架、砖墙、木柱建造的
6	其他结构	凡不属于上述结构的房屋都归此类，如竹结构、砖拱结构、窑洞等

③建成年份

房屋建成年份是指房屋实际竣工年份。拆除翻建的，应以翻建竣工年份为准。

一幢房屋有两种以上建成年份，应分别注明。

(4)房屋的用途

房屋用途是指房屋目前的实际用途，或房屋现在的使用状况。房屋的用途按两级分类，一级分8类，二级分28类，具体分类标准及编号见表1.10。

一幢房屋有两种以上用途，应分别调查注明。

表1.10　房屋用途分类标准

一级分类		二级分类		含义
编号	名称	编号	名称	
10	住宅	11	成套住宅	指由若干卧室、起居室、厨房、卫生间、室内走道或客厅等组成的供一户使用的房屋
		12	非成套住宅	指人们生活居住的但不成套的房屋
		13	集体宿舍	指机关、学校、企事业单位的单身职工、学生居住的房屋。集体宿舍是住宅的一部分
20	工业交通仓储	21	工业	指独立设置的各类工厂、车间、手工作坊、发电厂等从事生产活动的房屋
		22	公用设施	指自来水、泵站、污水处理、变电、燃气、供热、垃圾处理、环卫、公厕、殡葬、消防等市政公用设施的房屋
		23	铁路	指铁路系统从事铁路运输的房屋
		24	民航	指民航系统从事民航运输的房屋
		25	航运	指航运系统从事水路运输的房屋
		26	公交运输	指公路运输、公共交通系统从事客、货运输、装卸、搬运的房屋
		27	仓储	指用于储备、中转、外贸、供应等各种仓库、油库用房

续上表

一级分类		二级分类		含 义
编号	名 称	编号	名 称	
30	商业金融信息	31	商业服务	指各类商店、门市部、饮食店、粮油店、菜场、理发店、照相馆、浴室、旅社、招待所等从事商业和为居民生活服务所用的房屋
		32	经营	指各种开发、装饰、中介公司等从事各类经营业务活动所用的房屋
		33	旅游	指宾馆、饭店、乐园、俱乐部、旅行社等主要从事旅游服务所用的房屋
		34	金融保险	指银行、储蓄所信用社、信托公司、证券公司、保险公司等从事金融服务所的房屋
		35	电信信息	指各种邮电、电信部门、信息产业部门，从事电信与信息工作所用的房屋
40	教育、医疗卫生、科研	41	教育	指大专院校、中等专业学校、中学、小学、幼儿园、托儿所、职业学校、业余学校、干校、党校、进修院校、工读学校、电视大学等从事教育所用的房屋
		42	医疗卫生	指各类医院、门诊部、卫生所(站)、检(防)疫站、保健院(站)、疗养院、医学化验、药品检验等医疗卫生机构从事医疗、保健、防疫、检验所用的房屋
		43	科研	指各类从事自然科学、社会科学等研究设计、开发所用的房屋。
50	文化娱乐体育	51	文化	指文化馆、图书馆、展览馆、博物馆、纪念馆等从事文化活动所用的房屋
		52	新闻	指广播电视台、电台、出版社、报社、杂志社、通信社、记者站等从事新闻出版所用的房屋
		53	娱乐	指影剧院、游乐场、俱乐部、剧团等从事文娱演出所用的房屋
		54	园林绿化	是指公园、动物园、植物园、陵园、苗圃、花圃、花园、风景名胜、防护林等所用的房屋
		55	体育	指体育场、馆、游泳池、射击场、跳伞塔等从事体育所用的房屋
60	办公	61	办公	指党、政机关、群众团体、行政事业单位等行政、事业单位等所用的房屋
70	军事	71	军事	指中国人民解放军军事机关、营房、阵地、基地、机场、码头、工厂、党校等所用的房屋
80	其他	81	涉外	指外国使、领馆、驻华办事处等涉外所用的房屋
		82	宗教	指寺庙、教堂等从事宗教活动所用的房屋
		83	监狱	指监狱、看守所、劳改场(所)等所用的房屋

5)房屋的数量

房屋的数量包括建筑占地面积、建筑面积、使用面积、共有面积、产权面积、丘内的总建筑面积、套内建筑面积等。

(1)建筑占地面积(基地面积)

房屋的建筑占地面积是指房屋底层外墙(柱)外围水平面积，一般与底层房屋建筑面积相同。

(2)建筑面积

房屋建筑面积系指房屋外墙(柱)勒脚以上各层的外围水平投影面积,包括阳台、挑廊、地下室、室外楼梯等,且具备上盖,结构牢固,层高2.20 m以上(含2.20 m)的永久性建筑的面积。每户(或单位)拥有的建筑面积叫分户建筑面积。平房的建筑面积指房屋外墙勒脚以上的墙身外围水平面积;楼房建筑面积则指各层房屋墙身外围水平面积之和。建筑面积包括套内建筑面积和分摊的共有面积两个部分。

(3)使用面积

房屋的使用面积系指房屋户内全部可供使用的空间面积,按房屋的内墙面水平投影计算。包括直接办公、生产、经营或日常生活起居使用的面积以及辅助用房的卧室、起居室和客厅(堂屋)、厨房、卫生间、室内走道、楼梯、壁橱、阳台、地下室、假层、附层(夹层)、层高2.2 m以上的阁楼(暗楼)等面积。住宅使用面积按住宅的内墙面水平投影线计算。内墙面装修厚度计入使用面积。

(4)共有面积

房屋共有建筑面积系指各产权主共同占有或共同使用的建筑面积。主要包括层高超过2.2 m的单车库、设备层、或技术层、室内外楼梯、楼梯悬挑平台、内外廊、门厅、电梯及机房、门斗、有柱雨篷、突出屋面有围护结构的楼梯间、电梯间及机房、水箱等面积。

(5)产权面积

房屋产权面积系指产权主依法拥有房屋所有权的房屋建筑面积。房屋产权面积由直辖市、市、县房地产行政主管部门登记确权认定。

(6)总建筑面积

总建筑面积等于计算容积率的建筑面积和不计算容积率的建筑面积之和。

容积率是指一个小区的总建筑面积与用地面积的比率。容积率与建筑层数成正比。

计算容积率的建筑面积包括使用面积、分摊的共有面积和未分摊的共有面积。

面积测量计算中需要明确区分计算容积率的建筑面积和不计算容积率的建筑面积。

(7)套内建筑面积

成套房屋的套内建筑面积由套内使用面积、套内墙体面积和套内阳台建筑面积三部分组成。

①套内房屋使用面积

套内房屋使用面积为套内房屋使用空间的面积,以水平投影面积按以下规定计算:

a. 套内使用面积为套内卧室、起居室、门厅、过道、厨房、卫生间、厕所、贮藏室、壁柜等空间面积的总和。

b. 套内楼梯按自然层数的面积总和计入使用面积。

c. 不包括在结构面积内的套内烟囱、通风道、管道井均计入使用面积。

d. 内墙面装饰厚度计入使用面积。

②套内墙体面积

套内墙体面积是套内使用空间周围的维护或承重墙体或其他承重支撑体所占的面积。

其中各套之间的分隔墙和套与公共建筑空间的分隔墙,以及外墙(包括山墙)等共有墙,均按水平投影面积的一半计入套内墙体面积;套内自有墙按水平投影面积全部计入套内墙体面积。

③套内阳台建筑面积

套内阳台建筑面积均按阳台外围与房屋外墙之间的水平投影面积计算。其中封闭的阳台按水平投影全部计算建筑面积，未封闭的阳台按水平投影的一半计算建筑面积。

6)其他情况

①他项权利

房屋的他项权利是指产权人和权利人用契约的形式设定的权利，如由房屋的所有权衍生出来的典当权、租赁权、抵押权、继承权等权利。房屋设有他项权利的，应在房屋调查表中相应栏作出说明。

②产权纠纷

产权纠纷可能发生在相邻权属单元之间，包括单位之间、单位与私人之间、私人之间的纠纷。纠纷协调解决了的，按已明确的权属界线处理；产权不清或有争议的，应如实作出记录，在图上用未定界符号标注。

7)填写房屋调查表

以上房屋调查的各项成果应集中反映在房屋调查表中，亦即，在进行房屋调查时，按表1.11所列内容逐项调查填写。

表1.11 房屋调查表

市区名称或代码号________房产区号________房产分区号________丘号________序号________

<table>
<tr><td colspan="2">坐落</td><td colspan="10">区(县) 街道(镇) 胡同(街巷) 号</td><td colspan="3">邮政编码</td><td></td></tr>
<tr><td colspan="2">产权主</td><td colspan="4"></td><td colspan="2">住址</td><td colspan="8"></td></tr>
<tr><td colspan="2">用途</td><td colspan="8"></td><td>产别</td><td colspan="2"></td><td colspan="2">电话</td><td></td></tr>
<tr><td rowspan="7">房屋状况</td><td rowspan="2">幢号</td><td rowspan="2">权号</td><td rowspan="2">户号</td><td rowspan="2">总层数</td><td rowspan="2">所在层次</td><td rowspan="2">建筑结构</td><td rowspan="2">建成年份</td><td rowspan="2">占地面积/m²</td><td rowspan="2">使用面积/m²</td><td rowspan="2">建筑面积/m²</td><td colspan="4">墙体归属</td><td rowspan="2">产权来源</td></tr>
<tr><td>东</td><td>南</td><td>西</td><td>北</td></tr>
<tr><td></td><td></td><td></td><td></td><td></td><td></td><td></td><td></td><td></td><td></td><td></td><td></td><td></td><td></td><td></td></tr>
<tr><td></td><td></td><td></td><td></td><td></td><td></td><td></td><td></td><td></td><td></td><td></td><td></td><td></td><td></td><td></td></tr>
<tr><td></td><td></td><td></td><td></td><td></td><td></td><td></td><td></td><td></td><td></td><td></td><td></td><td></td><td></td><td></td></tr>
<tr><td></td><td></td><td></td><td></td><td></td><td></td><td></td><td></td><td></td><td></td><td></td><td></td><td></td><td></td><td></td></tr>
<tr><td></td><td></td><td></td><td></td><td></td><td></td><td></td><td></td><td></td><td></td><td></td><td></td><td></td><td></td><td></td></tr>
<tr><td colspan="2" rowspan="2">房屋权界线示意图</td><td colspan="12" rowspan="2"></td><td>附加说明</td><td></td></tr>
<tr><td>调查意见</td><td></td></tr>
</table>

3. 房屋用地调查

房屋用地调查可与房屋调查同时进行，也可分别进行。房屋用地调查必须以丘为单位进行实地调查，并将调查结果填入房屋用地调查表，见表1.12。

1)房屋用地调查的内容

房屋用地调查的内容包括用地坐落、产权性质、土地等级、税费、用地人、用地单位所有制性质、土地使用权来源、四至、界标、房屋用地用途分类、用地面积等基本情况，以及绘制用地范围略图。

(1)用地坐落

房屋用地包括房屋占地与院落两部分。房屋用地坐落的调查与房屋调查相同。

(2)房屋用地的产权性质

房屋用地的产权性质按国有、集体两类填写。集体所有的还应注明土地所有单位的全称。

表 1.12　房屋用地调查表

市区名称或代码号________房产区号________房产分区号________丘号________序号________

<table>
<tr><td colspan="2">坐落</td><td colspan="5">区(县)　街道(镇)　胡同(街巷号)</td><td colspan="2">电话</td><td colspan="2"></td><td>邮政编码</td><td></td></tr>
<tr><td colspan="2">产权性质</td><td></td><td>产权主</td><td></td><td colspan="2">土地等级</td><td></td><td colspan="2">税费</td><td></td><td rowspan="7">附加说明</td><td rowspan="7"></td></tr>
<tr><td colspan="2">用途</td><td></td><td>住址</td><td colspan="4"></td><td colspan="2">所有制性质</td><td></td></tr>
<tr><td colspan="2">用地来源</td><td colspan="6"></td><td colspan="2">用地用途分类</td><td></td></tr>
<tr><td rowspan="4">用地状况</td><td rowspan="2">四至</td><td>东</td><td>南</td><td>西</td><td>北</td><td rowspan="2">界标</td><td>东</td><td>南</td><td>西</td><td>北</td></tr>
<tr><td></td><td></td><td></td><td></td><td></td><td></td><td></td><td></td></tr>
<tr><td rowspan="2">面积/m^2</td><td>合计用地面积</td><td>房屋占地面积</td><td colspan="2">院地面积</td><td>分摊面积</td><td colspan="4"></td></tr>
<tr><td></td><td></td><td colspan="2"></td><td></td><td colspan="4"></td></tr>
<tr><td colspan="2">用地略图</td><td colspan="11"></td></tr>
</table>

(3)土地等级

房屋用地的等级按照当地有关部门制定的土地等级标准执行。

我国各级地方人民政府根据国家土地等级的总原则，结合本地区的特点经过综合评估来制定适合本地区的地区性土地等级评估标准，并按该标准划分土地各等级的区域。房屋用地的等级调查就是根据其所在区域土地等级来填写的。

(4)房屋用地的税费

房屋用地的税费是指房屋用地的使用人每年向相关部门缴纳的费用，以年度缴纳金额为准。如属于免征对象应注明“免征”字样，并说明原因。对于外资企业和中外合资企业的用地，依照国家法律和国务院有关规定，必须向征收部门收集有关资料填写。

(5)用地人、用地单位所有制性质

房屋用地的使用人是指房屋用地的使用人的姓名或单位名称。用地人、用地单位所有制性质，按房屋调查中房屋权属之产权性质填写。

(6)用地来源

房屋用地来源是指取得土地使用权的时间和方式，如转让、出让、征用、划拨等。

(7)四至及界标

①用地四至

用地四至是指用地范围与四邻接壤的情况，一般按东、南、西、北方向注明邻接丘号或街道名称，或沟、渠、水域等名称。

②用地范围的界标

用地范围的界标是指用地界线上的各种标志。包括道路、河流等自然界线；房屋墙体、围墙、栅栏等围护物体，以及界碑、界桩等埋石标志。

(8)用地用途分类

房屋用地用途分类按《房产测量规范　第1单元：房产测量规定》(GB/T 17986—2000)有关规定填写。如一块用地内的房屋类别不同时，以其主要的或多数的类别为准。

(9)用地面积

房屋的用地面积是指用地单位的实地面积，即为红线内的面积。调查房屋用地面积时，应根据用地单位合法取得土地使用权的文件和用地范围边界线来调查。对于组合丘，各丘面积和各权属单元的用地面积应逐一调查。对于权属界线在图上难以表示而划分的组合丘，应保证丘内各权属单元用地面积总和与丘面积比较的差值在误差范围之内，然后按各权属单元用地面积比例进行配赋，消除不符值，从而确保各权属单元用地面积总和与丘面积相等。

(10)用地略图

房屋用地略图是以用地单元(丘)为单位绘制的略图，表示房屋用地位置、四至关系、用地界线、共用院落的界线，以及界标类别和归属，并注记房屋用地界线边长。

房屋用地界线是指房屋用地范围的界线。包括共用院落的界线，由产权人(用地人)指界与邻户认证来确定。提供不出证据或有争议的应根据实际使用范围标出争议部位，按未定界处理。

2)行政境界与地理名称调查

在房地产调查中除对房屋用地进行调查外，还要对行政界线与地理名称进行调查，并标绘于房地产平面图上。

①行政境界调查

行政境界调查，应依照各级人民政府规定的行政境界位置，调查区、县和镇以上的行政区划范围，并标绘在图上。街道或乡的行政区划，可根据需要调查。

②地理名称调查

地理名称调查(以下简称地名调查)包括居民点、道路、河流、广场等自然名称。

这里的自然名称应根据各地人民政府地名管理机构公布的标准名称，或公安机关编定的地名进行调查。凡在测区范围内的所有地名及重要的名胜古迹，均应调查。

使用单位的名称应调查实际使用该房屋及其用地的企事业单位的全称。

通过实地调查所填写的“房屋调查表”及“房屋用地调查表”的各项内容，可以作为建立房地产登记卡片、统计房地产各项数据及信息的基础资料。房地产调查成果是房地产平面图测绘的前提和基础，房地产调查与测绘接合起来便可全面掌握房地产的现状，为房地产的经营、管理打好基础。

4. 房屋面积的计算

房屋面积的计算主要包括房屋建筑面积的计算和房屋共有面积的分摊计算。房屋面积的计算是房产调查的重要内容之一。其具体计算方法和规定要求参照《房产测量规范　第1单元：房产测量规定》(GB/T 17986—2000)和相关资料进行。

(1)面积测算的精度要求

房产面积的精度分为三级，各级面积的限差和中误差不超过表1.13计算的结果。

表 1.13 房产面积的精度要求

房产面积的精度等级	中误差/m²	限差/m²
一	$0.01\sqrt{S}+0.0003S$	$0.02\sqrt{S}+0.0006S$
二	$0.02\sqrt{S}+0.001S$	$0.04\sqrt{S}+0.002S$
三	$0.04\sqrt{S}+0.003S$	$0.08\sqrt{S}+0.006S$

注：S为房产面积，单位 m²。

对城市繁华地段、商业区以及某些特殊建筑物的房屋，或产权人具体要求时可使用一级房屋面积精度标准；对城市的商品房或进入房地产市场的房屋面积一般应达到二级精度要求；其他房屋应达到三级房屋面积的精度标准。

(2)房屋建筑面积测算规则

根据《房产测量规范 第1单元：房产测量规定》(GB/T 17986.1—2000)要求，房屋建筑面积计算规则如下：

①计算全部建筑面积的范围

永久性结构的单层房屋，按一层计算建筑面积；多层房屋按各层建筑面积的总和计算。

房屋内的夹层、插层、技术层及其梯间、电梯间等其高度在 2.20 m 以上部位计算建筑面积。

穿过房屋的通道，房屋内的门厅、大厅，均按一层计算面积。门厅、大厅内的回廊部分，层高在 2.2 m 以上的，按其水平投影面积计算。

楼梯间、电梯(观光梯)井、提物井、垃圾道、管道井等均按房屋自然层计算面积。

房屋天面上，属永久性建筑，层高在 2.2 m 以上的楼梯间、水箱间、电梯机房及斜面结构屋顶高度在 2.2 m 以上的部位，按其外围水平投影面积计算。

挑梯、全封闭的阳台按其外围水平投影面积计算。

属永久性结构有上盖的室外楼梯，按各层水平投影面积计算。

与房屋相连的有柱走廊，两房屋间有上盖和柱的走廊，均按其柱的外围水平投影面积计算。

房屋间永久性的封闭的架空通廊，按外围水平投影面积计算。

地下室、半地下室及其相应出入口，层高在 2.20 m 以上的，按其外墙(不包括采光井、防潮层及保护墙)外围水平投影面积计算。

有柱或在围护结构的门廊、门斗，按其柱或围护结构的外围水平投影面积计算。

玻璃幕墙等作为房屋外墙的，按其外围水平投影面积计算。

属永久性建筑有柱的车棚、货棚等按柱的外围水平投影面积计算。

依坡地建筑的房屋，利用吊脚做架空层，有围护结构的，按其高度在 2.20 m 以上部位的外围水平面积计算。

有伸缩缝的房屋，若其与室内相通的，伸缩缝计算建筑面积。

②计算一半建筑面积的范围

与房屋相连有上盖无柱的走廊、檐廊，按其围护结构外围水平投影面积的一半计算。

独立柱、单排柱的门廊、车棚、货棚等属永久性建筑的，按其上盖水平投影面积的一半计算。

未封闭的阳台、挑廊，按其围护结构外围水平投影面积的一半计算。

无顶盖的室外楼梯按各层水平投影面积的一半计算。

有顶盖不封闭的永久性的架空通廊，按外围水平投影面积的一半计算。

③不计算建筑面积的范围

层高小于 2.20 m 以下的夹层、插层、技术层和层高小于 2.20 m 的地下室和半地下室。

突出房屋墙面的构件配件、装饰柱、装饰性的玻璃幕墙、垛、勒脚、台阶、无柱雨篷等。

房屋之间无上盖的架空通廊。

房屋的天面、挑台、天面上的花园、泳池。

建筑物内的操作平台、上料平台及利用建筑物的空间安置箱、罐的平台。

骑楼、过街楼的底层用作道路街巷通行的部分。

利用引桥、高架路、高架桥、路面作为顶盖建造的房屋。

活动房屋、临时房屋、简易房屋。

独立烟囱、亭、塔、罐、池、地下人防干(支)线。

与房屋室内不相通的房屋间伸缩缝。

层高 2.2 m 及以下的建筑。

3)房屋共有面积分摊计算

(1)房屋共有面积的含义

房屋共有面积是指各产权主共同占有或使用的建筑面积，包括应分摊的共有面积和不应分摊的共有面积两部分。

①应分摊的共有面积

室内外楼梯、电梯井、管道井、楼梯间、垃圾道、变电室、设备间、公共门厅、过道、地下室、值班警卫室等，以及为整幢服务的公共用房和管理用房的建筑面积，以水平投影面积计算。

套与公共建筑之间的分隔墙，以及外墙(包括山墙)水平投影面积一半的建筑面积。

多层房屋中突出屋面的楼梯间、有维护结构的水箱间等建筑面积。

②不应分摊的共有面积

不应分摊的共有面积是指，除上面所列应分摊面积外，建筑报建时未计入容积率的共有面积和有关文件规定不进行分摊的共有面积，包括独立使用的地下室，车棚、车库、为多幢房屋服务的警卫室，管理用房，作为人防工程的地下室等。

共有面积的分摊必须符合有关法律规定，严格按照技术规程的要求进行分摊计算。

(2)房屋共有面积分摊的原则

①按文件或协议分摊

有面积分割文件或协议的，按文件或协议分摊。此情况一般是对一幢房屋有两个以上权利人而言，在实际生活中并不多见。

②按面积比例分摊

无产权面积分割文件或协议的，可按相关房屋的建筑面积比例进行分摊。即按式(1.1)和式(1.2)计算：

$$\Delta S_i = K S_i \tag{1.1}$$

$$K = \frac{\sum \delta S_i}{\sum S_i} \tag{1.2}$$

式中 K——面积的分摊系数；

S_i——各单元参加分摊的建筑面积，m^2；

ΔS_i——各单元参加分摊所得的分摊面积，m^2；

$\sum \delta S_i$——需要分摊的共有面积总和，m^2；

$\sum S_i$——参加分摊的各单元建筑面积总和，m^2。

③按功能区分摊

对于多种功能的房屋(如综合楼、商住楼)，共有面积应参照其服务功能进行分摊。

这里功能区是参与共有建筑面积分摊的基本单位，功能区是根据划分原则确定的若干户的集合。各户依照功能区划分原则组成的集合为低级功能区，低级功能区依照功能区划分原则组成的集合为高一级功能区，最高级功能区即为楼栋本身。

可分摊的共有建筑面积按面向的分摊对象不同分为6级，分别对应不同层级的功能区。为表述方便，我们给共有建筑面积赋予直观的名称。

a. 幢共有建筑面积。指为整栋楼服务的共有建筑面积，该面积在整栋范围内进行共同分摊。

b. 功能区间共有建筑面积。指仅为一栋建筑的某几个功能区服务的共有建筑面积，该面积在相关的功能区范围内进行分摊。功能区间共有建筑面积等于为多个功能区服务共有建筑面积之和；参加摊算是相关各功能区内的建筑面积之和。

c. 功能区内共有建筑面积。指仅为一栋建筑的某一个功能区服务的共有建筑面积，该面积在该功能区范围内进行分摊。功能区内共有建筑面积等于服务于本功能区的共有建筑面积之和；参加摊算的是本功能区内各户的套内建筑面积之和。

d. 层间共有建筑面积。指仅为某一功能区内的两层或两层以上楼层服务的共有建筑面积，该面积在相关楼层范围内进行分摊。

e. 层内分摊的共有建筑面积。仅服务于本楼层内各户的共有建筑面积应在本层内分摊。

f. 户间分摊的共有建筑面积。仅服务于某一楼层内部分用户的共有建筑面积应在相关户间分摊。

(3)共有面积的分摊方法

①住宅楼共有建筑面积的分摊方法

住宅楼以幢为单元，依照式(1.1)和式(1.2)计算公式，根据各套房屋的套内建筑面积，求得各套房屋应分摊所得的分摊面积。

整幢房屋的共有建筑面积是用整幢房屋的建筑面积扣除整幢建筑物的套内建筑面积之和并扣除作为独立使用的地下室、车棚、车库等建筑面积和为多幢楼服务的警卫室、管理用房、设备用房，以及人防工程等建筑面积得到的。

②商住楼共有建筑面积的分摊方法

首先根据住宅和商业等的不同使用功能按各自的建筑面积将全幢的共有建筑面积分摊成住宅和商业两部分，即住宅部分分摊得到的全幢共有建筑面积和商业部分分摊得到的全幢共有建筑面积。然后住宅和商业部分将所得的分摊面积再各自进行分摊。

住宅部分：将分摊得到的幢共有建筑面积，加上住宅部分本身的共有建筑面积，依照式(1.1)和式(1.2)计算公式，按各套的建筑面积分摊计算各套房屋的分摊面积。

商业部分：将分摊得到的幢共有建筑面积，加上本身的共有建筑面积，按各层套内的建筑面积依比例分摊至各层，作为各层共有建筑面积的一部分，加至各层的共有建筑面积中，得到各层总的共有建筑面积，然后再根据层内各套房屋的套内建筑面积按比例分摊至各套，求出各套房屋分摊得到的共有建筑面积。

③多功能综合楼共有建筑面积的分摊方法

多功能综合楼是指具有多种用途的建筑物。按照谁使用谁分摊的原则，共有建筑面积按照各自的功能，参照商住楼的分摊计算方法进行分摊。

知识拓展

房屋的建筑面积、使用面积和分摊面积及其关系：

(1)建筑面积：一般定义房屋建筑面积系指房屋外墙(柱)勒脚以上的各层的外围水平投影面积，包括阳台、挑廊、地下室、室外楼梯等。商品房建筑面积由套内建筑面积(包括套内使用面积、套内墙体面积和阳台建筑面积之和)和分摊的共有建筑面积(每幢楼内的公用建筑面积，例如大堂、公用楼梯等)组成。

(2)使用面积：房屋的使用面积，指房屋单元平面中为生活起居所使用的净面积之和。计算使用面积时，在1999年实施的《住宅建筑设计规范》中有一些特殊的规定：跃层式住宅中的户内楼梯按自然层的面积总和计入使用面积；不包含在结构面积内的烟囱、通风道、管道井均计入使用面积；内墙面装修厚度均计入使用面积。

(3)分摊面积：共有建筑面积是指由整幢楼的产权人共同所有的整幢楼公用部分的建筑面积。分摊的共有建筑面积是指每套(单元)商品房依法应当分摊的公用建筑面积。

它们的关系及计算公式：

建筑面积＝套内建筑面积＋分摊建筑面积；

套内建筑面积＝套内使用面积＋套内墙体面积＋阳台建筑面积；

分摊建筑面积＝套内建筑面积×共有建筑面积分摊系数；

共有建筑面积＝整幢建筑的面积－各套套内建筑面积之和及已作为独立使用空间(如租售的地下室、车棚、人防工程地下室)的建筑面积；

共有建筑面积分摊系数＝共有建筑面积/各套套内建筑面积之和。

相关规范、规程与标准

1. 建筑工程建筑面积计算规范(GB/T 50353—2013)

3.0 计算建筑面积的规定

3.0.1 单层建筑物的建筑面积，应按其外墙勒脚以上结构外围水平面积计算。并应符合下列规定：

1)单层建筑物高度在2.2 m及以上者应计算全面积；高度不足2.2 m者应计算1/2面积。

2)利用坡屋顶内空间时，顶板下表面至楼面的净高超过2.1 m的部位应计算全面积；净高在1.2 m至2.1 m的部位应计算1/2面积；净高不足1.2 m的部位不应计算面积。

3.0.2 单层建筑物内设有局部楼层者，局部楼层的二层及以上楼层，有围护结构的应按其围护结构外围水平面积计算，无围护结构的应按其结构底板水平面积计算。层高在2.20 m及以上者应计算全面积；层高不足2.2 m者应计算1/2面积。

3.0.3 多层建筑物首层应按其外墙勒脚以上结构外围水平面积计算；二层及以上楼层应

按其外墙结构外围水平面积计算。层高在 2.2 m 及以上者应计算全面积；层高不足 2.2 m 者应计算 1/2 面积。

3.0.4　多层建筑坡屋顶内和场馆看台下，当设计加以利用时净高超过 2.1 m 的部位应计算全面积；净高在 1.2 m 至 2.1 m 的部位应计算 1/2 面积；当设计不利用或室内净高不足 1.2 m时不应计算面积。

3.0.5　地下室、半地下室(车间、商店、车站、车库、仓库等)，包括相应的有永久性顶盖的出入口，应按其外墙上口(不包括采光井、外墙防潮层及其保护墙)外边线所围水平面积计算。层高在 2.2 m 及以上者应计算全面积；层高不足 2.2 m 者应计算 1/2 面积。

3.0.6　坡地的建筑物吊脚架空层、深基础架空层，设计加以利用并有围护结构的，层高在 2.2 m 及以上的部位应计算全面积；层高不足 2.2 m 的部位应计算 1/2 面积。设计加以利用、无围护结构的建筑吊脚架空层，应按其利用部位水平面积的 1/2 计算；设计不利用的深基础架空层、坡地吊脚架空层、多层建筑坡屋顶内、场馆看台下的空间不应计算面积。

3.0.7　建筑物的门厅、大厅按一层计算建筑面积。门厅、大厅内设有回廊时，应按其结构底板水平面积计算。回廊层高在 2.2 m 及以上者应计算全面积；层高不足 2.2 m 者应计算 1/2 面积。

3.0.8　建筑物间有围护结构的架空走廊，应按其围护结构外围水平面积计算，层高在 2.2 m 及以上者应计算全面积；层高不足 2.2 m 者应计算 1/2 面积。有永久性顶盖无围护结构的应按其结构底板水平面积的 1/2 计算。

3.0.9　立体书库、立体仓库、立体车库，无结构层的应按一层计算，有结构层的应按其结构层面积分别计算。层高在 2.2 m 及以上者应计算全面积；层高不足 2.2 m 者应计算 1/2 面积。

3.0.10　有围护结构的舞台灯光控制室，应按其围护结构外围水平面积计算。层高在 2.2 m 及以上者应计算全面积；层高不足 2.2 m 者应计算 1/2 面积。

3.0.11　建筑物外有围护结构的落地橱窗、门斗、挑廊、走廊、檐廊，应按其围护结构外围水平面积计算。层高在 2.2 m 及以上者应计算全面积；层高不足 2.2 m 者应计算 1/2 面积。有永久性顶盖无围护结构的应按其结构底板水平面积的 1/2 计算。

3.0.12　有永久性顶盖无围护结构的场馆看台应按其顶盖水平投影面积的 1/2 计算。

3.0.13　建筑物顶部有围护结构的楼梯间、水箱间、电梯机房等，层高在 2.2 m 及以上者应计算全面积；层高不足 2.2 m 者应计算 1/2 面积。

3.0.14　设有围护结构不垂直于水平面而超出底板外沿的建筑物，应按其底板面的外围水平面积计算。层高在 2.2 m 及以上者应计算全面积；层高不足 2.2 m 者应计算 1/2 面积。

3.0.15　建筑物内的室内楼梯间、电梯井、观光电梯井、提物井、管道井、通风排气竖井、垃圾道、附墙烟囱应按建筑物的自然层计算。

3.0.16　雨篷结构的外边线至外墙结构外边线的宽度超过 2.1 m 者，应按雨篷结构板的水平投影面积的 1/2 计算。(整个雨篷按 1/2 面积计算)

3.0.17　有永久性顶盖的室外楼梯，应按建筑物自然层的水平投影面积的 1/2 计算。

3.0.18　建筑物的阳台均应按其水平投影面积的 1/2 计算。

3.0.19　有永久性顶盖无围护结构的车棚、货棚、站台、加油站、收费站等，应按其顶盖水平投影面积的 1/2 计算。

3.0.20　高低联跨的建筑物，应以高跨结构外边线为界分别计算建筑面积；其高低跨内部连通时，其变形缝应计算在低跨面积内。

3.0.21 以幕墙作为围护结构的建筑物，应按幕墙外边线计算建筑面积。

3.0.22 建筑物外墙外侧有保温隔热层的，应按保温隔热层外边线计算建筑面积。

3.0.23 建筑物内的变形缝，应按其自然层合并在建筑物面积内计算。

3.0.24 下列项目不应计算面积：

(1)建筑物通道(骑楼、过街楼的底层)。

(2)建筑物内的设备管道夹层。

(3)建筑物内分隔的单层房间，舞台及后台悬挂幕布、布景的天桥、挑台等。

(4)屋顶水箱、花架、凉棚、露台、露天游泳池。

(5)建筑物内的操作平台、上料平台、安装箱和罐体的平台。

(6)勒脚、附墙柱、垛、台阶、墙面抹灰、装饰面、镶贴块料面层、装饰性幕墙、空调室外机搁板(箱)、飘窗、构件、配件、宽度在 2.10 m 及以内的雨篷以及与建筑物内不相连通的装饰性阳台、挑廊。

(7)无永久性顶盖的架空走廊、室外楼梯和用于检修、消防等的室外钢楼梯、爬梯。

(8)自动扶梯、自动人行道。

(9)独立烟囱、烟道、地沟、油(水)罐、气柜、水塔、储油(水)池、储仓、栈桥、地下人防通道、地铁隧道。

2. 房产测量规范

面积测算的要求：

各类面积测算必须独立测算两次，其较差应在规定的限差以内，取中数作为最后结果。量距应使用经检定合格的卷尺或其他能达到相应精度的仪器和工具。面积以 m^2 为单位，取 $0.01\,m^2$。

典型工作任务 5 变更地籍调查

1.5.1 工作任务

1. 变更地籍调查的目的

(1)保持地籍资料的现势性；

(2)检查、补置、更正界址点；

(3)核实、更正、补充地籍数据库；

(4)消除初始地籍调查中的错误；

(5)高精度数字地籍调查成果代替原有低精度成果，实现城乡一体化的数字地籍，使现代地籍成果质量逐步提高。

2. 变更地籍调查的任务

(1)地籍要素变更调查；

(2)界址点变更测量；

(3)地籍图修测；

(4)变更面积量算；

(5)填写土地变更调查表、土地证。

1.5.2　相关配套知识

1. 变更地籍调查的内容及特点

变更地籍调查是在初始地籍调查的基础上进行的，当土地登记内容变更时，应及时对变更宗地进行调查。变更地籍调查是日常性的工作，是为满足初始登记和变更登记的要求，适应日常地籍工作的需要及保持地籍资料现势性而进行的土地及其附着物的权属、位置、数量、质量和土地利用现状的变更调查。

通过变更地籍调查，不仅可以使地籍资料保持现势性，还可以提高地籍成果精度，逐步完善地籍内容。

1)变更地籍调查的内容

包括变更权属调查和变更地籍测量两部分，而地籍变更的内容主要是宗地信息的变更，分为更改边界宗地信息的变更和不更改边界宗地信息的变更。

(1)更改边界宗地信息的变更内容

更改边界宗地信息的变更是指城镇地籍变更时，宗地的界址信息发生了变更。一般有如下几种情况：

①征用集体土地；

②划拨国有土地；

③出让、转让国有土地使用权，包括宗地分割转让和整宗土地转让；

④由于各种原因引起的宗地分割和合并；

⑤土地权属界址调整；

⑥城市改造拆迁；

⑦土地整理后的宗地重划；

⑧宗地的边界因洪水冲积或因地震位移而发生的变化。

(2)不更改边界宗地信息的变更内容

不更改边界宗地信息的变更是指地籍变更时，土地权利主体、面积、坐落、用途、使用条件、等级、价格、建筑物、构筑物、他项权利等发生了变更，而宗地的界址信息未发生变更。一般有如下几种情况：

①继承、交换土地使用权；

②整宗转让国有土地使用权；

③收回国有土地使用权；

④违法宗地经处理后的变更；

⑤宗地内新建建筑物、拆迁建筑物、改变建筑物的用途，以及房屋的翻新、加层、扩建、修建；

⑥房地产的转移或抵押等；

⑦土地权利人申请精确测量界址点的坐标或精确测算宗地的面积；

⑧宗地内地物及地貌的改变；

⑨土地权利人更名；

⑩土地利用类别和土地等级的变更；

⑪行政管理区(县、乡、镇)和地籍管理区名称的改变；

⑫宗地编号和土地登记册上编号的改变；

⑬宗地所属地区的区划的变动;

⑭宗地位置名称的改变。

2)变更地籍调查的特点

变更权属调查的基本单元是宗地。

变更地籍调查技术、方法与初始地籍调查基本相同,但又有其下列特点:

①变更分散、发生频繁、调查范围小。

②政策性强、精度要求高。

③变更同步、手续连续。进行了地籍变更调查和测量后,与本宗地有关的表、卡、册、证、图均需进行变更。

④任务紧急。土地权利人提出变更申请后,需立即进行变更调查、变更测量,才能满足土地权利人的要求。

由此可见,变更地籍调查是地籍管理的一项日常性工作。变更权属调查和变更地籍测量通常由同一个外业组一次性完成。

2. 变更地籍调查的工作程序

变更地籍调查是地籍变更业务部门收到地籍变更申请,经检查符合要求后开展的地籍调查工作。地籍变更申请有两种来源:一是来自于土地权利人的地籍变更申请;二是来自于土地管理部门内部提出的地籍变更信息,如土地监察大队、地政部门和征地部门等。根据其地籍变更信息,向地籍变更业务部门提出地籍变更申请。

与初始地籍调查的工作程序相似,变更地籍调查的面积要远远小于初始地籍调查,因此,其工作程序相对简单。

变更权属调查的程序为:土地变更登记申请、发送变更地籍调查通知书、宗地权属状况调查、界址变更调查及界址标志的设定、填写变更地籍调查表、勘丈或修改宗地草图、修测地籍图、权属变更面积量算、申请批准、填写土地证及权属调查文件资料的移交。

变更地籍调查之前一般要准备的资料如下:初始登记申请书、变更登记申请书、本宗地的原有地籍图及宗地图的复印件、本宗地及相邻宗地的地籍档案复印件、有关的界址点坐标、必要的变更数据的准备(如分割放样元素的计算)、变更宗地附近测量控制点成果(坐标、点之记或点位说明、控制点网图)、变更地籍调查通知书、变更地籍调查表等。

(1)申请变更登记

土地权属单位发生土地变更,需按规定期限持土地证和政府批件向县级土地管理机关申请土地变更登记。凡属权属变更的,一般结合征收集体土地,划拨、出让、转让国有土地使用权等法律程序办理变更登记;属地类变更的,根据县级土地管理机关的规定,半年或一年办理一次变更登记。

(2)发送变更地籍调查通知书

根据变更土地登记申请,发送变更地籍调查通知书。属界址发生变更的,应通知申请者预先在实地新增的界址点上设立界标。

发送变更地籍调查通知书格式见表 1.14。

表 1.14　变更地籍调通知书

变更地籍调通知书
根据你(或单位)提交的变更土地登记申请书,特定于____月____日____时到____________(现场或指定地点)进行变更地籍调查,请你(或单位)届时派代表到场共同确认变更界址。如属申请分割界址或自然变更界址的,请预先在变更的界址点处设立界址标志。 土地管理机关盖章 年　月　日　　发出

3)实地调查并测量权属宗地界址

(1)变更地籍调查种类

①界址未发生变化的宗地的变更调查。包括只发生了土地使用者、土地用途等改变、因行政区划变化引起宗地档案变更等。

②界址发生变化的宗地的变更调查。包括宗地合并、分割及边界调整等。

③新增宗地的变更调查。包括在某一街坊内新增加宗地;城镇范围向外延伸新增加的地籍街坊或街道中有关宗地等。

④旧城改造中变化宗地的变更调查。指由原组合宗地拆迁后变成一宗地,建成后又分割为若干宗地等。

(2)检查、审核

①检查变更原因是否与变更土地登记申请书上填写的原因相一致。

②审核变更土地登记申请内容的合法性,如宗地分割、合并,改变用途是否符合有关要求等。

③检查原地籍资料中的内容是否与实地一致。

④检查、恢复界址点。

对界址点、界址线发生变化的变更调查,在增设新的界址点前,应利用原宗地草图的勘丈数据及界址点坐标,检查原界标是否移动。如原界标丢失,应用原测量数据恢复界标。对没有发生界址点、界址线变化的变更调查,一般不需要检查界址点位,若需重新测量宗地界址点的解析坐标,亦应根据原勘丈资料检查界标是否移动或丢失,如已移动或丢失,应恢复丢失界标。对已丢失,但变更后是废弃的界址点可不恢复。

如果检查界址点与邻近界址点或与邻近地物点间的距离与原记录不符,则应分析原因按不同情况处理。

a. 原勘丈值错误,以新勘丈结果为准;

b. 新勘丈值错误,重新勘丈后再分析判断;

c. 原勘丈值精度低造成的,则用红线划去原数据,填写新勘丈数据;如不超限,则保留原数据;

d. 如是标石有所移动,则应使其复位。

界址点检测精度与适用范围见表 1.15。

表 1.15　界址点间距及界址点与邻近地物点间距允许误差/cm

类　别	测量检查精度	原测量精度	检查距离与原测量距离较差允许误差	适用范围
一	±5	±5	±14	城镇街坊外围界址点及街坊内明显界址点
二	±5	±7.5	±18	城镇街坊内部界址点及村庄内部界址点

(3)界址未发主变化的宗地的变更地籍调查

①变更地籍号

界址未发生变化的宗地,除行政界线变化引起宗地档案的变更外,所有地籍号不变更。

行政界线变化引起地籍号变更的程序如下:

a. 利用变更后的街道、街坊编号取代原街道、街坊编号,在原街道、街坊编号上加盖"变更"字样印章,填写新的街道、街坊编号,将宗地档案汇编于新的街道街坊档案,在原街道街坊档案中注明宗地档案去向。

b. 取消原宗地编号,在原宗地编号上加盖"变更"字样印章,在新的街坊宗地最大编号后按顺序编宗地号。

c. 取消原宗地界址点号,按新地籍街坊界址点编号原则,编界址点号。

②变更地籍勘丈

根据实际需要决定是否进行实地调查,不需到实地进行变更调查的,在室内依据变更土地登记申请书进行变更,不重新绘制宗地草图。

③地籍调查表变更

在原地籍调查表的基础上进行变更。

a. 在原地籍调查表内变更部分加盖"变更"字样印章;

b. 将变更内容填写在变更地籍调查记事表内;

c. 需要到实地调查的,若发现原测距离精度低或量算错误,须在宗地草图的复制件上用红线划去错误数据,注记检测距离,并与重新绘制的宗地草图一起归档,注明原因。

(4)界址发生变化的宗地的变更地籍调查

①变更宗地号

无论宗地分割或合并,原宗地号一律不得再用。分割后的各宗地,以原编号加支号顺序排列;数宗地合并后的宗地号,以原宗地号中的最小宗地号加支号表示。如 18 号宗地分割成三块宗地,分割后的编号分别为 18-1,18-2,18-3;如 18-2 号宗地再分割成两宗地,则编号为 18-4,18-5;如 18-4 号宗地与 10 号宗地合并,则编号为 10-1;如 18-5 号宗地与 25 号宗地合并,则编号为 18-6。

②新界址点设置及编号

宗地分割或边界调整等增设界址点的,按预先准备的放样数据,确定新界址点并设立界标。也可根据申请者要求,直接在实地设置界标。新增界址点按宗地所在街坊界址点编号原则编号,其他界址点编号不变。

对变更后废弃的界址点,在现场销毁。

③变更地籍调查表

对新形成的宗地须按变更情况填写地籍调查表。

a. 在原地籍调查表封面加盖“变更”字样印章，并注明变更原因及新的宗地号；

b. 根据实地调查情况，按《城镇地籍调查规程》有关规定，以新形成的宗地为单位填写地籍调查表；

c. 新增设的界址点、界址线须严格履行指界、签字盖章手续；

d. 对没有发生变化的界址点、界址线，不需重新签字盖章，但在备注栏内须注记原地籍调查表号，并说明原因，同一界址点变更前后的编号如果不一致，还应注明原界址点号；

e. 将原使用人、土地坐落、地籍号及变更主要原因在说明栏内注明。

④宗地草图变更

a. 在原宗地草图上加盖“变更”字样印章；

b. 在原宗地草图复制件上以红色标注变化部分。废弃的界址点打上“×”，变化的数据用单红线划去，废弃的界址线用红色“×”标记，新增的界址点用红色界址点符号表示，界址线用红实线表示，注明相应的实测距离；

c. 现场绘制变更后的宗地草图；

d. 原宗地草图复制件归到原宗地档案中，新形成的宗地草图归到相应的宗地档案中。

⑤变更地籍勘丈

一般采用解析法。暂不具备条件的可以采用《地籍调查规程》中规定的其他方法。属土地出让等对勘丈精度要求较高的，须采用解析法进行变更地籍勘丈。

无论采用何种勘丈方法，均须以地籍平面控制点或原界址点为依据，首先检测控制点及界址点的精度，确认无误后再进行变更地籍勘丈。

a. 宗地分割或边界调整等增设界址点的，在不低于原精度的原则下，测量新增界址点的坐标或图解勘丈。

b. 宗地合并等不重新增设界址点的，除特殊需要外，原则上可不进行变更地籍勘丈，直接应用原勘丈结果。

(5)新增宗地的变更地籍调查

新增宗地属初始地籍调查未建立宗地档案的地块，其变更地籍调查应按《地籍调查规程》(TD/T 1001—2012)进行。

①变更地籍号

a. 若新增宗地划归原街道、街坊内，其宗地号须在原街道、街坊内宗地最大宗地号后续编；新增界址点按原街坊编号原则编号。

b. 若新增宗地属新增街道、街坊，其宗地号、界址点号须按《地籍调查规程》的规定编号，新增街道、街坊编号须在调查区最大街道、街坊号后续编。

②地籍勘丈

采用解析法。若新增宗地已进行建设项目用地勘测定界，经检查验收后，应利用勘测定界成果完成地籍勘丈。

(6)旧城改造中变化宗地的变更地籍调查

①变更地籍号

旧城改造后新宗地号的编号按宗地合并分割的编号原则，用原来的宗地号加支号作为新宗地号。界址点号按本街坊编号原则编号。

②地籍勘丈

对改造的区域，按《地籍调查规程》初始地籍调查的要求进行权属调查，填写地籍调查表等工作,用解析法进行地籍勘丈。

③原宗地档案加盖“变更”字样印章。注明变更原因,在新宗地地籍调查表的说明栏中注明来源。

有关变更地籍测量内容详见项目 3 之典型任务 4 变更地籍测量。

4)地籍图修测

变更后的权属界线、地类界以及其他地形、地籍要素等可用解析法测量,将变更后的地籍内容展绘、标绘或修测在地籍图或宗地图上。变更后的地籍图及附图上所标的变更单位、权属地界、地类界等位置和面积必须与实地相符,确保地籍图、土地登记表和土地证相互一致,互为校核,以达到全面反映土地权属和利用现状的目的。详见项目 3 相关内容。

5)量算权属变更面积

根据变更地籍测量成果,按照规定进行变更后土地权属面积的测算,最后把变更面积记入土地变更原始记录表中。有关面积量算内容详见项目 5。

6)申报批准

在实地调查和审查的基础上,由县级以上土地管理机关组织复查。如果申请变更登记理由成立、手续合法、变更面积准确无误、无地权争议,则可向人民政府报批。

7)填写土地证

人民政府批准土地变更后,县级土地管理机关应进一步对土地变更原始记录表进行检查、核实,然后把变更面积转抄到相应权属单位的土地登记表及土地证书的“变更登记栏”内,并对变更内容作明确的记载。同时填写当年变更后的土地总面积及其权属、地类面积,并加盖公章生效。

凡涉及土地所有权、土地使用权和他项权利变更的一律要更换土地证书,并重新填写土地登记卡。凡土地权属不变,仅更改土地用途、地类的,可在原土地证书和土地登记卡的“变更登记栏”内填写变更事项,盖章后发还原土地证书。

有关变更地籍测量和地籍资料的变更方面的知识,请详见项目 3 之任务 4 变更地籍测量。

知识拓展

在日常工作中,如发现原地籍资料有错误,应对原调查成果进行更正,并注明更正原因、日期、经手人,归入宗地档案。有关资料的更正参照相应种类变更的要求执行。

(1)地籍编号错误的更正

对地籍编号重复的,按新增宗地编号方法重新编号;对地籍编号其他错误,查明原因,更正错误。原地籍号编号正确的,不得因其他资料的更正而变更原地籍号。

(2)界址点、界址线确权错误的更正

如果界址点、界址线确权时有误,应重新进行调查,按《城镇地籍调查规程》要求填写地籍调查表,绘制宗地草图,并更正有关图件。

(3)界址点坐标测量错误的更正

如发现界址点坐标测量有误,应重新测量界址点坐标,用正确坐标值改正错误坐标值,并更正有关图件、数据。

(4)宗地面积错误的更正

由于界址点、界址线错误或由于量算错误而引起的宗地面积错误应进行更正,并对原地籍调查有关资料进行更正。

由于本宗地错误而引起邻宗地界址点、界址线或宗地面积错误的，邻宗地的地籍资料也应按以上原则进行更正。

相关规范、规程与标准

1. 城镇地籍调查规程

变更地籍调查

4.1 调查准备

a. 变更土地登记申请书；

b. 本宗地及相邻宗地的地籍档案；

c. 本宗地附近的地籍平面控制点资料；

d. 本宗地所在的基本地籍图；

e. 变更地籍调查通知书；

f. 变更地籍调查表。

4.2 调查内容

无论何种内容变更，都应根据申请变更登记内容到实地进行权属调查和地籍勘丈。

4.3 发送变更地籍调查通知书

根据变更土地登记申请，发送变更地籍调查通知书。有界址变更情况的，应通知申请者预先在实地分割界址点或自然变更的变更界址点上设立界址标记。

4.4 实地调查

4.4.1 实地调查勘丈时，应首先核对申请者、代理人的身份证明及申请原因、项目与申请书是否相符。

4.4.2 界址变更必须由变更宗地申请者及相邻宗地使用者亲自到场共同认定，并在变更地籍调查表上签名或盖章。相邻宗地使用者届时不到场，申请者或相邻宗地使用者不签名或不盖章时，分别按违约条款处理。

4.5 宗地分割或合并编号

无论宗地分割或合并，原宗地号一律不得再用。分割后的各宗地以原编号的支号顺序编列；数宗地合并后的宗地号以原宗地号中的最小宗地号加支号表示。如18号宗地分割成三块宗地，分割后的编号分别为18-1，18-2，18-3；如18-2号宗地再分割成两宗地，则编号为18-4，18-5；如18-4号宗地与10号宗地合并，则编号为10-1；如18-5号宗地与25号宗地合并，则编号为18-6。

4.6 变更地籍勘丈方法

变更地籍勘丈（以下简称变更勘丈）的方法一般应采用解析法。暂不具备条件的可采用本规程规定的其他方法。其变更勘丈精度不应低于原精度。

无论采用何种变更勘丈方法，均应以地籍平面控制点或界址点为依据，首先检测本宗地及相邻宗地界址点间距，确认无误后再进行变更勘丈。

4.7 宗地草图

宗地草图应在变更勘丈过程中重新绘制，不得在原有宗地草图上划改或重复使用。

4.8 解析法分割宗地的要求

4.8.1 分割点在原界址线上时，可依申请者埋设的界标勘丈该分割点距两界址点距离后,计算分割点坐标;或用申请者给定的条件计算坐标后,于实地放样埋设界桩。

4.8.2　分割点在宗地内部时,依申请者埋设的分割界桩勘丈分割点的坐标。

4.9　图解法分割宗地的要求

4.9.1　分割点在原界址线上的,经勘丈其分段长度之和应与原界址线长度相符,并按分段长度展绘分割点于图上。

4.9.2　分割点在宗地内部的应按申请者所指点位,根据图上相关地物距离和实地相关地物距离的关系确定实地分割点位后,精确勘丈界址边长及几何关系长度。

4.10　面积量算

一宗地分割成数宗土地,其分割后数宗土地面积之和应与原宗地面积相符,如存在不符值时,其误差在限差范围内,按分割宗地面积比例配赋。

4.11　地籍图、表修正

地籍调查结束后,应对有关地籍图、表进行修正。

4.12　基本地籍图的更新

当在一幅图内或一个街坊内宗地变更面积超过 1/2 时,应对该图幅或街坊进行基本地籍图的更新勘丈。

2. 第二次全国土地调查技术规程

统一时点变更:统一时点为 2009 年 10 月 31 日。

主要任务:统一时点前已完成调查的县级单位,开展统一时点变更工作。包括土地利用和土地权属变化情况的调查,以及土地调查数据库的变更。

变更方法及要求:一般的区采用实地补测的方法。方法与地物补测相同。有条件的地区,制作最新遥感正射影像图(全国调查办将提供重点地区底图),采用内业提取变化、实地调查的方法。城镇内部采用解析法。行政界线未发生变化时,土地调查控制面积不得改动。

3. 地籍测绘规范

地籍修测

9.1　修测内容

a. 地籍修测包括地籍册的修正、地籍图的修测以及地籍数据的修正。

b. 地籍修测应进行地籍要素调查、外业实地测绘,同时调整界址点号和地块号。

9.2　修测的方法

a. 地籍修测应根据变更资料,确定修测范围,根据平面控制点的分布情况,选择测量方法并制定施测方案。

b. 修测可在地籍原图的复制件上进行。

c. 修测之后,应对有关的地籍图、表、簿、册等成果进行修正,使其符合本规范的要求。

9.3　面积变更

a. 地块分割成几个地块,分割后各地块面积之和与原地块面积的不符值应在规定限差之内。

b. 地块合并的面积,取被合并地块面积之和。

9.4　修测后地籍编号的变更与处理

9.4.1　地块号

地块分割以后,原地块号作废,新增地块号按地块编号区内的最大地块号续编。

9.4.2　界址点号、建筑物角点号

新增界址点和建筑物角点的点号，分别按编号区内界址点或建筑物角点的最大号续编。

项目小结

1. 要点

本项目主要介绍地籍调查的内容和工作程序。其中，权属调查是土地调查的核心；土地利用现状调查结合全国第二次土地调查讲述；土地等级调查主要由土地管理人员来完成；房产调查主要为房地产地籍测量打好基础；变更地籍调查可结合后面项目3之典型工作任务4变更地籍测量来学习；地籍调查之地籍测量部分，分别由后面项目2、项目3、项目4和项目5来完成。

2. 掌握程度

本项目重点让学生掌握实际作业中权属调查过程，可结合学校周围环境进行权属调查实习，增强学生对理论知识的理解，突出“项目教学法”之理论与实践相结合的精神实质；结合第二次全国土地调查工作掌握土地利用现状调查的内容；土地等级调查只作一般了解；房屋调查应在权属调查基础上，增加房屋要素的调查内容，即在宗地调查完成后，进入分户调查，使地籍调查各项内容融为一体，融会贯通。让学生明白，房地产调查只是地籍调查工作的一个分支，是在宗地(丘)调查基础上的细化工作，不应再将房地产调查与地籍调查理论、内容分裂开来。变更地籍调查部分内容只让学生在总体上理解其工作目的和任务。地籍测量部分之内容分别由后面各项目作详细介绍。

复习思考题

1. 何谓地籍？有何特点？
2. 何谓地籍调查？初始地籍调查包括哪些内容？
3. 何谓地籍测量？地籍测量包括哪些内容？
4. 简述现代地籍测量的意义。
5. 试述地籍调查的工作程序。
6. 试述我国土地权属的性质及其权属单位。
7. 土地权属的确认方式有哪几种？如何确认土地权属？
8. 简述地块和宗地的概念及其划分原则。
9. 论述土地权属界址、边界系统和边界类型。
10. 简述土地权属调查的内容和基本程序。
11. 土地权属调查中，违约指界如何处理？
12. 什么是飞地、间隙地、争议地？
13. 如何绘制宗地草图？宗地草图上应表示哪些内容？
14. 简述地籍调查与地籍测量的关系。
15. 地籍调查分哪几步进行？
16. 试述地籍编号的基本原则和编制方法，完整的宗地编号各位数代表的含义。

17. 试述界址点的编号方法。
18. 地籍调查怎样划分调查小区？怎样划分宗和进行预编号？
19. 如何填写地籍调查表？
20. 宗地草图的比例尺为何不要求统一？
21. 试以校园为例，制作宗地草图(要求四至齐全，加注界址边长)。
22. 土地分类系统的含义是什么，简述我国已经使用和正在使用的几个土地分类系统。
23. 简述土地利用现状调查的工作流程及基本内容。
24. 土地利用现状调查的成果有哪些？
25. 什么是土地的质量与性状？土地的质量与性状与哪些因素有关？
26. 简述土地等、土地级和土地等级评价的含义。
27. 土地性状调查主要包括哪些内容？
28. 城镇土地分等和土地定级有什么区别？关于城镇土地级别数目有何具体规定？
29. 试述房产调查的基本内容。
30. 叙述丘、幢的划分与编号方法。
31. 房屋调查表和房屋用地调查表有何区别？
32. 如何进行房屋面积测算？

项目 2　地籍控制测量

项目描述

地籍控制测量是地籍测量中极其重要的前提性工作，是其他一切测量工作的基础和保障。通过该项目的学习，要求学生能够按照 GPS 静态测量、GPS—RTK 实时动态测量、全站仪导线测量、图根控制测量以及地籍高程控制测量等方法，完成地籍控制测量任务，为后续地籍测量工作打下坚实的基础。

拟实现的教学目标

1. 能力目标

- 能够应用 GPS 进行静态控制测量；
- 能够进行全站仪三、四等及Ⅰ、Ⅱ级导线测量；
- 能够应用 GPS—RTK 或全站仪完成图根控制测量；
- 能够进行地籍高程控制测量。

2. 知识目标

- 掌握各等级地籍基本平面控制测量的作业方法和技术要求；
- 掌握地籍图根平面控制测量的作业方法和技术要求；
- 掌握地籍高程控制测量的作业方法和技术要求；
- 掌握现代地籍测量坐标系的选择、坐标换算。

3. 素质目标

- 进一步熟悉 GPS 静态控制测量内、外业工作；
- 加强巩固全站仪三维导线测量操作方法；
- 不断提高控制测量野外实际动手能力；
- 锻炼提高学生组织、协调能力。

相关案例——安徽省怀远县城区地籍测量之地籍控制测量

1. 已有资料的分析利用

怀远县城区外围原有国家二、三等三角点多个，但大多已被破坏。经实地踏勘，城西南 4 km外的姚小山(三等点)及城东南 2 km 外的涂山(一等点)两点保存完好，且均为国家级三角点。此三角点可作为此次地籍调查平面控制网的起算点。

怀远县有国家Ⅱ等水准点共 6 个，经实地踏勘，保存完好，均可作为本次高程控制网的计算依据。

2. 坐标系的选择

怀远县城区位于高斯投影3°带,中央子午线117°以东16 km,平均高程为29 m,投影长度变形不大于2.5 cm/km。由此,为了适应城市建设飞速发展的需要,保证测区成果的统一和达到一测多用的目的,便于与国家高级点联测,依据测区已有可供利用的资料,确定测区采用1954北京坐标系,1956黄海高程系。

以分布在测区周围的国家三等三角点姚小山和一等点涂山二点为起算点,布设D级GPS网。高程以国家二等水准点为起算,建立四等水准控制网。

3. 作业依据

(1)《城市测量规范》(CJJ/T 8—2011);

(2)《全球定位系统(GPS)测量规范》(GB/T 18314—2009);

(3)《工程测量标准》(GB 50026—2020);

(4)《国家三、四等水准测量规范》(GB/T 12898—2009)。

4. GPS网布设方案及技术要求

为了满足城区地籍测量和土地管理的需要,在怀远县城区布设D级GPS网作为基本控制网。其平均边长约2 km,个别边长近8 km。已知点两个,拟造新点28个,控制面积22 km^2。依此组成三角形同步环29个,异步环5个,时段29个,总基线87条,多余基线29条。内部符合精度和外部符合精度的检核均有充分的检核条件。卫星定位测量控制网的主要技术要求和GPS作业技术指标采用表2.5及表2.6中之四等、一级和二级标准执行。

5. 一、二级导线控制测量及技术要求

在四等(D级)GPS控制网的基础上,布设一、二级城市导线控制网。一、二级导线可布设为附合导线或导线结点网,采用全站仪进行观测。导线测量的主要技术要求按照表2.4之一、二级导线有关标准执行。

(1)导线网中结点与高级点间或结点与结点间的导线长度不应大于导线全长的0.7倍。

(2)当附合导线长度短于规定长度1/3时,导线全长的绝对闭合差不应大于13 cm。

(3)光电测距导线的总长和平均边长可放长至表中的1.5倍,但其绝对闭合差不应大于26 cm,当附合导线的边数超过12条时,其测角精度应提高一个等级。

(4)导线相邻边长之比不宜超过1∶3。

6. 选点、埋石

根据该测区的实际情况,每幅图内埋石四块左右。建成区的最佳点位应在交叉道路的中心,全测区应埋石四百块左右。GPS点和一、二级导线点标志,分钢钉标志、预制混凝土标石和现场浇灌混凝土标石且带有保护井三种。标志规格:钢钉ϕ20 mm,长度200 mm,造埋于建成区硬化路面十字路中心。预制混凝土标石规格:上截面120 mm×120 mm,下截面200 mm×200 mm,高500 mm,中心标志为铸铁预制标头,造埋于建成区外土质松软地区。现场浇灌混凝土标石,ϕ400 mm,高度600 mm,中心标志为预制标头,且在平与地面加一铸铁保护井与之连为一体。铸铁保护井规格ϕ200 mm,高300 mm,厚10 mm,配有井盖,造埋于硬化路面或道路交叉中心。

所有GPS点和一、二级导线点均实地绘制点之记。

7. 外业观测

(1)GPS网点外业观测

①使用经过检验的4台静态GPS接收机观测。

②严格操作规程，正确使用仪器，对中误差不大于 2 mm，天线基座上的圆气泡应居中。

③天线安置好后，应量取天线高至毫米，及时记录测站名、年、月、日、时段号等。

④接收机开始记录数据后，应经常观察卫星数，同步观测时间不能少于 60 min。

⑤观测时应保证接收机工作正常，数据记录正确，每日观测结束后，应及时将数据转存在计算机内，确保数据安全。

⑥D 级 GPS 点应在不同时段内各观测一测回。

⑦无论何种原因造成一个控制点不能与两条合格独立基线相连接，应在该点上补测或重测不得少于一条独立基线。

(2)一、二级导线全站仪外业水平角观测

①应使用经过检验的全站仪进行观测，采用三联脚架法。

②采用方向观测法，当方向数不多于 3 个时可不归零。只有两个方向时应观测左右角，一、二级导线圆周闭合差分别不超过 10″和 16″。

③正确使用仪器，严格操作规程，对中误差应不大于 2 mm。

④记录手簿应采用合订本，字体应工整、清晰、整洁，计算正确，严禁连环涂改，各项文字应填写齐全。

⑤方向观测法的各项限差按照表 2.3 标准执行；光电测距各项较差的限值按照表 2.8 标准执行。

8. 成果整理及计算

将测区所用已知点坐标输入平差软件，作为强制约束的固定值，对经过外业检验的合格数据，选取适当合理正确的解算程序进行严密平差计算，绘出控制点网图，将其装订成册。

9. 高程控制测量

四等水准以国家二等水准点甲乙上和一等水准点徐宁 32 为起算点，主要沿 GPS 点(地面点)，一、二级导线点组成水准网，水准路线长约 30 km。用 DS_3 型水准仪及双面木质尺，按四等水准要求进行水准测量，外业记录用电子手簿或手工记录，室内用计算机软件按严密平差模型进行平差计算，打印成果并进行精度评定。外业观测成果验算每千米高差全中误差不超过 ±10 mm，最弱点高程中误差不超过 ±20 mm。

各等水准观测各项限差执行表 2.13 和表 2.14 之规定。

当采用直接水准测量时。可用 DS_3 型水准仪和区格式黑红面木质水准标尺进行观测。i 角误差小于等于 20″。外业原始记录应字迹清晰、美观、端正、计算正确，应采用合订本，并统一编号。外业观测手簿经过 100%检查后，各项限差符合精度要求将起始数据和观测数据输入计算机进行一次性整网平差。

10. 图根控制测量

图根导线依据 GPS 点和一、二级导线点，分两级进行加密，布设形式一般为附合导线或结点导线网，采用大号钢钉或木桩作标志，便于保存的地方应使用 ϕ12 mm，长 12 cm 的铁钉标志，在房顶上的图根点一般用红油漆作标志。

外业观测现场由电子手簿记录，室内计算机打印观测成果并装订成册。

图根导线的平差计算可采用近似平差或计算机上按简易平差法进行。

图根导线的高程可采用等外直接水准法或在全站仪三角高程测量的方法得到。

其主要技术要求执行表2.11和表2.15之规定。

布设支导线时，边数不得超过三条，导线长度应小于附合导线的1/3。支导线的边长要求往返测定，每一测站角度分别按左、右角各一测回，其圆周角闭合差不超过±40″。

通过以上案例可知，地籍控制测量应包括地籍平面控制和高程控制两个方面，而平面控制测量又分为基本平面控制和图根平面控制两个层次。在实际工作中，结合具体现场情况选择控制网的等级和施测方法相当重要，既要满足测区大小及地籍测量中界址点精度要求，又要尽量使经费达到最省，设计出经济合理的控制测量方案。

在本项目里，我们将要学习地籍控制测量的方法，外业观测、内业计算思路，坐标系的选择等内容，应用所学过的全站仪、GPS、控制测量、测量平差等知识来完成地籍控制测量工作。

典型工作任务1　地籍基本平面控制测量

2.1.1　工作任务

1. 地籍基本平面控制测量的目的

控制整个测区，建立一个测区范围内整体的控制网，统一坐标系统，具备一定的精度和密度，限制误差积累，使各个控制点精度均匀，为地籍图根控制及其他一切测量工作提供一个准确可靠的定位基准。

2. 地籍基本平面控制测量的任务

构建整个测区控制点的基本框架，为整个测区提供首级平面控制点，不但满足进一步建立测图控制网的要求，还要为界址点精度提供保障。根据现代地籍测量的要求，结合测区实际大小以及现有国家高级控制点数量及保存情况，按照控制测量的原则和精度要求，进行优化设计、实地选点、埋石、野外采集观测数据、内业进行数据处理，最后提交出合格的平面控制测量成果，为地籍测量全局工作打好基础。

2.1.2　相关配套知识

1. 地籍基本平面控制测量的要求

用精密的测量仪器(全站仪或GPS)和精确的测量方法进行观测，再由相应平差软件系统对测量数据进行传输、处理，便得到点的精确位置(坐标)，并把这些点称之为控制点。这些控制点是现代地籍测量中测定界址点、地物、地貌特征点以及地籍变更测量的重要依据。

平面控制测量按其测量范围、精度要求、用途的不同分为国家控制测量(大地测量)、城市控制测量、工程控制测量和地籍控制测量。国家控制测量是从全国的需求出发，在全国范围内布设国家控制网，以满足国民经济建设和国防建设的需要，同时为与地学有关的科学研究提供必要的数据资料。先后形成1954北京坐标系和1980西安坐标系国家控制点；城市控制测量是为适应城市规划、市政工程建设的需要进行，形成城市坐标系的城市控制网；工程控制测量仅为满足某项工程的需要而进行，一般形成施工坐标系的建筑方格网或其他施工控制网；地籍控制测量是在某一区域(如一个城镇)建立地籍控制网，该网不仅能满足地籍测量和变更地籍测量的要求，还应满足该地区的各类工程测量的要求。

现代地籍测量的基本平面控制网尽量与城市控制网或国家控制网的坐标系统保持一致，以达到一测多用，节省开支的目的。《第二次全国土地调查技术规程》(TD/T 1014—2007)明确规定：城镇地籍平面控制网可利用已有的等级控制网加密建立。地籍平面控制网测量应遵照《卫星定位城市测量技术标准》(CJJ/T 73—2019)和《城市测量规范》(CJJ/T 8—2011)。当然，地籍控制测量也应遵循“从整体到局部，由高级到低级，分级布网，精心设计，严密实施”的原则和基本要求。

由此，地籍基本平面控制网包括国家各个等级的平面控制网，二、三、四等城市平面控制网，一、二级导线网，相应等级的 GPS(全球定位系统)网。

(1)精度和密度要求

①控制点的精度

地籍平面控制测量的精度是以界址点的精度和地籍图的精度为依据制定的，《地籍调查规程》(TD/T 1001—2012)明确规定：四等网中最弱相邻点的相对点位中误差不得超过±5 cm；四等以下网最弱点(相对于起算点)的点位中误差不得超过±5 cm。《第二次全国土地调查技术规程》中规定，GPS 地籍平面控制网点点位中误差不得超过±2 cm。

②控制点的密度

平面控制点的密度应根据界址点的精度和密度以及地籍图的比例尺和成图方法等因素来定(一般每幅图的控制点个数为 10～20 个)。

为了满足现代地籍测量资料的更新和恢复界址点位置的需要，不论何种成图方法，都要求每幅图内有一定数量的埋石点，具体规定见表 2.1。

表 2.1　埋石点密度要求

比例尺	埋石点最小密度(个/幅)
1∶500	3
1∶1000	4
1∶2000	4

如果是城镇地籍测量，特别是南方城镇，旧城居民区内巷道错综复杂，建筑物多而乱，界址点非常密集，在这种情况下，适当地增加控制点密度和埋石点数目，才能满足现代地籍测量的需求。

(2)各等级地籍基本平面控制网的主要技术要求

根据《卫星定位城市测量技术标准》和《城市测量标准》(CJJ/T 8—2011)，地籍基本平面控制网可采用常规的三角形网(包括三角网、三边网、边角网)、导线网和 GPS 网，其各等级三角形网、导线网和 GPS 网测量的主要技术要求见表 2.2～表 2.6。

表 2.2　三角形网测量的主要技术要求

等　级	平均边长/km	测角中误差/″	起始边相对中误差	最弱边边长相对中误差	测回数			三角形最大闭合差/″
					1″级仪器	2″级仪器	6″级仪器	
二等	9	±1.0	1/300 000	1/120 000	12	—	—	±3.5
三等	5	±1.8	首级 1/200 000 加密 1/120 000	1/80 000	6	9	—	±7
四等	2	±2.5	首级 1/120 000 加密 1/80 000	1/45 000	4	6	—	±9

续上表

等 级	平均边长/km	测角中误差/″	起始边相对中误差	最弱边边长相对中误差	测回数			三角形最大闭合差/″
					1″级仪器	2″级仪器	6″级仪器	
一级小三角	1	±5.0	1/40 000	1/20 000	—	2	6	±15
二级小三角	0.5	±10.0	1/20 000	1/10 000	—	1	2	±30

表 2.3 方向观测法的各项限差

仪器型号	半测回归零差/″	一测回内 2C 较差/″	同一方向值各测回较差/″
DJ_1	6	9	6
DJ_2	8	13	9
DJ_6	18	30	24

表 2.4 导线测量的主要技术要求

等级	导线长度/km	平均边长/km	测角中误差/″	测距中误差/mm	测距相对中误差	测回数			方位角闭合差/″	导线全长相对闭合差
						1″级仪器	2″级仪器	6″级仪器		
三等	15	3.0	1.5	±18	1/120 000	8	12	—	$3\sqrt{n}$	1/60 000
四等	10	1.6	2.5	±18	1/80 000	4	6	—	$5\sqrt{n}$	1/40 000
一级	3.6	0.3	5.0	±15	1/30 000	—	2	4	$10\sqrt{n}$	1/14 000
二级	2.4	0.2	8.0	±15	1/14 000	—	1	3	$16\sqrt{n}$	1/10 000
三级	1.5	0.1	12.0	±15	1/10 000	—	1	2	$24\sqrt{n}$	1/6 000

注：表中 n 为测站数；

表 2.5 卫星定位测量控制网的主要技术要求

等级	平均边长/km	固定误差 A/mm	比例误差 B/(mm · km^{-1})	约束点间的边长相对中误差	约束平差后最弱边相对中误差
二等	9	≤10	≤2	≤1/250 000	≤1/120 000
三等	5	≤10	≤5	≤1/150 000	≤1/80 000
四等	2	≤10	≤10	≤1/100 000	≤1/45 000
一级	1	≤10	≤10	≤1/40 000	≤1/20 000
二级	0.5	≤10	≤20	≤1/20 000	≤1/10 000

表 2.6 GPS 控制测量作业的基本技术要求

等 级		二 等	三 等	四 等	一 级	二 级
接收机类型		双频或单频	双频或单频	双频或单频	双频或单频	双频或单频
仪器标称精度		$10\,mm+2\times10^{-6}$	$10\,mm+5\times10^{-6}$	$10\,mm+5\times10^{-6}$	$10\,mm+5\times10^{-6}$	$10\,mm+5\times10^{-6}$
观测量		载波相位	载波相位	载波相位	载波相位	载波相位
卫星高度角/°	静态	≥15	≥15	≥15	≥15	≥15
	快速静态	—	—	—	≥15	≥15
有效观测卫星数/个	静态	≥5	≥5	≥4	≥4	≥4
	快速静态	—	—	—	≥5	≥5

续上表

等　级		二　等	三　等	四　等	一　级	二　级
观测时段长度/min	静态	≥90	≥60	≥45	≥30	≥30
	快速静态	—	—	—	≥15	≥15
数据采样间隔/s	静态	10～30	10～30	10～30	10～30	10～30
	快速静态	—	—	—	5～15	5～15
点位几何图形强度因子(PDOP)		≤6	≤6	≤6	≤6	≤6

注：当采用双频接收机进行快速静态测量时，观测时段长度可缩短为 10 min。

2. 技术设计

地籍基本平面控制测量的技术设计是地籍测量中的第一道工序，是地籍测量的一个重要环节。技术设计的优劣，将直接影响后续测量工作能否顺利进行和能否布设最佳控制网，应予以足够的重视。

拟定技术设计，主要依据地籍测量的任务大小和精度要求及测区实际情况，按照地籍平面控制测量遵循的原则从整体到局部，由高级到低级，分级布网来进行，其基本思路和步骤如下。

1)收集资料

要想设计出切合实际、合理、最佳的控制网方案，必须充分收集测区内各种有关资料，主要包括：

①各种比例尺的地形图、地籍图、交通图。

②已有的各等级控制点成果表、点之记、控制点分布图和原有控制测量技术总结，以便较合理地选择测区的坐标系、高程系。

③实地了解、掌握控制点的保存情况。

④测区的水文、地质、气象和冻土层厚度等资料，作为安排合理的埋石深度和作业时间的依据。

⑤城镇总体规划图。

⑥测区内有关政治、经济、文化以及风土人情等情况。

对已收集的资料进行分析研究，确定布网形式、起算数据的获取方式，确定控制网坐标系、投影面和投影带及网的加密、扩展方法等。充分利用已有控制点资料，布设出既要满足地籍测量精度要求，又要使工作量最省的优化设计方案。

2)坐标系的选择

坐标系的选择应以投影长度变形值不大于 2.5 cm/km(即 1/40 000)为原则，根据测区地理位置和平均高程而定。

(1)国家坐标系

我国现代地籍测量遵循的行业技术标准是：《地籍调查规程》(TD/T 1001—2012)，《第二次全国土地调查技术规程》(TD/T 1014—2007)，《地籍测绘规范》(CH 5002—1994)和《城市测量规范》(CJJ/T 8—2011)。根据上述“规程”和“规范”的基本精神和要求，地籍平面控制测量坐标系统尽量采用国家统一坐标系统，条件不具备的地区可采用地方坐标系和任意坐标系。

在实际工作中，采用国家统一坐标系的前提条件就是：投影长度变形不大于 2.5 cm/km，而这样的测区是不多的，亦即我国大多数地区采用国家统一坐标系的条件是不具备的。

(2)地方坐标系

例如:某城市地方坐标系,是根据通过该市一个天文点和引测至基线网一条边的方位角为起算,采用高斯投影任意带,通过天文点子午线为中央子午线,以天文点为平面坐标起算点,投影面选择黄海平均海水面,形成城市地方坐标系。

然而,这里的投影面与该城市平均高程面(1 100 m)相差甚远,导致高程改化长度变形为 0.17 m/km,这样的坐标系给工程测量、大比例尺测图带来很多不便,不能满足工程施工放样的要求,更不能满足现代地籍测量对坐标系选择的要求。因此,对于该市现代地籍测量的坐标系,应该采用任意带高斯正形投影平面直角坐标系,投影面为测区平均高程面较为合适。这样,既满足现代地籍测量要求,又符合全国第二次土地调查中城镇土地调查的数学基础平面系统的规定。这里,不同的投影面经高程改化前后的坐标换算仅仅是简单的缩放比例关系,面积换算也只是缩放比例平方的关系。

由此可见,当长度变形值大于 2.5 cm/km 时,不可片面推崇国家坐标系的统一性,而应该对不同地区、不同情况作具体分析和应用。一般,地方坐标系的选择依次采用如下三种形式:

①投影于抵偿高程面上的高斯正形投影 3°带平面直角坐标系统。

②沿海地区,投影于 1985 国家高程基准面上的高斯投影任意带平面直角坐标系。

③ 高原或高山地区,投影于测区平均高程面上的高斯投影任意带平面直角坐标系。

(3)任意坐标系

当测区面积小于 100 km² 时,可不经投影采用假定平面直角坐标系统。

3)首级平面控制网等级的确定

一般来说,首级平面控制网的等级主要由测区面积的大小来确定,参照表 2.7。

当然,在确定首级平面控制网等级时,还应该考虑测绘生产单位的仪器、设备以及甲方委托单位的具体要求,经济合理地进行选择。

表 2.7　首级平面控制网等级的确定

首级控制网等级	三角网或边角网				导线网			
	三等	四等	一级	二级	三等	四等	一级	二级
测区面积/km²	30～300	4～60	2～10	1～2	100～300	4～100	＜4	＜1

4)布网方案

根据测量任务大小和测区具体情况,在已有合适比例尺地形图上设计出布点方案,拟定出恰当的控制点位。

①图上选点

图上选点的任务是:根据地籍测量意图及其对控制网的精度要求,结合测区地形特征和已有的 1∶50 000 或更大比例尺地形图,设计出图形结构较强、通视条件好的布网方案。

首先在图上绘出地籍测量范围界线,标出已有控制点的位置和起始数据的位置。然后设计控制网的布点方案,在图上沿城镇主要交通干线拟定首级控制网点位。同时应考虑与国家或城市控制网联测及向外扩展的便利。

②拟订加密方案

根据界址点的密度和精度要求,在图上拟订加密方案。

在图上选点时,应根据各相邻点方向的通视情况,计算最有利的觇标高度,两相邻导线边长度比不应大于 1∶3。

③精度估算

根据设计的控制网及观测方案进行精度估算，以判断其预期成果精度是否满足规定的精度要求。精度估算有严密计算法和近似估算法，对于二、三、四等基本平面控制网采用严密计算法，对于一、二级小三角或导线可采用近似估算法。

在图上设计的同时，应进行控制网优化设计。在力求节省工作量和经费的情况下，选择满足精度要求的优化设计方案。

④编写技术设计书

其主要内容有：任务、范围、目的、性质和技术要求；设计的技术依据；测区所处的行政辖区及自然地理条件；已有大地测量成果的情况；已有控制点精度统计；起算点、起算边个数、各级三角点（导线点）、水准点个数、水准路线总长；各类觇标、标石数量，精度估算结果；最佳布网方案的论证；所需的仪器、材料、装备、器材的数量；对野外测量作业的特殊技术要求；业务技术领导部门的批示及审核意见等。

3. 地籍基本平面控制测量的外业

（1）实地选点、造标、埋石

实地选点就是将图上设计的控制点落实到实际地面上的工作。控制网图上设计后，应到实地进一步核对和调整点位，重要的是要确保控制点之间的通视，注意三角网的图形和导线网的结点位置。点位应选在展望良好、易于扩展和土质坚实的地方，便于寻找、造标、埋石和观测，并可以长期保存。对于城镇地籍测量来讲，可将控制点选在稳定的高层建筑物顶面上，应便于进一步加密低等点。各等级三角点、导线点和 GPS 点宜取村名、山名、地名、单位名作为点名。

实地选点结束后，应对构成的图形控制网进行精度估算。

二、三等控制点应建造觇标，四等控制点视需要而定。一、二级小三角（或导线）点不需要建造觇标。觇标类型有寻常标、墩标、马架标和屋顶标等。

地籍基本平面控制点应根据控制网的等级和测区土质条件，埋设相应不同规格的标石。它是基本控制点的永久性标志。标石的类型有中心标石、屋顶标石、岩上标石和普通标石。

造标埋石结束后，对各等级控制点均应做好点之记及绘制控制网略图，并在当地乡（镇）人民政府办理委托保管手续。

（2）角度测量

①三角网水平角（方向）观测

各等级三角网的水平角，一般采用方向观测法。各等级三角点的水平角观测主要技术要求见表 2.2 和表 2.3。

②导线点水平角观测

对于三、四等导线网来说，若只有两个方向，应按测回法测量左、右角。一般奇数测回观测左角得 β_L，偶数测回观测右角得 β_R，之后按照 $\beta_L+\beta_R-360°=\Delta C$，计算的 ΔC 值称为圆周角闭合差，ΔC 不得超过各等级导线测角中误差的 2 倍，即三等导线不应超过 $\pm 3.0''$，四等导线不应超过 $\pm 5.0''$。各等级导线测回法水平角观测的主要技术要求见表 2.4。导线点上的观测方向数超过两个时，按照方向观测法进行观测，其限差见表 2.2 和表 2.3。

（3）距离测量

地籍基本平面控制的距离测量主要采用相应精度的测距仪或全站仪进行光电测距（钢尺量距已被淘汰）。光电测距的技术要求见表 2.8。

表 2.8 测距的主要技术要求

控制网等级	仪器型号	观测次数		总测回数	一测回读数较差/mm	单程各测回较差/mm	往返较差/mm
		往	返				
三等	≤5 mm级仪器	1	1	6	≤5	≤7	$\leqslant 2(a+bD)$
	≤10 mm级仪器			8	≤10	≤15	
四等	≤5 mm级仪器	1	1	4	≤5	≤7	
	≤10 mm级仪器			6	≤10	≤15	
一级	≤10 mm级仪器	1	—	2	≤10	≤15	—
二级	≤10 mm级仪器	1	—	1	≤10	≤15	

注:(1)测距的5 mm级仪器和10 mm级仪器,是指当测距长度为1 km时,仪器的标称精度 m_D 分别为5 mm和10 mm的电磁波测距仪器($m_D=a+b\times D$)。a、b 分别为光电测距仪的标称精度系数;D 为测距边长,以km为单位。

(2)测回是指照准目标一次,读数4次的过程。

(3)根据具体情况,边长测距可采取不同时间段测量代替往返观测。

(4)计算测距往返较差的限差时,a、b 分别为相应等级所使用仪器标称的固定误差和比例误差。

(4)GPS坐标测量

由于GPS定位技术具有精度高、速度快、费用省、操作简单等优点,而被广泛应用于地籍基本平面控制测量中,已成为地籍基本平面控制测量的主要手段。

对于边长小于8～10 km的二、三、四等和一、二级基本平面控制网,应用GPS静态定位技术或应用GPS快速定位方法,定位精度一般可达到1～2 cm,完全可以满足地籍基本平面控制测量的要求。地籍基本平面控制各等级网,均可利用GPS静态定位技术,采用静态或快速静态方式进行测量。

目前,用GPS静态定位技术建立测区首级平面控制网或与传统大地测量组成混合网,然后用GPS－RTK方法加密,是比较现实和合理的控制测量方法。

建立GPS基本平面控制网时,应尽量与已有的控制点进行联测,联测的控制点不能少于2个,并均匀分布于测区中。

GPS外业实测主要是用GPS接收机获取GPS卫星信号,包括天线设置、接收机操作和测站记录等。

天线的对中误差不应大于±2 mm,整平和定向应符合仪器使用要求及相关规程(技术设计书)要求,量测天线高精确到1 mm。

接收机操作的自动化程度相当高,一般只需开机、转换为静态作业模式即可进行自动测量,便会获得所需要的观测数据,确保仪器无外界干扰。

天线的偏心元素和观测中的各种情况及出现的问题应正确记录。

为保证GPS观测的质量,在施测之前应对GPS进行检测,并且应该在GPS网中加测一部分电磁波测距边作为校核。各级GPS网精度指标及作业标准如表2.5和表2.6所示。

有关GPS定位技术具体内容,详见《卫星定位城市测量技术标准》(CJJ/T 73—2019)。

(5)全站仪三维导线测量

在城镇地区或对于GPS信号有影响的地方,由于高楼大厦密集,街道不开阔,地面进行GPS测量往往很困难,而全站仪三维导线测量则布设灵活、实施方便,很受欢迎。

有资料证明,全站仪三维导线测量中高程的精度可以满足三、四等水准测量的要求。

由此,全站仪三维导线可以同时完成三、四等以及一、二级导线测量的基本平面控制测量工作和地籍测量的高程控制测量工作。

有关全站仪导线测量工作各项技术要求如表2.4所示。

4. 地籍基本平面控制测量的内业

1)观测成果的概算与验算

外业工作结束后，应进行概算和验算。

(1)概算内容

① 外业观测成果的整理与检查；

② 绘制控制网略图，编制观测数据和起算数据表；

③ 有关起始数据的换算；

④ 观测成果归化至标石中心的计算；

⑤ 观测成果归化至椭球面上的计算；

⑥ 椭球面上的成果归化至高斯平面上的计算；

⑦ 编制高斯平面上的观测数据和起算数据表。

(2)验算内容

① 三角测量的验算：包括三角形闭合差的计算；测角中误差的计算；圆周角条件闭合差的计算；极条件闭合差的计算；基线条件闭合差的计算；坐标方位角条件闭合差的计算。

② 导线测量的验算：包括坐标方位角条件闭合差的计算；图形条件闭合差的计算；测角中误差的计算；导线边长中误差的计算；导线全长相对闭合差的计算。

以上项目检验的具体内容参照《城市测量规范》(CJJ/T 8—2011)执行。

2)三角形网(测角网、测边网、边角网)及导线控制网平差

二、三、四等平面控制网应采用严密平差，内容包括最或是值的计算；单位权中误差的计算；最弱点、最弱相邻点点位中误差的计算；最弱边的边长相对中误差和方位角的中误差计算，等等。

四等以下平面控制网可采用近似平差和按照近似法评定精度。采用近似平差方法的导线网，其边长及方位角成果应由坐标平差值反算获得。手工平差时，应由二人独立计算，相互检核，确保无误；利用计算机平差时，必须选择经过鉴定、功能齐全的程序，对数据的输入应进行仔细核对，打印的成果亦应进行校核。

有关平差方法请参阅关于测量平差的相关教材。

3)内业计算中数字取值精度的要求，应符合表2.9的规定。

表2.9 内业计算中数字取值精度的要求

等 级	方向观测值及各项修正数 /″	边长观测值及各项修正数 /m	边长与坐标 /m	方位角 /″
二等	0.01	0.0001	0.001	0.01
三、四等	0.1	0.001	0.001	0.1
一级及以下	1	0.001	0.001	1

注：导线测量内业计算中数字取值精度，不受二等取值精度的限制。

4)GPS控制网平差

GPS外业观测结束后，应该进行下列检核工作：GPS基线向量同步环闭合差、异步环闭合差及重复边的较差应符合现行行业标准《卫星定位城市测量技术标准》(CJJ/T 73—2019)的规

定;若超限,分析其原因并进行重新解算。对于观测质量不符合要求的基线,应进行重测或补测。

当GPS外业成果的各项质量检验符合要求后,才能进行如下GPS网平差处理的内容:

①GPS无约束平差

无约束平差属于经典自由网平差,是仅具有必要起算数据的平差方法,以所有独立基线组成GPS空间向量网,并在WGS-84地球椭球上进行三维无约束平差。无约束平差中,基线向量的改正数绝对值应符合现行行业标准《卫星定位城市测量技术标准》(CJJ/T 73—2019)的规定;

②与地面网联合平差

经过无约束平差确定的有效观测量,在国家坐标系或城市独立坐标系下进行三维约束平差或二维约束平差。已知点的坐标、边长及已知方位角作为强制约束条件,平差结果应输出国家或城市独立坐标系中的三维或二维坐标,基线向量改正数,基线边长、方位角等及其精度信息,以及转换参数和精度信息。

约束平差后,应用网中未参与约束平差的各控制点,将其平差前后的坐标进行校核,若发现有较大的误差应检查原地面点是否有误。约束平差后基线向量的改正数与无约束平差结果中的同名基线相应改正数的较差应符合现行行业标准《卫星定位城市测量技术标准》(CJJ/T 73—2019)的规定。

知识拓展

1. 地籍基本平面控制测量技术总结和上交资料

(1)地籍基本平面控制测量技术总结

地籍基本控制测量结束后,应按照要求编写技术总结,其内容主要包括:

①测区范围与位置、自然地理环境、气候特点、交通及电信、供电等情况;

②任务来源、测区已有资料情况、项目名称、控制网等级、施测目的和基本精度要求;

③施测单位、施测起讫日期、作业人员数量、技术状况;

④作业技术依据;

⑤作业仪器类型、精度以及检验和使用情况;

⑥点位观测条件的评价,埋石与重合点情况;

⑦联测方法、完成各级点数与补测、重测情况,作业中发生与存在的问题说明;

⑧外业观测数据质量分析与野外数据检核情况,重点是点位精度统计情况;

⑨数据处理方案、所使用的软件、起算数据、坐标系统等情况;

⑩误差检验及相关参数和平差结果的精度估计等;

⑪上交成果中尚存在的问题和需要说明的其他问题、建议和改进意见;

⑫控制点点位分布图;

⑬其他各种附表与附图。

(2)上交资料

①技术设计书;

②全部外业观测记录、测量手簿;

③各等级GPS控制网平差计算成果;

④各等级导线控制网平差计算成果;

⑤控制点成果表(各等级 GPS、各等级导线点);

⑥控制点网图(GPS 点、导线点);

⑦控制点点之记,见表 2.10;

⑧技术总结报告;

⑨地籍基本平面控制测量成果光盘一套。

表 2.10 控制点点之记

点名点号		等　级	
标志类型			
完好情况			
选点者			
观测者			
作业单位			
通视情况			
点位略图			

2. GPS 和全站仪在地籍基本平面控制测量中的作用

(1)GPS 技术的发展和普及给地籍基本平面控制测量注入了新的活力,开创了新局面,在高等级大范围的控制测量中,GPS 已成为地籍基本平面控制测量首选的测量手段。

GPS 接收机单点定位技术、相对定位技术以及差分 RTK 技术已发展到相当成熟的阶段,各种类型的 GPS 接收机在市场上争奇斗艳,还出现了既能接收 GPS 信号又能接受 GLONASS 信号的所谓多信号接收。随着其他卫星定位系统的出现,今后必将出现相应的新型卫星定位接收机。这就是说,GPS 技术必将成为大地测量、工程测量、地籍基本平面控制测量以及 GIS 数据获取的重要手段。

(2)全站仪仍是数字化地面测量的主要仪器。它将完全取代光学经纬仪和红外测距仪,成为地面测量的常规仪器。在地籍基本平面控制测量中它与 GPS 定位技术相互补充,在城镇地区、信号较差的地方发挥着重要作用。

3. 控制网优化设计的理论和方法取得长足的发展

建立在最优化理论和方法基础上的。同近代测量平差理论有密切联系的控制网优化设计取得了长足的进步和丰硕的成果。尽管人们在很早之前就注意研究观测权的最佳分配,交会图形的最佳选择等问题,但由于当时科学技术和计算工具等条件的限制,优化设计并没得到进一步的发展。20 世纪 70～80 年代,由于电子计算机在测量中的广泛应用和最优化理论进入测量领域的研究,测量控制网优化设计才得到迅速的发展。主要的研究范围包括测量控制网的基准设计、图形设计、权的设计和旧网改造设计;质量标准,包括精度标准,可靠性标准,可测定性标准等控制网优化设计的全面质量标准;控制网优化设计的各种解法,其中包括解析法和人机对话的模拟法;除一维(水准)网的优化设计外,还包括地面网及空间网的优化设计等。还研究了二维网、三维网,从而使测量控制网设计在观测前就建立在足够科学依据的基础上。此外,控制网优化设计往往同观测数据的数学处理结合在一起进行。具体方法应用在统一的多功能软件包,既进行控制网的优化设计,也实现观测数据的相应处理。

相关规范、规程与标准

1. 城市测量规范

地籍平面控制测量,应在城市平面控制网之下,采用 GPS 测量、导线、三角锁(网)等形式布设。

2. 城镇地籍调查规程

地籍平面控制点的基本精度要求是:四等网中最弱相邻点的相对点位中误差不得超过±5 cm;四等以下网最弱点(相对于起算点)的点位中误差不得超过±5 cm。地籍平面控制测量坐标系统尽量采用国家统一坐标系统,条件不具备的地区可采用地方坐标系或任意坐标系。

城镇地籍平面控制网应尽量利用已有的等级控制网加密建立。

地籍平面控制网的等级依次为二、三、四等三角网,三边网及边角网,一、二级小三角网(锁),一、二级导线网及相应等级的 GPS 网。各等级地籍平面控制网、点,根据城镇规模均可作为首级控制。

3. 全球定位系统城市测量技术规程

GPS 测量应采用世界大地坐标系 WGS-84,当 GPS 测量要求采用 1954 北京坐标系或 1980 西安坐标系时应进行坐标转换。

当 GPS 网的世界大地坐标系统转换成城市坐标系统时,应满足投影长度变形值不大于 2.5 cm/km,可根据城市地理位置和平均高程按下列方法选定坐标系统。

(1)当长度变形值不大于 2.5 cm/km 时采用高斯正形投影统一 3°带的平面直角坐标系统。

(2)当长度变形值大于 2.5 cm/km 时可采用下列方法:

①投影于抵偿高程面上的高斯正形投影 3°带平面直角坐标系统;

②高斯正形投影任意带平面直角坐标系统投影面可采用黄海平均海水面或城市平均高程面。

当 GPS 测量的高程值转换为正常高时,其高程系统应采用 1985 国家高程基准或沿用 1956 年,黄海高程系统、地方原高程系统。1985 国家高程基准青岛原点高程为 72.260 4 m;1956 黄海高程系统青岛原点高程为 72.289 m。

典型工作任务 2　地籍图根平面控制测量

2.2.1　工作任务

1. 地籍图根平面控制测量的目的

地籍图根平面控制测量是在地籍基本平面控制测量的基础上加密，其目的是满足现代地籍中的地形、地籍、房产要素测量以及测绘现代地籍图测绘的需要。它在精度上应满足±5 cm 或±7.5 cm 界址点坐标测量的精度要求；在密度上要满足测量界址点位置以及现代地籍图的需要，如果遇上我国南方地区的城镇，建筑物相当密集，道路错综复杂、通视条件差，这时，应根据实际适当加大图根点密度。

2. 地籍图根平面控制测量的任务

地籍图根平面控制测量的任务是为现代地籍细部测量提供可靠的数学基础和保障，不仅为地籍细部测量服务，而且还要为日常地籍管理服务。

因此，地籍图根平面控制点尽量埋设永久性或半永久性标志。同时为了以后使用方便，应提交地籍图根控制点成果，并有点之记及图根点网图。

3. 地籍图根平面控制测量的特点

地籍图根平面控制测量不同于地形控制测量，地形控制测量中控制点一般用于地形测绘，而地籍图根平面控制点的精度不但要满足现代地籍图的要求，还要满足土地权属界址点坐标的测定以及地籍变更测量的要求。因此，地籍图根控制测量除了具有地形控制测量的特点外，还具有如下特点：

(1)精度较高，地籍图(尤其是城镇地籍图)的比例尺一般较大(1∶500～1∶2 000)，地籍图根平面控制点相对于起算点的点位中误差不超过±5 cm，以保证界址点和地籍要素、房产要素等细部测量的精度。

(2)城镇地籍测量中的图根控制多采用导线形式，由于城镇建成区街巷纵横交错，高楼大厦密集，视线不开阔，卫星信号受干扰严重，GPS 在地面上很难发挥作用，故多采用导线测量建立测图控制网。

(3)地籍图根平面控制测量的精度与比例尺无关，而是取决于界址点的精度要求。

在地形测量中，图根点的精度一般用地形图的比例尺精度来要求；在地籍测量中，界址点精度通常以实地具体的坐标点点位误差数值来确定，与地籍图的比例尺精度无关。一般的，界址点精度等于或高于其地籍图比例尺精度，如果地籍图根点的精度能满足界址点坐标精度的要求，则也能够满足测绘地形图、地籍图、房产图的精度要求。

2.2.2　相关配套知识

地籍图根平面控制测量通常采用图根导线测量和图根三角测量及 GPS－RTK 测量。

1. 图根导线测量

图根导线可布设为导线网或单一导线。在布设单一导线时，最好布设等边直伸型附合导线，其次为闭合导线，只有在非常困难的地区才允许布设支导线。由于导线测量只要求测站与前后点通视，于是可沿道路布设，易通过隐蔽地段。城镇及工业厂区地籍测量多用此法加密图根控制点。一般地籍图根平面控制网导线分为两级布设。导线形式如图 2.1 所示，即闭合导线、附合导线和支导线。现在大多采用全站仪(或测距仪加经纬仪)进行图根导线测量，传统经纬仪加钢尺量距法的导线测量已应用较少。

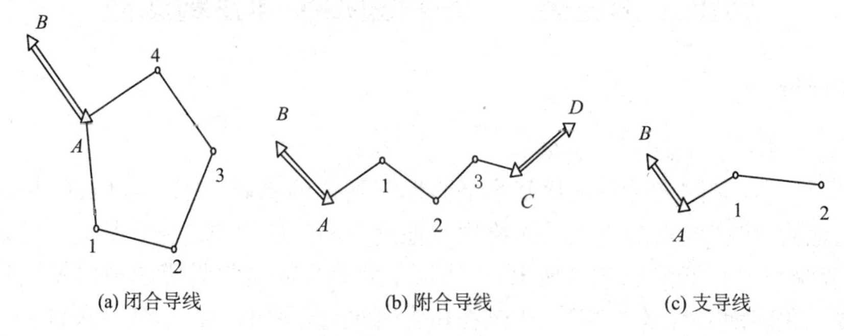

图 2.1　导线形式

图根导线主要技术要求见表 2.11。

表 2.11　图根测距导线主要技术要求

附合次数	平均边长/km	附合导线长度/km	测距中误差/mm	测角中误差/″	导线全长相对闭合差	水平角观测测回数		方位角闭合差/″
						DJ_2	DJ_6	
一	0.2	≤2	±15	±20	1/5 000	1	2	$\pm 24\sqrt{n}$
二、三	0.1	≤ 1.2	±15	±20	1/3 000	1	1	$\pm 40\sqrt{n}$

注：表中，n——附合或闭合导线转折角个数。

布设支导线时，边数不得超过三条，导线长度应小于附合导线的 1/3。支导线的边长要求往返测定，每一测站角度分别按左、右角各一测回，其圆周角闭合差不超过±40″。

图根导线一般采用近似平差，角度取至秒，边长和坐标值取至毫米。

2. 图根三角测量

图根三角测量可布设为网状或锁状，此法特点是只观测角度，不测边长；各点的点位精度均匀；控制面积大；主要适用于通视条件好的山区，城市或工业厂区不适宜采用。随着全站仪、GPS 的广泛应用，此法也将逐渐被淘汰。

布设三角网时，要求平均边长不大于 100 m，三角形个数不超过 10 个。当测站方向超过 3 个时应归零。水平角观测技术要求见表 2.12。

表 2.12　图根三角测量技术要求

仪器类型	测回数	测角中误差/″	半测回归零差/″	三角形闭合差/″
DJ_6	1	≤±20	≤±24	≤±60

图根三角锁（网）可采用近似平差，计算时角度值取至秒，边长和坐标值取至毫米。

3. GPS－RTK 测量

GPS－RTK 定位误差一般为±(10＋10×D) mm，D 为边长 km 数。对于平均边长为 2 km的四等平面控制网来说，GPS－RTK 定位精度可达到 1～3 cm。基本地籍图最大比例尺为1∶500，对应的地籍图精度为±5 cm，一级界址点点位中误差为±5 cm。《城镇地籍调查规程》规定，四等以下网最弱点（相对于起算点）的点位中误差不得超过±5 cm。显然，利用 GPS－RTK 测量完全能够满足地籍一、二级导线控制测量和图根控制测量的要求。

GPS－RTK 的基准站由主机、GPS 天线、电台、电子手簿、放大器、数据通信天线等组成，移动站由电子手簿、主机、GPS天线及数据通信天线组成。通过同时接收卫星信息与基准站发送的改正信息，移动站自动给出具有厘米级精度的定位数据。

GPS—RTK技术与传统图根三角形网及传统钢尺导线等测绘方法相比，具有明显的优势。首先，观测不受天气和时间影响；其次，测绘的各点之间无误差积累，提高了精度且点位精度均匀；还有，GPS—RTK技术具有实时转换坐标系统的能力，摆脱了传统图根控制测量坐标数据转换必须事后处理的弊端和外业返工的困扰，极大地提高了效率；另外，GPS—RTK技术进行地籍图根控制测量在时间上也大大优于传统测量方式和经典GPS静态测量方式。

然而，GPS—RTK的不足之处也很明显，比如在城镇或林带区域，往往由于高楼大厦或密集树林的遮挡，移动站接收机的卫星信号接收天线无法对天通视从而无法获得固定解，解决的办法是利用全站仪导线配合补充。

知识拓展

1. 仪器的集成是新世纪测绘仪器发展的热门话题，目前已有许多集成式的测绘仪器投入市场和在生产实践中得到使用。

在集成式的测绘仪器中，仪器是作为传感器存在的。从硬件来说，仪器可以包括两个或三个传感器，可以是整体式的也可以是堆砌式的集成；从软件来说，集成式软件应具有同一数据载体、接口和统一的数据格式，不仅要实现系统内的仪器可以互相交换信息，而且还能与别的仪器系统连接和实现数据的通信。集成式的测绘仪器目前主要体现在地面测绘技术和空间定位技术的结合。

电子经纬仪与电磁波测距仪的集成产生了电子全站仪。这种电子全站仪在大地测量及工程测量和地籍测量中发挥着重要作用，但也有一定的局限性。比如，必须在有控制点情况下才能进行施工放样及地籍测图等，另外作业影响范围很有限；GPS的优点是大家共知的，但由于其必须保持对卫星通视条件良好下才能作业，因此在楼厦林立的城区，其作业将受到干扰或者不能作业。为了发挥两种技术的优点和补偿各自的缺陷，于是将它们集成在一起的全功能的全站仪就应运而生了。这就是将TPS和GPS集成于一体的超站式测绘系统——徕卡系统1200-斯美特全站仪（System 1200 - Smartstation）。

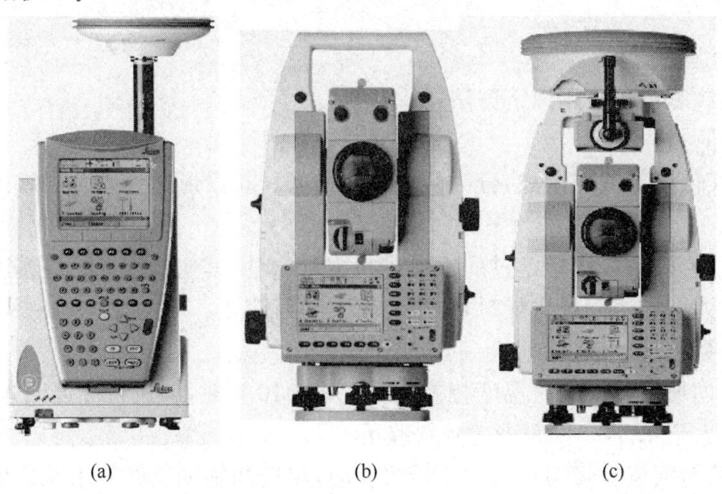

(a)　(b)　(c)

图2.2　System1200-Smartstation[(a)+(b)=(c)]

图 2.2 中，由 LeicaGPS1200 (a)＋ Leica TPS1200 (b)集合而成徕卡测量系统 1200-斯美特全站仪(c)。这是世界上第一台 TPS 和 GPS 的集成系统。在地形测量、城区测量、地藉测量、建筑施工测量以及界线测量等许多实际工程测量领域有广泛的应用。

下面简要介绍一下它的主要特点。

将 TPS 和 GPS 实现了完美的结合。它既具有全球定位系统的功能，又具有全站仪的特性，既可以用于控制测量，又可以用于地形、地籍、房产要素的细部数据采集。实际上是将 GPS 完全整合到 TPS 之中。因为所有 TPS1200 系列全站仪都可以同 GPS 组成 Smartstation，所有 GPS 的操作都应用 TPS 上的同一键盘，并且公用同一个储存介质，数据用徕卡测量办公软件 LGO 统一处理并输出，包括数据输出、文件输出及图形输出等。

GPS 在 Smartstation 中的主要功能是：在没有控制点情况下，用 GPS 取得控制点坐标，用 GPS 定位原理建立简单的地籍测量控制网；当没有灵敏性跟踪天线时，GPS 利用 Smartstation 也可以作业。此外，还可取得卫星的状态信息及状况分布图等。建立 RTK 公共参考站，供多台仪器同时作业。用 GPS 定位步骤十分简单，首先选择模式，“From GPS”，TPS 键上按下“GPS mode”，完成定位后，TPS 键再进入“TPS mode”即可。因此，只需操作几个键即可实现 GPS 功能。定位精度，在 50 km 范围内，水平精度($10\ mm+1\times10^{-6}$)，高程精度($20\ mm+1\times10^{-6}$)。如果将它应用到地籍测量中，无疑将更大地提高工作效率。

2. 展望未来，今后测绘仪器可能在以下几方面取得新的发展和突破

(1)仪器采集数据的能力将加强。在一些危险和有害的环境中，操作者可利用计算机遥控仪器，以便仪器自动地采集和处理数据。

(2)仪器的自我诊断和改正能力将进一步完善，观测数据的精度检查将进一步提高。

(3)仪器实时处理数据的能力将提高。内置应用程序将增多，实时处理数据量和速度将可以满足多台仪器的联机作业，以对观测目标进行全面整体观测和分析。

(4)系统集成将受到开发者和使用者的关注。针对某些特殊作业要求所开发出的自动化处理系统，将得到很快的发展。

(5)仪器间的数据直接交换和共享将成为现实，内业工作将更多地在外业观测的同时予以完成。

相关规范、规程与标准

1. 城镇地籍调查规程

地籍图根控制测量可采用以下方法：

1)图根导线测量

(1)图根导线依据等级控制点，分为两级进行加密。布设形式为附合导线或结点导线。其技术规定见表 2.11。

(2)图根导线边长也可用检定过的钢尺进行丈量，或用其他能达到相应精度的仪器和工具进行测量。在下列情况用钢尺丈量时，要进行有关项目改正：

①尺长改正数大于尺长 1/10 000 时，加尺长改正；

②量距时平均尺温与检定时温度相差大于等于±10 ℃时，应进行温度改正；

③尺面倾斜大于 1.5%时，应进行倾斜改正。

(3)当导线跨越河流等障碍物无法直接尺量时，可选用辅助点间接求距。辅助边不应短于所求边长的一半，所求边与辅助边构成的三角形内角不应小于 30°。辅助边长测量与测角精

度要求应稍高于图根导线的精度。

2)图根三角测量

①在等级控制点较少，地形起伏较大，通视条件较好的地区可采用图根三角锁网，采用前方、侧方交会进行图根的加密。

②图根锁网的平均边长不宜超过 85 m(电磁波测距时可适当放长)，传距角一般不应小于 30°(特殊情况下不应小于 20°)。线形锁三角形个数不得超过 12 个。

③水平角使用 DJ_6 级仪器采用方向法观测一测回。观测方向多于 3 个时应归零。水平角观测各项限差不应超过表 2.12 规定。

3)图根导线和图根三角锁(网)均可采用近似平差。计算时角值取至秒，边长和坐标取至厘米。

2. 第二次全国土地调查技术规程

地籍平面控制测量：城镇地籍平面控制网可利用已有的等级控制网加密建立。地籍平面控制网测量应遵照《卫星定位城市测量技术标准》(CJJ/T 73—2019)和《城市测量规范》(CJJ/T 8—2011)。

3. 全球定位系统城市测量技术规程

四等以下平面控制网可采用近似平差法和按近似方法评定其精度。

观测员在作业期间不得擅自离开测站，并应防止仪器受震动和被移动，防止人和其他物体靠近天线遮挡卫星信号。接收机在观测过程中，不应在接收机近旁使用对讲机，雷雨过境时应关机停测并卸下天线以防雷击。观测中应保证接收机工作正常，数据记录正确，每日观测结束后应及时将数据转存至计算机硬、软盘上确保观测数据不丢失。

4. 城市测量规范

GPS 网的点与点之间不要求通视，但需考虑常规测量方法加密时的应用，每点应有一个以上通视方向。

典型工作任务 3　地籍高程控制测量

2.3.1　工作任务

1. 地籍高程控制测量的目的

传统地籍图的内容主要由地籍要素和必要的地形要素构成。一般只测定地物的平面位置，可不表示地貌要素。现代地籍测量不仅表示地形图的内容，而且更重要的是表示地籍要素和房产要素。建立控制网时，不仅要满足地籍测量和地籍变更测量的要求，还应满足该地区的各类工程测量的要求；在测绘地籍图的同时完成地形图的测绘，应采用高程点注记和地理名称相结合的形式，来表示某些突出地物，也可用等高线表示。当然，使用高程注记或地貌符号时，应考虑到各种用图情况、图面清晰和图面负载等因素，突出各类图纸的用途，有针对性、有重点的选择出图内容，不应主次失调。测区是山 城或山区时，用地性线来划分地界。

现代地籍测量实质是在数字地形测量基础上增加了地籍要素、房产要素测量等综合测量工作。在土地信息系统中可将地形要素、地藉要素、房产要素分层管理、分类出图，实现所谓“三图并出”，达到现代地籍测量成果一测多用、提高效益、节约经费的效果。

地籍高程控制测量的目的就是为了满足现代地籍测量多用途的要求而建立的。它在精度上应满足各种工程测量以及甲方提出的特殊要求。

2. 地籍高程控制测量的任务

地籍高程控制测量的任务是为地籍细部测量提供可靠的高程基础和保障，不仅为地籍细部测量服务，而且还要为各类工程测量之高程测量和放样服务。

因此，地籍高程控制点应尽量与平面控制点采用同一标志。同样，为了以后使用方便，应提交地籍高程控制点成果。

3. 地籍高程控制测量的方法

地籍高程控制测量通常采用三、四等水准测量和三角高程测量。

2.3.2 相关配套知识

1. 三、四等水准测量

三、四等水准以国家二等水准点为起算，主要沿三、四等导线点和 GPS 点组成水准网，用不低于 DS_3 型的水准仪及因瓦尺或木质双面水准尺，按三、四等水准测量要求施测，其主要技术要求见表 2.13。

表 2.13　三、四等水准测量主要技术要求

等级	每千米高差全中误差/mm	路线长度/km	水准仪型号	水准尺	观测次数		往返较差、附合或环线闭合差	
					与已知点联测	附合或环线	平地/mm	山地/mm
三等	6	≤50	DS_1	因瓦	往返各一次	往一次	$12\sqrt{L}$	$4\sqrt{n}$
			DS_3	双面		往返各一次		
四等	10	≤16	DS_3	双面	往返各一次	往一次	$20\sqrt{L}$	$6\sqrt{n}$

注：(1)结点之间或结点与高级点之间，其路线的长度，不应大于表中规定的 0.7 倍。

(2)L 为往、返测段、附合或环线的水准路线长度(km)；n 为测站数。

(3)数字水准仪测量的技术要求和同等级的光学水准仪相同。

水准测量所使用的仪器及水准尺，应符合下列规定：

(1)水准仪视准轴与水准管轴的夹角 i，DS_1 型不应超过 15″；DS_3 型不应超过 20″；

(2)补偿式自动安平水准仪的补偿误差 $\Delta\alpha$，对于三等不应超过 0.5″；

(3)水准尺上的米间隔平均长与名义长之差，对于因瓦水准尺，不应超过 0.15 mm；对于条形码尺，不应超过 0.10 mm；对于木质双面水准尺，不应超过 0.5 mm。

各等级水准观测的主要技术要求，应符合表 2.14 的规定。

表 2.14　水准观测的主要技术要求

等级	水准仪型号	视线长度/m	前后视较差/m	前后视累积差/m	视线离地面最低高度/m	基、辅分划或黑、红面读数较差/mm	基、辅分划或黑、红面所测高差较差/mm
三等	DS_1	100	2	5	0.3	1.0	1.5
	DS_3	75				2.0	3.0
四等	DS_3	100	3	10	0.2	3.0	5.0

注：(1)三、四等水准采用变动仪器高度观测单面水准尺时，所测两次高差较差，应与黑面、红面所测高差之差的要求相同。

(2)数字水准仪观测，不受基、辅分划或黑、红面读数较差指标的限制，但测站两次观测的高差较差，应满足表中相应等级基、辅分划或黑、红面所测高差较差的限值。

外业工作结束，对观测成果检查合格后，由计算机按严密平差模型进行平差计算、评定精度并打印计算成果。

2. 等外水准测量

工程水准和图根水准测量用于加密高程控制网，也用于测定平面控制点（包括图根点）的高程。在较小测区内，工程水准可用作布置首级高程控制。工程水准和图根水准测量的精度，均低于国家等级（最低四等）水准精度，因此都属于等外水准测量。

工程水准或等外水准测量布设成附合或闭合线路时，可只进行单程观测；作为首级高程控制或布设成支水准时需往返观测。其主要技术要求见表 2.15。

表 2.15　等外水准测量主要技术要求

等级	水准仪	水准尺	视线长度/m	往返较差、附合或闭合路线闭合差	
				平地/mm	山地/mm
工程	DS_3	单面	≤±100	$\pm 30\sqrt{L}$	$\pm 8\sqrt{n}$
图根	DS_3	单面	≤±100	$\pm 40\sqrt{L}$	$\pm 12\sqrt{n}$

注：L 为附合或闭合路线长度，以 km 为单位；n 为测站数。

3. 三角高程测量

(1)三角高程测量原理

三角高程测量是测定地面点高程的方法之一，它是根据地面点之间的水平距离和竖直角，利用三角函数关系求得该两点的高差，再由其中一点的已知高程，求出另一个点的高程。随着光电测距仪及全站仪的发展和普及，距离及竖直角的观测精度可达很高时，三角高程测量能达到工程水准甚至三、四等水准测量的精度。因此三角高程测量已成为常见的高程控制测量方法之一。

如图 2.3 所示，已知 A 点高程 H_A 和 A、B 两点间的水平距离 D，欲测定 B 点高程 H_B

在 A 点安置全站仪或经纬仪，量仪器高 i，在 B 点安置目标，量目标高 v；照准目标顶部 M，测定竖直角 α，根据三角学原理，可得 A 点至 B 点的高差公式为

$$h = D\tan\alpha + i - v \tag{2.1}$$

B 点高程为

$$H_B = H_A + h \tag{2.2}$$

对于地球曲率和大地折光（简称球气差）的影响，当距离较短时，其影响可忽略，当距离较远（一般超过 400 m）时，须在高差中加入球气差改正数 f。

$$f = 0.43\frac{D^2}{2R} \tag{2.3}$$

式中，R=6 371 km。

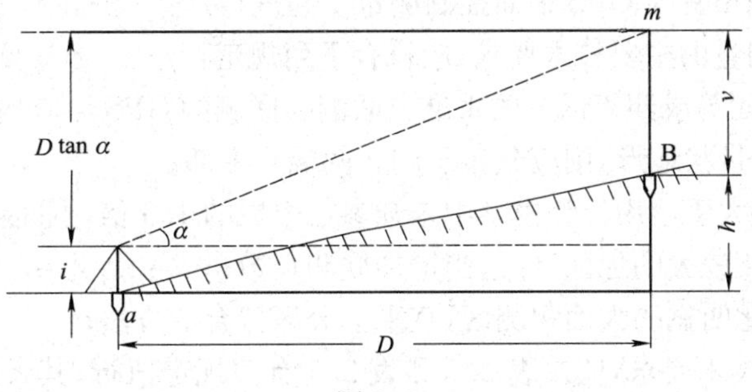

图 2.3

若进行对向观测，即在 A 点设站观测 B 点目标(称直觇)，得 A 至 B 点的高差 h_{AB}，再在 B 点设站观测 A 点目标(称反觇)，得 B 至 A 点的高差 h_{BA}，当对向观测高差较差符合规定要求时，取对向观测高差平均值：

$$h_{AB}=\frac{h_{AB'}-h_{BA'}}{2} \tag{2.4}$$

该平均值中球气差 f 的影响被抵消。因此对向观测时，可直接用式(2.1)计算 A、B 两点高差，无须进行球气差改正。

(2)三角高程测量方法

三角高程测量方法根据所采用的仪器不同可分为光电测距三角高程测量和经纬仪三角高程测量。

①光电测距三角高程测量：代替四等水准的光电测距高程导线，应起闭于不低于三等的水准点上，在四等导线的基础上布设成光电测距三维控制网，各边的高差均采用对向观测。边长的测定，采用不低于Ⅱ级精度($5+5\times10^{-6}$)的测距仪往返观测各一测回；垂直角观测应采用觇牌为照准目标，用 DJ_2 级经纬仪按中丝法观测三测回，光学测微器两次读数之差不应大于 3″，垂直角测回差和指标差较差均不应大于 7″。对向观测高差较差不应大于 $\pm40\sqrt{D}$ m，(D 为测边水平距离，km)。附合或环形闭合差限差同四等水准测量要求。

仪器高、目标高在观测前后用经过检验的测杆各测量一次，精确读到 1 mm，当较差不大于 2 mm 时，取用中数。

内业计算时，垂直角度的取位，应精确至 0.1″；距离与高程的取位，精确至 1 mm。

②经纬仪三角高程测量：经纬仪三角高程导线，应起闭于不低于四等水准联测的高程点上。目标高和仪器高均应用钢尺丈量二次，读至 5 mm，两次较差不大于 1 cm 时取用中数，量取目标高度的位置应与观测时照准位置一致；竖直角观测一般采用盘左、盘右取中数的方法来测定。对于 DJ_2 级经纬仪采用一测回；DJ_6 级经纬仪二测回来观测。其垂直角测回差及指标差较差，对于 DJ_2 级经纬仪要求不大于 ±15″；对于 DJ_6 级经纬仪要求不大于 ±25″；对向观测高差较差不应大于 $\pm0.1D$ m(D 为边长，km)。附合或闭合差不应大于 $\pm0.05\sqrt{\sum D^2}$ m。

若各点均为平面控制点，则两点间水平距离已知，即可按式(2.1)计算直、反觇高差及其平均值；若水平距离未知，则应在直、反觇观测的同时，用钢尺或光电测距仪进行水平距离观测。

知识拓展

1. GPS 拟合高程测量，仅适用于平原或丘陵地区的工程五等及以下等级高程测量。

GPS 拟合高程测量宜与 GPS 平面控制测量一起进行。

GPS 拟合高程测量的主要技术要求，应符合下列规定：

(1)GPS 网应与四等或四等以上的水准点联测。联测的 GPS 点应均匀分布在测区四周和测区中心。若测区为带状地形，则应分布于测区两端及中部；

(2)联测点数，宜大于选用计算模型中未知参数个数的 1.5 倍，点间距宜小于 10 km；

(3)地形高差变化较大的地区，应适当增加联测点数；

(4)地形趋势变化明显的大面积测区，宜采取分区拟合的方法；

(5)GPS 观测的技术要求，应按表 2.5 和表 2.6 有关规定执行；其天线高应在观测前后各量测一次，取其平均值作为天线高。

2. GPS 拟合高程计算，应符合下列规定：

(1)充分利用当地的重力大地水准面模型或资料；

(2)应对联测的已知高程点进行可靠性检验，并剔除不合格点；

(3)对于地形平坦的小测区，可采用平面拟合模型；对于地形起伏较大的大面积测区，宜采用曲面拟合模型；

(4)对拟合高程模型应进行优化；

(5)GPS 点的高程计算，不宜超出拟合高程模型所覆盖的范围。

3. 对 GPS 点的拟合高程成果，应进行检验。

检测点数，不少于全部高程点的 10%且不少于 3 个点；高差检验，可采用相应等级的水准测量方法或电磁波测距三角高程测量方法进行，其高差较差不应大于$\pm 30\sqrt{D}$ m(D 为参考站到检查点的距离，km)。

相关规范、规程与标准

1. 工程测量规范

高程控制测量精度等级的划分，依次为二、三、四、五等。各等级高程控制宜采用水准测量，四等及以下等级可采用电磁波测距三角高程测量，五等也可采用 GPS 拟合高程测量。

首级高程控制网的等级，应根据工程规模、控制网的用途和精度要求合理选择。首级网应布设成环形网，加密网宜布设成附合路线或结点网。

测区的高程系统，宜采用 1985 国家高程基准。在已有高程控制网的地区测量时，可沿用原有的高程系统；当小测区联测有困难时，也可采用假定高程系统。

高程控制点间的距离，一般的区应为 1～3 km，工业厂区、城镇建筑区宜小于 1 km。但一个测区及周围至少应有 3 个高程控制点。

2. 城市测量规范

城市高程控制测量分为水准测量和三角高程测量。水准测量的等级依次分为二、三、四等，当需布设一等时应另行设计。

城市首级高程控制网不应低于三等水准，而测区则视需要可选，各等级高程控制网作为首级高程控制。光电测距三角高程测量可代替四等水准测量，经纬仪三角高程测量主要用于山区的图根高程控制和山区以及位于高建筑物上平面控制点高程的测定。

城市高程控制网的布设，首级网应布设成闭合环线，加密网可布设成附合路线、结点网和闭合环，只有在特殊情况下才允许布设水准支线。

城市高程控制网布设范围应与城市平面控制网相适应。一个城市只应建立一个统一的高程系统。城市高程控制网的高程系统应采用 1985 国家高程基准或沿用 1956 黄海高程系统。

城市首级水准网等级的选择应根据城市面积的大小、城市的远景规划、水准路线的长短而定。各等水准网中最弱点的高程中误差相对于起算点不得大于±20 mm。

城市各等级平面控制点的高程在平坦地区用四等水准精度要求施测，在山区及位于高建筑物上的控制点可采用三角高程测量方法施测。

3. 全球定位系统城市测量技术规程

为了求得网点的正常高，应进行水准测量的高程联测，并应按下列要求实施：

(1)高程联测应采用不低于四等水准测量或与其精度相当的方法进行；

(2)平原地区高程联测点不宜少于5个点,并应均匀分布于网中。

(3)丘陵或山地,高程联测点应按测区地形特征,适当增加高程联测点,其点数不宜少于10个点。

(4)GPS点高程(正常高)经计算分析后符合精度要求的可供测图或一般工程测量使用。

项目小结

该项目首先讲述地籍基本平面控制测量目的、任务、原则、方法,介绍现代地籍测量坐标系的选择并举例说明;其次按照各种方法展开阐述地籍基本平面控制测量、地籍图根平面控制测量的内、外业工作思路、步骤、技术要求、作业标准等,重点讲述GPS和全站仪进行地籍基本平面控制测量、地籍图根平面控制测量的方法;最后,阐述了地籍高程控制测量的方法、步骤、作业标准、技术要求,将GPS拟合高程测量作为拓展知识,拓宽学生的知识面。

通过该项目的学习,学生应当明确如下几点:

(1)地籍平面控制测量分为基本控制和图根控制两个层次,是进行地籍细部测量之前所做的一项基本工作。它是根据界址点和地形、地籍、房产要素的精度要求,结合测区范围的大小、测区现有控制点数量和等级情况,按照控制测量的基本原则和精度要求进行技术设计、选点、埋石、野外观测、数据处理的测量工作。

地籍基本控制点包括国家各个等级的控制点,城市一、二级导线点以及相应等级的GPS控制点;地籍图根控制点包括图根导线、图根三角及GPS—RTK图根点。一般情况,城镇地区地籍控制点密度为100～200 m布设一点;郊区或建筑物稀少地区地籍控制点密度为200～400 m布设一点;农村地区地籍控制点密度为400～500 m布设一点。

(2)无论何种控制测量,都应遵循从整体到局部、由高级到低级、分级布网(可以越级布网)的原则。

(3)城镇地籍测量坐标系的选择,应以投影长度变形值不大于±2.5 cm的原则,尽量沿用测区已有的国家坐标系或城市坐标系,若条件不具备,则可根据测区地理位置和平均高程,选择独立坐标系,并与国家坐标系联测。

(4)现代地籍测量不但有平面控制测量,还应有高程控制测量。随着全站仪、GPS应用的飞速发展,现代地籍测量将成为数字城市、数字中国乃至数字地球的数据来源,是数字化、一体化、自动化、智能化、信息化测绘的基础。

(5)在测绘工作实践中,一般用GPS进行地籍基本平面控制测量,用全站仪加密一、二级导线及图根导线,用三、四等水准测量方法建立测区高程控制网,用全站仪三角高程测量或等外水准测量建立图根水准网来满足地籍测量中控制测量的要求。总之,GPS和全站仪测量是目前建立控制网最重要的手段,我们需要重点掌握。

复习思考题

1. 地籍测量包括哪两部分内容?
2. 地籍控制测量分为哪两部分?
3. 地籍控制测量的目的和特点是什么?
4. 地籍基本平面控制测量的原则和精度要求怎样?

5. 地籍平面控制点的密度如何确定？埋石点的数量如何确定？

6. 地籍平面控制测量中如何选择坐标系？

7. 地籍平面控制测量的方法有哪些？

8. 何种情况下，需进行地籍高程控制测量？

9. 绘图说明三角高程测量原理。

10. 如何进行控制网的技术设计？

11. 地籍基本平面控制测量外业和内业工作包括哪些内容？

12. GPS 控制测量同常规仪器控制测量的区别有哪些？

13. 试述全站仪导线测量的工作步骤。

项目3　地籍细部测量

项目描述

地籍细部测量是在权属调查和地籍控制测量的基础上进行的，是地籍测量工作的重要组成部分。它包括土地权属界址点及地籍要素的测定、地籍图测绘、房产图测绘和面积量算等内容。通过该项目的学习，学生应掌握地籍细部测量方法、精度指标、内业工作思路和实际工作要求，能够在现场进行地籍细部测量。

拟实现的教学目标

1. 能力目标

- 能够在现场进行土地权属界址测量工作；
- 能够进行内外业一体化地籍图、房产图的数据采集和自动绘图工作。

2. 知识目标

- 掌握地籍细部测量的内容和工作程序；
- 掌握地籍细部测量的理论、计算方法和内业工作；
- 掌握地籍图、房产图的各种成图方法、思路、内容及适应场合；
- 掌握变更地籍测量的内容、方法、步骤。

3. 素质目标

- 不断提高地籍细部测量野外实际动手能力和内业绘图能力；
- 了解航测法地籍测量的工作思路、优点与不足。

相关案例——安徽省怀远县城区地籍测量之地籍细部测量

1. 界址点测定

(1)界址点及其他地籍要素数据采集

外业数据采集根据街坊宗地关系图和实际地形条件解析法进行。在各等级控制点上采用经纬仪(或全站仪)极坐标法、角度交会、距离交会、内(外)分点法以及导线等方法采集，各界址点、地物点、地形点按照要求进行施测。测量以街坊为单位进行，使用测距仪(或全站仪)观测半测回，距离单程一次读数，用于倾斜改正的垂直角采用中丝法半测回测定。作业期间，每天应检查一次仪器的几何关系，要求 $2C<\pm24''$，指标差 $<\pm30''$。

界址点的精度指标及适应范围：街坊外围界址点及街坊内明显的界址点对邻近图根点点位误差为：±0.05 m；街坊内部隐蔽的界址点及村庄内部界址点对邻近图根点点位误差为：±0.075 m。

少数隐蔽地区可用钢尺根据实地几何关系采用直角折线、距离交会、方向交会、内外分点、垂线定点、矩形两点、矩形四点等方法得出所求点坐标。

采集的数据经计算处理后得到界址点坐标，以街坊为单位装订成界址点坐标成果表，界址点坐标值取位至厘米。

(2)绘制草图

根据街坊宗地关系图和实际地形情况以及相互位置关系，现场用白纸绘制内业工作草图。草图与外业采集数据同时进行，即每测一点，必须标注清楚其所测点号，并根据界址点和地物点走向标绘界址线和地物线。一个街坊测量完毕，草图上必须详细反映出各界址点、界址线、地形、地物的实际情况。

2. 地籍图测绘

1)分幅编号与比例尺

数字地籍图按正方形分幅方法划分图幅，绘图比例尺为1∶500。图幅的编号采用图廓西南角坐标取整50 m数码编注，纵坐标在前，横坐标在后，中间用短线连接。图名以图幅内较大的单位或知名度较高的地理名称命名，当较大的单位分布在多幅图内而又取其名称作为图名时，采用支号的形式编注，如××厂(一)，其中支号按自左向右，自上而下的顺序排列。

2)数字地籍图的成图方法

本次地籍测量，采用全野外解析数字化成图方法。根据外业采集的坐标数据，在计算机内进行数据处理，建立测区信息，按照软件要求进行地籍图的编辑，由绘图仪绘制样图，再根据样图到实地检查，发现问题及时处理，合格后再由绘图仪绘出正式的地籍图件成果。

(3)地籍图的内容

(1)地籍要素

地籍要素包括：各级行政界线、界址点、界址线、地籍号、用途、面积、坐落、单位名称、土地类别、及其他地物要素名称。

①界址点用直径0.8 mm的小圆圈表示，界址线用0.3 mm的粗红线表示；

②地籍号由街坊号和宗地号组成，街坊号注在有关街坊区域的适中位置，宗地号注在宗地内，注记宗地面积以m^2为单位，取位至0.1 m^2。

③在每个宗地号下面，按照城镇土地分类注记类别代码，注记到二级分类，注记形式为宗地号/地类号。对于住宅用地当宗地较小时，地类号可省略。

④街道名称、门牌号须注记，门牌号注在大门口处，方向应与建筑物方向一致，允许对毗邻较小的宗地跳跃注记，单位名称应注记全称，注不开时可注记含义明确的简称。

⑤两个或多个不相邻的地块为同一权属时，图上应编以不同的宗地号。

(2)地物要素

地物要素主要包括：界标物、建筑物、道路、水系、土壤植被及其他管线设施等。

(3)其他要素

主要包括：地籍图图廓、控制点点号及高程、地籍图比例尺、图名等。

3. 软件系统的选择

该项目采用南方测绘公司的CASS系列数字成图系统软件。CASS 2008地形地籍成图软件是基于AutoCAD平台开发的数据处理系统，在全国许多城市和地区具有较大的影响，广泛应用于地形成图、地籍成图、工程测量应用、空间数据建库等领域。自CASS软件推出以来，已经成为用户量最大、升级最快、服务最好的主流成图系统。该系统充分吸收了数字化成图、GIS(地理信息系统)、GPS(全球卫星定位系统)、DE(数字地球)的最新技术思想,与各种全站仪进行连接,可进行内外业一体化作业,绘制各种地形图和地籍图。其主要特色是面向GIS,其数据可与GIS共享。

由上述案例可知:地籍细部测量主要有如下几项任务,即:界址点测定、地籍图测绘和绘图软件的选择与使用等。

典型工作任务1 界址点测定

3.1.1 工作任务

(1)界址点测定是地籍细部测量的核心,其目的是:核实宗地权属界线的位置;通过界址点坐标数据计算宗地面积;为土地登记、核发土地证奠定基础;为依法管理土地提供相关信息和凭证;若采用解析法采集的界址点坐标,还可为数字地籍测量打下基础。

(2)界址点测定的任务是:设置界桩(界标)并测定其坐标;形成满足精度要求的界址点坐标数据文件、成果。

3.1.2 相关配套知识

1. 界址点

界址点又称地界点,是土地权属界线的转折点。界址点的位置,确定了宗地的地理位置、形状与面积。因此,界址点是地籍管理的重要依据。在地籍测量中,界址点是地籍图应该表示的重要内容,界址点的测定是地籍细部测量的核心,其坐标成果可用于解析法测算宗地面积并具有法律效力。

界址点坐标是在某一特定的坐标系中利用测量手段获得的一组数据,即界址点地理位置的数学表达。一旦界址点标志被人为地或自然地移动或破坏,则可用已有的界址点坐标,用测量放样的方法恢复界址点原来的位置。如把界址点坐标输入计算机,则可以方便地进行管理和规划设计。

2. 界址点测量的方法

当实地确认了界址点位置并埋设了界址点标志后,即可测量界址点坐标。界址点坐标测量方法主要有解析法、图解法、部分解析法和航测法。无论采用何种方法获得的界址点坐标,一旦履行确权手续,就成为确定土地权属主用地界址线的准确依据之一。一般界址点坐标取位至0.01 m。

(1)解析法

根据测区平面控制网,通过量边、测角计算界址点坐标或用全站仪、GPS－RTK直接采集界址点坐标的方法,称为解析法。

解析法地籍测量是按照所采集地籍要素的数据或坐标绘制地籍图或建立地籍信息系统,同时利用这些界址点的坐标,计算宗地面积。所以,这种地籍测量又属于数字地籍测量。解析法是目前界址点测量的主要方法。这种方法的优点:①每个界址点都有自己的坐标,一旦丢失或地物变化,可使界址点点位准确复原;②有了界址点坐标即可编绘任意比例尺的地籍图,且成图精度高;③有了界址点坐标使面积的计算速度快,精度高,且便于计算机管理;④从长远角度看,在经济上也是合算的。

解析法测得的界址点精度高,完全可以满足城镇地区的房地产地籍管理要求。解析法测定界址点的不足是:野外作业工作量大,生产成本高,成图周期长,如果进行大面积的地籍测量,则需要投入大量的人力、物力,但随着现代测绘技术的采用,这一问题已得到解决。

现代地籍测量数据采集,一般用全站仪或GPS-RTK测量技术,它可以直接实现界址点坐标的测定,并将坐标值存入电子手簿或仪器内存当中,到室内与计算机、绘图仪连接,绘出地籍图或建立地籍数据库。这种方法不但速度快效率高,而且便于自动化管理,是目前地籍测量的主要手段。

(2)图解法

图解法有两种:一种是传统测图方法,采用现场图解测量(如平板仪测量)直接测定界址点和其他地籍要素的平面位置,并结合宗地草图绘制成地籍图。这种方法可在图上直接量取界址点坐标。

另一种图解法是以已测得的大比例尺地形图或地籍图为基础,在图上确定界址点的位置,量取界址点坐标。

图解法的野外工作量少,生产工艺简单,速度快、成本低,适合已有大比例尺地形图或地籍图的地区,但他受地形图、地籍图的现势性和成图精度的影响较大,其图上量测的坐标和图上量算面积的精度,均取决于原图上地物点的精度。比解析法精度低。事实证明,图解法量测界址点坐标的精度,是无法满足现代地籍测量对界址点精度要求的。

(3)部分解析法

部分解析法是用解析法测绘街坊外围或街坊内部明显界址点的坐标,再用图解法测绘街坊内部宗地界址点及其他地籍要素的平面位置。经处理后,以街坊外轮廓作为控制,街坊内部以图解法测量碎部,从而绘制成地籍图。利用街坊界址点坐标计算街坊面积,而宗地面积可根据图解坐标计算或在图上直接量测。

(4)航测法

航测法是采用航测大比例尺成图技术,先外业调绘、后内业测图的方法制作大比例尺地形图或地籍图。界址点的坐标可直接从相片上量测解算,其精度一般高于图解的点位精度,而低于解析法的精度。能否达到现代地籍测量的一类界址点精度要求,还在进一步研究探索当中。

航测法适合于需要大面积地籍测量的地区。它既可以弥补图解法精度较低的不足,又克服了解析法效率较低、成本较高的缺点。

应当指出,随着多用途地籍(即现代地籍)功能的发展和测绘技术的进步,图解法将不能适应现代地籍的要求,将被逐渐淘汰,应大力推广数字地籍,努力实现现代地籍。在这方面,国家测绘主管部门要求以数字地籍为基础,为建立多用途地籍创造条件。2007年国土资源部颁发的《第二次全国土地调查技术规程》(TD/T 1014—2007)中明确规定:界址点一般要用解析法测量。

解析法是界址点坐标测定的重要方法,本工作任务将重点介绍其工作程序和计算方法。

3. 界址点坐标的精度要求

《地籍调查规程》(TD/T 1001—2012)将城镇地区的权属界址点分为两类,街坊外围界址点及街坊内明显界址点为一类,街坊内部隐蔽的界址点以及村庄内部界址点为二类。

界址点坐标的精度,可根据测区土地经济价值和界址点的重要程度来加以选择。我国地籍测量工作考虑到地域之广大和经济发展的不平衡,对界址点精度要求也应有不同的等级。

第二次全国土地测查界址点辐度要求，见表 3.1。

我们可根据大、中、小城市和城镇、农村、经济发达区或一般的区等区别对待。如果不按不同地区、不同需要而采用统一的精度指标，显然是不适宜的。

表 3.1 界址点精度指标

类　别	界址点对邻近图根点点位误差/cm		界址点间距允许误差/cm	界址点与邻近地物点关系距离允许误差/cm	适用范围
	中误差	允许误差			
一	±5	±10	±10	±10	街坊外围界址点及街坊内明显的界址点
二	±7.5	±15	±15	±15	街坊内部隐蔽的界址点及村庄内部界址点

注：界址点对邻近图根点点位误差系指用解析法测量界址点应满足的精度要求；界址点间距允许误差及界址点与邻近地物点关系距离允许误差系指各种方法测量界址点应满足的精度要求。

4. 测定界址点坐标的工作程序

解析法测定界址点坐标的工作分为准备工作、野外实测和内业整理三个阶段。

1)准备工作

进行地籍测量工作时，除了做好一般性的准备工作之外，还应充分做好界址点测定的准备工作。

(1)界址点的位置确定

界址点位置的确定一般与权属调查同时进行。地籍调查表中详细的说明了各个宗地界址点实地位置的情况，并丈量了大量的界址边长，草编了宗地号，详细地绘有宗地草图。这些资料都是进行界址点测量所必需的。

(2)界址点位置野外踏勘

界址点位的踏勘应在地籍调查人员引导下进行，实地查看界址点位置，了解各宗地的用地范围，并在参考图上(最好是现势性强的大比例尺图件)用红笔清晰地标记出界址点的位置和宗地的用地范围。如无参考图件，则要绘制踏勘草图，若宗地面积较小，可在一张图纸上描绘若干个相邻宗地，并要注意界址点的共用情况。对于面积较大的宗地要注记好四至关系和共用界址点情况。在绘好的草图上标记权属主的姓名和草编宗地号。在未定界线附近可选择若干固定的地物点或埋设参考标志。测定时按界址点坐标的精度要求测定这些点的坐标，待权属界线确定后，可据此来补测确认后的界址点坐标。这些辅助点也要在草图上标注。

(3)踏勘后的资料整理

进行地籍调查或野外踏勘时草编界址点号和制作界址点观测及面积计算草图。一般不知道地籍调查区内的界址点数量，只知道每宗地有多少界址点，其界址点编号只在本宗地内进行。因此，在地籍调查区内统一编制野外界址点观测草图，并统一编上草编界址点号。这样不但方便了外业观测记簿，而且也为内业计算带来方便。

2)野外实测

界址点坐标的测量工作可以单独进行，也可以和地籍图的测量同时进行。界址点坐标测量时应使用统一的界址点观测手簿。记录时，界址点的观测序号可以直接采用观测草图上的草编界址点号。观测使用的仪器设备有 DJ_6 级经纬仪、钢尺、测距仪、全站仪、GPS−RTK 等，这些仪器设备都应进行严格的检验。

测角时，经纬仪应尽可能照准界址点的实际位置（界址点标志），方可读数，采用精度不低于 DJ_6 级经纬仪方向观测半测回；当使用钢尺量距时，其量距长度不能超过一尺段，钢尺必须检定并对丈量结果进行尺长改正。

目前，普遍采用测距仪、全站仪来测定界址点，工作时要注意消除界址点在墙角时的目标偏心误差和测距加常数误差。

GPS－RTK 技术能够实时提供站点在指定坐标系中的三维定位结果，并达到厘米级精度。有的测区界址点分布在开阔地方，可以采用 RTK 进行界址点坐标数据采集。而在影响 GPS 卫星信号接收的遮蔽地带，还需将 GPS 与全站仪结合，二者取长补短，更好地完成界址点测量工作。

3）界址点坐标的计算及内业整理

界址点坐标的计算通常是在野外获取界址点的观测数据后，用数学公式来计算的（目前，全站仪、GPS－RTK 测量界址点可直接获得其坐标值，并自动记入全站仪、GPS 的内存或记录卡内，形成坐标数据文件）。

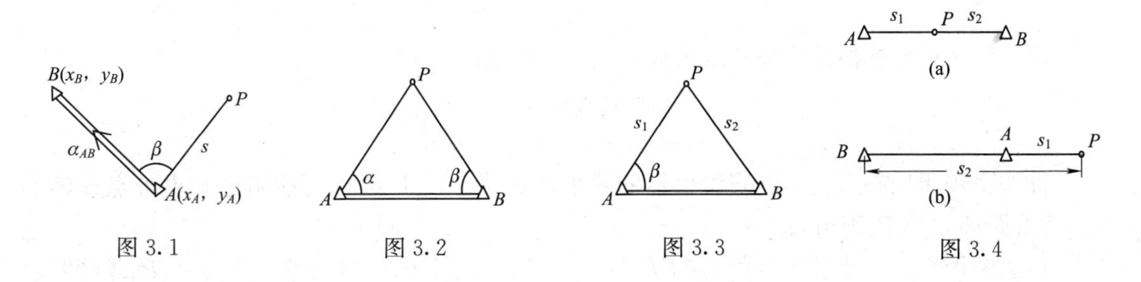

图 3.1　　图 3.2　　图 3.3　　图 3.4

（1）界址点坐标计算

已知控制点坐标 $A(x_A, y_A)$，$B(x_B, y_B)$，设界址点 P 的坐标为(x_P, y_P)，现按照不同方法来计算界址点的坐标。

①极坐标法

此法是根据测站上的一个已知方向，测出已知方向至界址点之间的角度 β 和测站点至界址点的距离 s，来确定出界址点的位置，如图 3.1 所示。

由坐标正、反算公式不难求得，

$$\left.\begin{aligned} x_P &= x_A + s\cos(\alpha_{AB} + \beta) \\ y_P &= y_A + s\sin(\alpha_{AB} + \beta) \end{aligned}\right\} \tag{3.1}$$

式中，$\alpha_{AB} = \arctan\left(\dfrac{y_B - y_A}{x_B - x_A}\right)$

此法是测定界址点最直接和最常用的方法。

②交会法

交会法又分角度交会法和距离交会法。

a. 角度交会法：是分别在两个测站上对同一界址点测量两个角度进行交会以确定界址点坐标的方法，如图 3.2 所示，其计算公式如下：

$$\left.\begin{aligned}x_P&=\frac{x_B\cot\alpha+x_A\cot\beta+y_B-y_A}{\cot\alpha+\cot\beta}\\y_P&=\frac{y_B\cot\alpha+y_A\cot\beta+x_A-x_B}{\cot\alpha+\cot\beta}\end{aligned}\right\}\tag{3.2}$$

此法适用于测站上可看见界址点方向，但测量人员无法到达或无法测量出测站点至界址点距离的情况。

b. 距离交会法：是从两已知点分别量出至未知界址点的距离，从而确定未知点坐标的方法，如图 3.3 所示。

由坐标反算可求得

$$s_{AB}=\sqrt{(x_B-x_A)^2+(y_B-y_A)^2}$$

$$\alpha_{AB}=\arctan\left(\frac{y_B-y_A}{x_B-x_A}\right)$$

由余弦定理可得

$$\beta=\cos^{-1}\left(\frac{s_1^2+s_{AB}^2-s_2^2}{2s_1 s_{AB}}\right)$$

$$\alpha_{AP}=\alpha_{AB}-\beta$$

则可利用极坐标法计算公式求出界址点 P 的坐标。

$$\left.\begin{aligned}x_P&=x_A+s_1\cos(\alpha_{AB}-\beta)\\y_P&=y_A+s_1\sin(\alpha_{AB}-\beta)\end{aligned}\right\}\tag{3.3}$$

此法适用于控制点上不能安置仪器的界址点测量。A、B 两点可能是已知界址点或辅助点，交会距离宜小于 20 m。

以上两种交会法要求交会角$\angle APB$ 在 $30°\sim150°$之间，图形顶点编号应按 A、P、B 的顺序顺时针排列，并且应有检核条件。

③内、外分点法

当界址点在两已知点的连线上时，则分别量出两已知点至界址点的距离，从而定出界址点的坐标，如图 3.4 所示。

我们考察一下极坐标法图 3.1 形可知，当 $\beta=0°$，且 $s_2<S_{AB}$时，得内分点图形；当 $\beta=180°$，时得外分点图形。内、外分点坐标计算公式可用(3.1)式算出。

由公式中可看出，P 点坐标与 s_2 无关，但要求作业人员量出 s_2 以供检核之用。

该法适用于界址点坐标在测站上无法直接测定，而已知两点与未知界址点在同一线上的情况。

综上所述，界址点坐标的计算，其根本思路是极坐标法，对此应有足够的重视。

(2)内业整理

界址点外业观测结束后，应及时地计算出界址点的坐标，并反算相邻界址点边长，填入界址点误差表中，按照坐标计算、野外勘丈、野外观测的顺序检查，发现错误，及时改正。当一宗地的所有边长都在限差之内时才可进行面积计算。当一个地籍调查区(一个街坊或一个乡)内的所有界址点坐标(包括图解的界址点坐标)都经检查合格时，按界址点的编号方法统一编号，并计算全部宗地的面积，然后，将界址点坐标和面积分别填入标准的表格，整理装订成册。

知识拓展

1. 全站仪数据采集

目前较为流行的作业方法是全站仪数据采集界址点坐标。利用全站仪数字采集功能和存储管理模式进行数字地籍测量，获得界址点的坐标数据文件，在室内利用成图软件绘制地籍图、宗地图和房产图。也可以直接与掌上测图精灵（或测绘通）连接，在野外采集并成图，再在室内进行编辑。还可以在野外与笔记本电脑相连（作电子平板）直接成图。

全站仪数字化测图的关键是在野外进行数据采集。现在生产厂家的全站仪大都可将测量数据存储在内存中，形成测量坐标数据文件，与计算机通信后，借助数字化成图软件，实现内外业成图一体化作业。全站仪内存越来越大，被采集的数据存储于测量数据文件中，测点数目可达到几万个。

(1)全站仪数据采集操作过程如下：测站安置仪器——打开电源——进入程序测量界面——数据采集菜单——建立作业文件——设置测站——设置后视——照准校核——开始（或前视/侧视测量）进行数据采集。

(2)全站仪数据采集的原理：首先要建立作业名（或工程文件名），用来保存采集数据。数据采集在程序菜单模式下分三步进行。第一步设置测站点信息，包括输入测站点名，测站点的三维坐标，仪器高；第二步设置后视点信息，包括输入后视点名，测站点至后视点的方位角（或后视点的三维坐标），觇标高；第三步，照准后视点进行定向校核并开始细部点的数据采集工作。

2. RTK 数据采集

GPS 定位技术在测绘领域已得到非常广泛的应用。近年来推出的载波相位差分技术，即称 RTK 实时动态定位技术，它包括以下三部分：基准站接收机；移动站接收机；数据链。基准站接收机设在具有已知坐标（地势较高也可无已知坐标。）的参考点上，连续接收所有可视 GPS 卫星信号，并将测站的坐标、观测值、卫星跟踪状态及接收机工作状态通过数据链发送出去。移动站接收机在跟踪 GPS 卫星信号的同时接收来自基准站的数据，通过(OnTheFly)算法快速求解载波相位整周模糊度，通过相对定位模型获取移动站点相对于基准站点的坐标和精度指标。

在 RTK 作业模式下，基准站通过数据链将其观测值和测站坐标信息一起传送给流动站。流动站不仅通过数据链接收来自基准站的数据，还要采集 GPS 观测数据，并在系统内组成差分观测值进行实时处理，同时给出厘米级定位结果。只要能保持四颗以上卫星相位观测值的跟踪和必要的几何图形，流动站便可随时给出定位结果。

采用 RTK 技术进行地籍细部测量时，仅需一人背着 GPS 接收机在待测点上观测一、二秒钟即可求得测点坐标，通过电子手簿记录及配画草图，借助大比例尺数字测图软件输出所测的地形图、地籍图和房产图等。采用 RTK 技术进行采集数据时，无需测站与待测点间通视，便可完成采集工作，可以大大提高工作效率。

由于界址点分布的不确定性以及 RTK 技术工作条件的限制，有的地方信号被遮蔽，界址点不能够直接由 RTK 测得，这时，应考虑 RTK 与全站仪或支距测量相结合的方法。具体操作如下：

(1)在 RTK 测量条件符合的地方，测定两个以上的点位作图根控制点，点位的选择为便于下一步测量界址点而定。

(2)用勘丈方法或全站仪测量界址点坐标。勘丈方法有钢尺距离交会及经纬仪前方交会等;用全站仪测量界址点时,应检核 RTK 两点位(设站点与定向点)之间的距离是否满足测量界址点的精度要求。

相关规范、规程与标准

1. 第二次全国土地调查技术规程

界址点测量:一般采用解析法,界址点精度及适用范围见表 3.1。

对分割的宗地,分割点在原界址线上时,可分别测量申请者埋设的界标距两界址点的距离后,计算分割点坐标;或按分段长度,展绘分割点于图上。

分割点在宗地内部时,依申请者埋设的分割界桩测量分割点的坐标,或根据与相关地物的距离关系确定分割点位。

2. 地籍测量规范

界址点的精度分三级。一、二、三级界址点相对于邻近控制点点位误差和相邻界址点间的间距中误差分别为:一级±0.05 m;二级±0.10 m;三级±0.15 m。等级的选用应根据土地价值、开发利用程度和规划的长远需要而定。间距未超过 50 m 的界址点间的间距误差限差不应超过 $\Delta D=\pm(m_j+0.02m_j\times D)$(式中,$m_j$——相应等级界址点规定的点位中误差,m;$D$——相邻界址点间距,m;$\Delta D$——界址点坐标计算的边长与实量边长较差的限差,m)。

建筑物角点的精度,需要测定建筑物角点坐标时,建筑物角点坐标的精度等级和限差执行与界址点相同的标准;不需要测定建筑物角点坐标时,应将建筑物按地籍图的精度要求表示于地籍图上。

3. 城市测量规范

地籍要素测量可采用下列方法:解析法和部分解析法。

界址点测定精度要求分两级,同《地籍测量规范》中的一、二级界址点精度要求。

4. 城镇地籍调查规程

界址点精度及适用范围见表 3.1,同《第二次全国土地调查技术规程》。

典型工作任务 2 地籍图测绘

3.2.1 工作任务

(1)地籍图测绘的目的是:用图的形式来表达地籍信息,提供直观、准确、完整的地形、地籍要素资料,为核实宗地权属界线的位置提供依据;为土地登记、核发土地证奠定基础;为依法管理土地提供相关信息和凭证;若采用数字化成图,则可为现代地籍打下基础。

(2)地籍图测绘的任务是:完成分幅地籍图的测绘和宗地图的制作,为建立土地档案和地籍信息系统以及进行地籍变更测量提供基础资料。现代地籍图的测绘任务中还应包括地形图、房产图的测绘,实现"三图并出",由此建立地籍管理信息系统。

3.2.2 相关配套知识

1. 地籍图的概念及精度要求

1)地籍图的概念

所谓地籍图是按照特定的投影方法、比例关系和专用符号把地籍要素及其有关的地形要素绘制成图，是地籍的基础资料之一。

地籍图是表示土地及其附着物的权属、界线、位置、形状、面积、质量(等级)、利用现状等以权属为主要内容的综合图，它是进行土地登记、土地统计的主要依据。地籍图与土地登记、土地统计薄册等构成地籍管理的主要文件，具有法律效力。

(1)现代地籍图与地形图的关系

人们对地形图比较熟悉，而现代地籍图与地形图二者有什么关系呢？在这里分析其区别和联系。

①区别

首先，二者的用途不同，地形图是国家基本图，广泛用于国防、工程设计、国民经济建设；而现代地籍图表现为地形图、分幅地籍、宗地图和房产图等综合图，不仅有地形图的各项功能，而且还可用于土地管理、房产管理；是行使国家对土地的行政职能，处理房地产纠纷的具有法律效力的文件，可用来分析土地利用。合理配置土地，是国家土地信息库的重要资料来源。总之，现代地籍图较之地形图的用途越来越广泛。

其次，二者表示的内容不同。地形图突出地形要素；现代地籍图不仅表示地形图的内容，而且更重要的是表示地籍要素和房产要素。

再有，二者作业过程不同。地形图的作业过程表现为：领取任务→技术设计→地形测量→测绘管理信息系统；而现代地籍图作业过程表现为：领取任务→技术设计→权属调查→地形、地籍、房产要素测量→面积量算→地籍管理信息系统。由作业过程可见，现代地籍测量对社会的涉及面比地形测量要广得多，不仅包括地形测量作业、技能，还包括土地政策、法律法规，涉及社会成员的切身利益(如房产、财产、民事纠纷等)。

②联系

现代地籍图测绘是在数字地形图基础上增加了地籍要素、房产要素测量的综合测量工作。在土地信息系统中可将地形要素、地藉要素、房产要素分层管理、分类出图，实现“三图并出”，达到现代地籍测量成果一测多用、提高效益、节约经费的效果。与地形图相比，地籍图所反映的信息量更大，而且具有法律效力。例如，同是一栋房屋，在地形图上只反映其位置、形状，而在地籍图上除了反映其位置与形状之外，还必须反映出其产权类别、建筑结构、利用类型、面积等信息。

(2)现代地籍测量的工序流程

一般来说，现代地籍测量主要工序是：权属调查——数字地籍测量——建立土地信息系统。20 世纪 90 年代初期进行的地籍测量工作，表现为工序混乱，返工频繁，工作效率低。当前进行的全国第二次土地调查中同样也存在此问题。在工作实践中，作业人员缺乏“下一道工序即用户”的思想理念，经常出现“没有确认、核实界址点是否符合实际情况”，草率标界，出现了不少漏点、指界错、界址点重标问题，为赶工期，开始了大量的外业测量、内业计算、成查整理工作，结果使两相邻界址点连线在图面上出现了本来是一个整体建筑却被划去一半；本来属于一个宗地内的地物，在图上却分占到两个宗地内；还有铁路、公路、大坝、河槽、围墙等线性地物被这样那样划错的情况，导致整个地籍测量内、外业大量返工现象。如果在界址点数据采集之前对权属调查的每一宗地界址点实地位置进行核实，在内业面积计算、成果整理之前检查、判定界址点坐标的正确性，严格工序管理，明确各工序间关系，绝不让错误成果转入下一道工序中，则可避免提交成果的错误和返工现象的发生。因此，在权属调查中，界址点核实应严格做到"四清""四到"。"四清"即为：图上标绘清、宗宗清、街坊清、天天清；"四到"为：问到、写到、量到、绘到。这样才能确保指界、确权无误，做到不漏点、不漏宗。在数字地籍测量中，所采集的界址点要对照宗地草图严格检查，直到每一个界址点正确无误后，再进行内业计算、资料整理工作。这样才能提交出"用户满意的产品"，进而为建立土地信息系统打下良好的基础。下面将现代地籍测量工序流程归纳如图 3.5 所示。

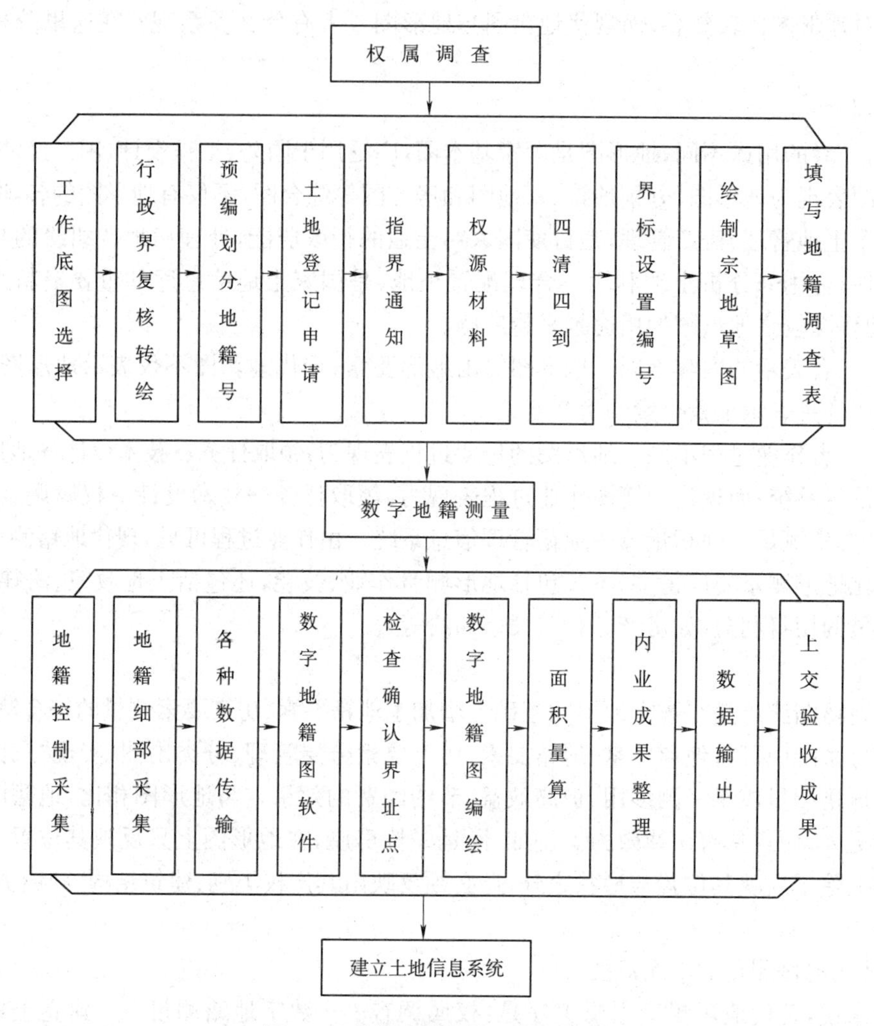

图 3.5　现代地籍测量工序流程图

2)地籍图的精度

地籍测量的主要成果是地籍图、界址点坐标册和地籍测量外业调查表。其中，地籍图和界址点坐标都是外业实测成果，都涉及精度问题。若界址点坐标是在测图时与其他碎部点同精度测定，或者，界址点坐标是由地籍图上量取得到，则地籍图的成图精度也就与界址点精度相一致；若界址点坐标采用单独现场实测的方法（如采用较精密的仪器，测距仪或全站仪、GPS－RTK等专门测量）获得，则地籍图的成图精度与界址点坐标的精度应分属两个不同的指标。

从建立多用途地籍来考虑，各种用途所要求的精度水平不尽一致，城镇与农村的差异也较大，故地籍图的精度应根据需要和可能来统筹考虑。从实践中收集到的测图标准和地形图的检测资料来看，地形图上地物点平面位置精度大都在图上0.5～0.6 mm之间。

随着数字化成图技术的发展，“数字地籍”已成为今后地籍测量的主流。地籍图的精度应符合如下规定：

1）地籍原图的基本精度

①按野外测量数据展绘地籍原图时，图上相邻界址点间距、界址点与邻近地物点的间距中误差不应大于图上±0.3 mm。

②宗地内部与界址边不相邻的地物点，相对于邻近图根点的点位中误差不应大于图上±0.5 mm；邻近地物点的间距中误差不应大于图上±0.4 mm。

2）地籍图绘制精度

①地籍原图内图廓长度绘制误差不得大于0.2 mm；内图廓对角线长度误差不得大于0.3 mm；

②图廓点、控制点和坐标网的展点误差不得大于0.1 mm；图上其他解析坐标点的展点误差不得大于图上0.2 mm。

③着墨二底图的所有解析坐标点都要依据其坐标值在图上展绘，展点限差同地籍原图；其他图形点位和线条不得明显偏离底线。

2. 地籍图的种类与比例尺

1）地籍图的种类

地籍图既要准确、完整地表示基本的地籍要素，又要使图面简明清晰，便于增补新的内容，加工成用户所需的各种专用图。因此，地籍图的种类很多。按表示的内容可分为基本地籍图和专题地籍图；按城乡地域的差别可分为农村地籍图和城镇地籍图；按图的表达方式可分为模拟地籍图和数字地藉图；按用途可分为税收地籍图、产权地籍图和多用途地籍图。

我国目前测绘制作的地籍图主要有：城镇分幅地籍图、宗地图、农村居民地地籍图、土地利用现状图和土地所有权属图等。

2）地籍图的比例尺

地籍图需要准确的表示土地权属界址及土地上附着物的细部位置，为地籍管理提供基础资料，故地籍图一般应选用大比例尺进行成图。

（1）地籍图比例尺的选择

地籍图比例尺的选择应满足地籍管理的不同需要，根据经济实用、符合精度、满足发展要求等原则来选择。

①根据繁华程度和土地价值选择

就土地经济而言，地域的繁华程度与土地价值是相关的，对于土地价值高的城市土地，地籍图对宗地的情况及地物要素的表示要求更详细、准确，就必须选择大比例尺测图；反之，可以粗略些，亦即比例尺可小一些。例如，农村地区地籍图比例尺一般就比城市地籍图的比例尺小。

②根据建筑物密度和细部测量详细程度选择

一般来说，建筑物密度大，其比例尺可大些，反之建筑物密度小的地方，比例尺可小些。另外，表示地物细部的详细程度与比例尺有关，比例尺越大，房屋的细微变化可表示得更加清楚。如果比例尺小了，细小的部分无法表示，要么省略，要么综合，这就影响到房屋占地面积量算的准确性。

③根据地籍图的测量方法选择

当采用全野外数字地籍测量方法测绘地籍图时，界址点及其他地籍要素的精度与比例尺无关，精度较高，面积精度也高，在不影响土地权属管理的前提下，比例尺可适当小一些。当采用传统的模拟法测绘地籍图(如平板仪测图)时，比例尺则相应取较大一些。

即使在同一地区，也可视具体情况和需要采用不同的比例尺，使地籍图比例尺的选择具有一定的灵活性，以满足地籍图的使用价值。

(2)我国地籍图的比例尺系列

根据我国的国情，我国地籍图比例尺系列一般规定为：城镇地区(指大、中、小城市及建制镇以上地区)地籍图的比例尺可选用 1∶5 001∶1 000 和 1∶2 000；农村地区(含建制镇以下的农村集镇)地籍图的比例尺选用 1∶5 000 或 1∶10 000。

农村居民点住宅区可测绘农村居民点地籍图。其测图比例尺可选用 1∶1 000 或 1∶2 000。农村居民点地籍图是农村地区地籍图的附图，是其不可缺少的组成部分，是农村地籍图的补充和加细。

(3)地籍图的分幅与编号

地籍图的分幅与编号与相应比例尺地形图的分幅与编号方法相同。

1∶5 000、1∶10 000 比例尺地籍图应按国际分幅法划分图幅编号。其图幅大小及编号按有关规定执行。

1∶500、1∶1 000、1∶2 000 比例尺地籍图采用矩形或正方形分幅方法划分图幅。采用矩形分幅时，图幅面积为 40 cm×50 cm；采用正方形分幅时，图幅面积为 50 cm×50 cm。图幅编号按图廓西南角的坐标公里数编号，x 坐标在前，y 坐标在后，中间用短横线连接。

例如，当 1∶500、1∶1 000、1∶2 000 比例尺地籍图采用正方形分幅方法划分图幅时，图幅大小均为 50 cm×50 cm，如图 3.6 所示。

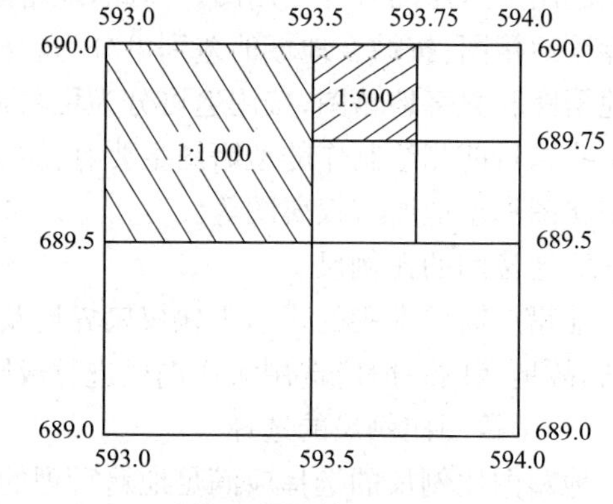

图 3.6　地籍图的分幅

1∶2 000 比例尺地籍图的图幅编号为：689.0～593.0；

1∶1 000 比例尺地籍图的图幅编号为：689.5～593.0；

1∶500 比例尺地籍图的图幅编号为：689.75～593.50。

比例尺为 1∶500 的地籍图，图幅号的坐标值取至 0.01 km；比例尺为 1∶1 000、1∶2 000 的地籍图，图幅号的坐标值取至 0.1 km。

当测区较小时，为了减少破幅数目，也可采用任意分幅与编号。

3. 地籍图的内容

地籍图的内容很多，所包含的信息量很大，可将地籍图上的信息归纳为地籍要素和地形要素以及其他要素三部分。为了便于阅读和使用，地籍图通常采用双色图，用红色表示地籍要素及其编号、注记，其余均采用黑色表示。

(1)地籍要素

它是地籍图的主要内容，一般包括：

①各级行政境界——是指省、市、县、区至乡、村等各级行政区域管辖范围的界线。地籍图

上各级行政境界即为行政单位的权属界线，应调查核准后在图上详尽表示。农村地区标定到乡（镇）或村级，城镇地区标定到街道或街坊级。不同等级的行政境界相重合时，只表示高级行政境界，境界线在拐角处不得间断，应在转角处绘出点或线。

②土地权属界——是指厂矿、企事业单位、机关团体、农村集体经济组织及个人等用地权属范围界线。通常是以线状地物（如围墙、道路、河沟等）作为土地权属界。若无线状地物作权属界线时（即权属界线在空地通过），则应准确测定权属界线转折点（界址点）的位置，相邻界址点的连线即为权属界线。权属界线核准后，应在图上详尽示出。它是地籍图的重要内容，必须准确绘出。当权属界线与线状地物重合时，则用双色重叠表示。当界址线与行政境界、地籍区（街道）界或地籍子区（街坊）界重合时，应结合线状地物符号突出表示界址线，行政界线可移位表示。

③界址点及其编号——全部界址点编号后，按规定图式在地籍图上准确地标定界址点位置和编号。

④土地编号（地籍号）注记——包括地籍区（街道）编号或地籍子区（街坊）编号、宗地号、房屋栋号，分别用数字注记在所属范围内的适中位置，当被图幅分割时应分别进行注记。如宗地面积过小注记不下时，允许移位注记在宗地外空白处并以指示线标明所注宗地。

⑤宗地坐落——由行政区名、街道名（或地名）及门牌号组成。门牌号除在街道首尾及拐弯处注记外，其余可跳号注记。

⑥土地利用类别——将调查确定的土地利用分类，在地籍图上按规定的符号表示出来。通常城镇地区按城镇土地利用一级分类的图式符号，在宗地号下面加注分类符号；农村主要是按农村土地利用现状二级分类的图式符号在地块内的地块号下面加注分类符号。

⑦土地权属主名称——可视图面负载情况，有选择地注记权属主名称（例如大的商业、工厂、学校、机关等）。农村必须在该宗地内注记村民委员会的名称。

⑧土地等级——将调查确定的土地等级，在地籍图上按规定符号在相应宗地号（或地块号）后面注记土地级别代码。

⑨宗地面积——可在宗地号后加注宗地面积值，通常城市以平方米为单位，农村以亩为单位。

⑩房产情况——在地籍图上按幢用相应的图式符号表示出房屋的结构、层数、产权类别、门牌号等房产要素（视具体情况选注）。

(2)地形要素

地籍图上除地籍要素外，还要表示与地籍要素相关的地形要素（自然地形和人工地形）。主要包括房屋和构筑物、道路、水系、垣栅以及地理名称、测量标志点等。

①作为界标物的地物，如围墙、道路、房屋边线及各类垣栅等均应表示。

②房屋及其附属设施：房屋以外墙勒脚以上外围轮廓为准，正确表示占地状况，并注记房屋层数与建筑结构。装饰性或加固性的柱、垛、墙等不表示；临时性或已破坏的房屋不表示；墙体凸凹小于图上 0.4 mm 不表示；落地阳台、有柱走廊及雨篷、与房屋相连的大面积台阶和室外楼梯等均应表示。

③工矿企业露天构筑物、固定粮仓、公共设施、广场、空地等绘出其用地范围界线，内置相应符号。

④铁路、公路及其主要附属设施，如站台、桥梁、大的涵洞和隧道的出入口应表示，铁路路轨密集时可适当取舍。

⑤建成区内街道两旁以宗地界址线为边线,道牙线可取舍。单位内部道路一般可不测,但大单位内主要道路应适当表示。

⑥城镇街巷均应表示。

⑦塔、亭、碑、像、楼等独立地物应择要表示,图上占地面积大于符号尺寸时应绘出用地范围线,内置相应符号或注记。公园内一般的碑、亭、塔等可不表示。

⑧电力线、通信线及一般架空管线不表示,但占地面积较大的高压线及其塔位应表示。

⑨地下管线、地下室一般不表示,但大面积的地下商场、地下停车场及与他项权利有关的地下建筑应表示。

⑩大面积绿化地、街心公园、园地等应表示。零星植被、街旁行树、街心小绿地及单位内小绿地等可不表示。

⑪河流、水库及其主要附属设施如堤、坝等应表示。

⑫平坦地区不表示地貌,起伏变化较大地区应适当注记高程点。

⑬地理名称注记。

(3)其他要素

①图廓线、坐标格网线及坐标注记。

②埋石的各级控制点位的展绘及点名或点号注记。

③地籍图的测图比例尺、图名等注记。

地籍图上应表示的,属性信息可通过实地调查得到,如地类编号、土地等级、土地质量、地籍编号、街道名称、单位名称、门牌号、河流、湖泊名称等,而图形信息则要通过测量得到,如界址点坐标、行政界线、地籍、地形、房产要素位置等。

城镇地籍样图如图 3.7 所示,农村地籍样图如图 3.8 所示。

4. 分幅地籍图的测绘

分幅地籍图(或称基本地籍图)是地籍图件的一种。与地形图的成图方法基本相同,不同之处在于地籍图的成图精度要求较高,内容更丰富,信息量更大。多用途地籍图,也要测量高程。

按照测量方法的不同,分幅地籍图成图方法主要有:图解法(包括白纸测图、编绘成图、已有图形数字化成图),部分解析法(装绘法成图)、解析法(内外业一体化成图或全野外数字测图)和航测法等。

1)图解法

图解法测图有三种情况。一种是在现场直接进行地籍测量,把界址点和其他地籍要素的位置测绘于图上。如用平板仪测地籍图、经纬仪测绘法等,称白纸测图。另一种方法是用大于(或等于)地籍图比例尺的地形图,经过图纸变形误差的处理后,将实际勘丈的地籍要素展绘或编绘到地形图上,经检验合格后,绘制成地籍图,称编绘地籍图。按相关规定,编绘法仅在条件暂不具备的个别地区使用。以上些方法的直接成果是地籍图,并非坐标数据。还有一种方法是将已有大比例尺地形图进行数字化后,在计算机上直接编绘地籍图。随着测图技术的不断提高,图解法测图中的白纸测图和编绘法成图使用得越来越少,逐渐被数字地籍测量(包括已有图形数字化、全野外解析法数字化、航测数字化)成图所代替。

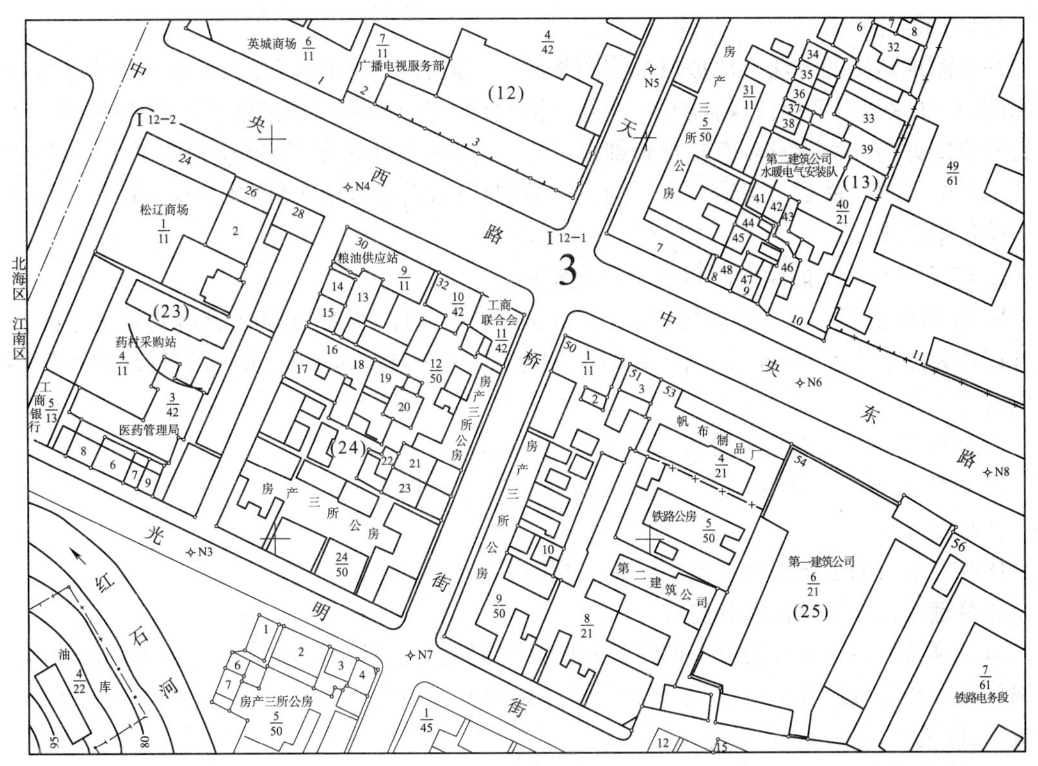

图 3.7　城镇地籍样图

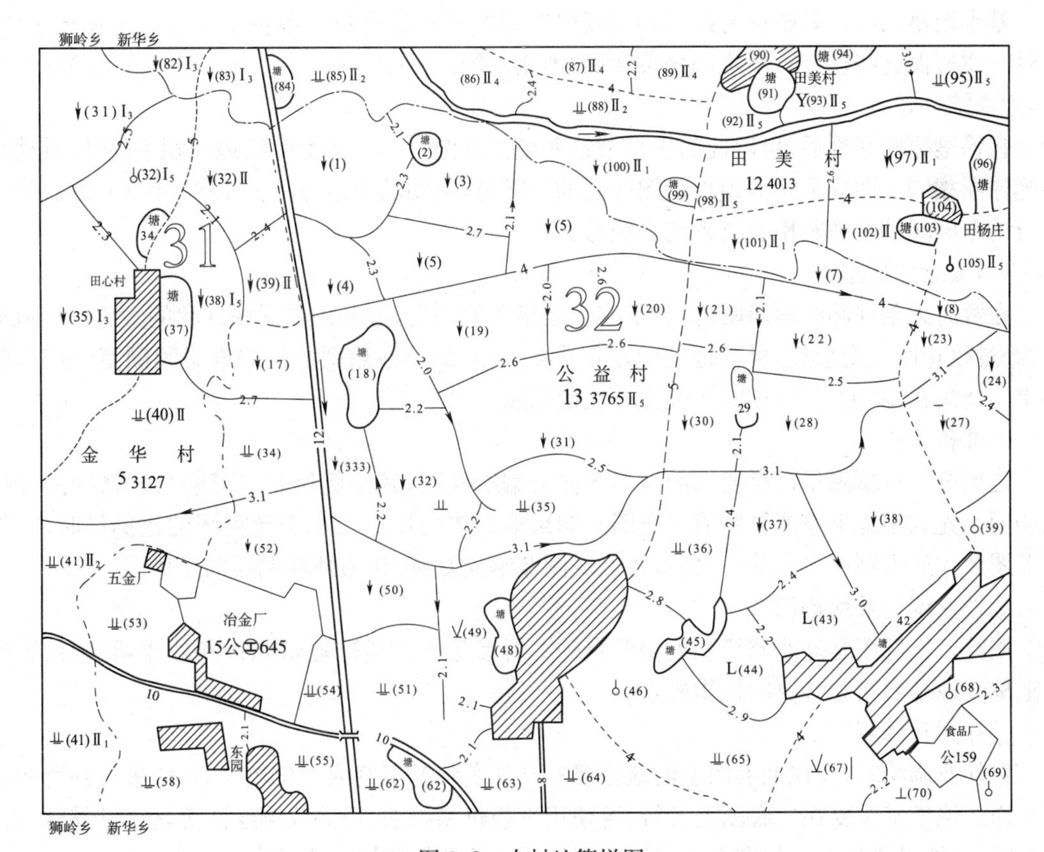

图 3.8　农村地籍样图

(1)白纸测图

白纸测地籍图的方法与地形白纸测图相同。一般有:大平板仪测图、经纬仪与小平板仪联合测图、水准仪与小平板仪联合测图、经纬仪测绘法、光电测距仪测绘法等。这些测图方法是在野外测定方向,勘丈距离,直接把碎部点(界址点或其他地籍要素)展绘到图纸上,以确定其在图纸上的位置。最后与宗地草图上勘丈的数据校核,若符合要求,即作为地籍图的内容。

①技术要求

a. 碎部点距测站的距离不得超过一定距离。

b. 碎部点精度要求按相关规程规定,相邻界址点间距、界址点与邻近地物点关系距离的允许误差为图上±0.3 mm,宗地内部地物点的点位允许误差为±0.5 mm,邻近地物点间距允许误差为±0.4 mm。

c. 平板仪的对点误差不得超过图上 0.05 mm。

d. 以较远的一点定向,定向长度不应小于图上 6 cm。

②作业方法

作业方法与测量学中地形测图的方法相同。

③铅笔地籍原图的检查和整饰

地籍原图的检查主要是图面的审查和野外巡视检查。检查的内容主要是各行政界线、地籍编号、宗地界址点、界址线、街道名称以及宗地内的编码和地类等。对于主要地物,如必要的建筑物、构筑物、河流等,也应进行检查。

除上述的检查内容外,还要检查宗地界址点间的距离与草图上的相应距离是否相符。

基本地籍图原图的整饰要按照相关规程中图式的规定进行。各种图式、符号、注记字体、线号一律遵循这些规定。不足部分可参照《地籍图图式》(CH 5003—1994)等规范中的规定执行,力求统一。

在铅笔原图整饰后,可以此为根据蒙绘着墨二底图。二底图上除宗地面积不注外,其他与铅笔原图相同。图 3.7 是城镇地籍图样图的一部分,该图的土地分类为 1989 年 9 月 6 日发布试行的全国城镇土地利用分类系统二级分类。

(2)编绘地籍图

在暂时无条件测绘地籍图时,为了满足地籍图的需要,可利用能反映现状的大比例尺地形图,经过改正图纸变形后,再实地进行外业补测工作,编绘地籍图。但精度必须满足《规程》的要求。此法在 20 世纪 80～90 年代曾一度使用过。

①准备工作

选用符合地籍测量精度要求的地形图作为编绘底图,其比例尺要尽可能与地籍图的比例尺相同。先利用地形原图复制成二底图。如果地形图的比例尺小于地籍图的比例尺时,应将地形图放大后再制成二底图。之后,将二底图蓝晒或复制,作为外业调绘的工作图。

②外业调绘及地籍调查

调绘工作底图是外业调绘和地籍调查的主要参考图。通过地籍调查和外业调绘,在工作图上标注地籍要素和必要的地物要素。

③补测和修测

在外业调绘时,发现地形图上的地籍要素与现实状况不符或变化较大时,应进行补测和修测工作。该项工作要在二底图上进行,可使用平板仪测绘法、经纬仪测绘法等,也可用解析法。必要时,可增设测站点。用交会法或以重要地物的位置标定测点也可。

补测的主要内容有界址点、权属界线以及与权属界址相关的线状地物。对于必要的地物，凡属原图上没有表示或变化了的均应补测。补测的界址点、地物点，其相邻间距的中误差不得大于图上 0.5 mm。

④调绘成果的转绘

除在二底图上补测的内容外，还要将调绘成果转绘到二底图上，如地籍要素的编号、属性、宗地名称等。经检查、整饰后，作为地籍图的工作底图。

⑤蒙绘地籍图

将绘图薄膜蒙在工作底图上，透绘地籍要素和必要的地物要素，舍去地形图上不必要的信息，经清绘整饰，便成为基本地籍图。这种方法现在已较少使用。

(3)对已有地形(地籍)图数字化成图

若对已有的满足精度要求的大比例尺地形(地籍)图进行数字化，结合外业调绘、补测的地籍、地形要素成果，输入计算机，按照地籍图的成图要求，从图形库中提取地籍图所需要的地形要素与界址线进行复合，再加以必要的地籍要素，便可由计算机数据处理及成图软件，采用人机对话进行编辑处理，最后，可以得到所需要的数字地籍图，其作业流程如图 3.9 所示。

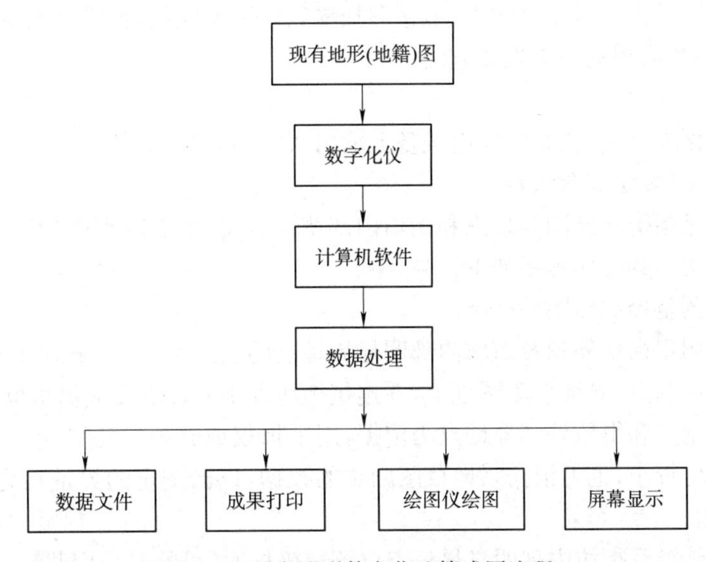

图 3.9　原有图形数字化地籍成图流程

利用地形(地籍)图数字化编制数字地籍图，是建立数字地籍的重要方法和内容之一。此法是对现有图件实现从图形到数字，再从数字还原成图形的转换过程。这个转换过程是由计算机软件控制来完成的，此法编制数字地籍图有以下四个主要过程。

①编辑准备

这一阶段主要根据数字地籍图的要求，对现有地形(地籍)图及有关资料进行收集、整理和分析评价，确定要选取的要素和要补测、更新的内容，同时设计地籍图内容及各要素的属性码等。

②数字化阶段(包括手扶跟踪数字化和扫描数字化两大类图数转换方法)

数字化即将图形转换为数字，对现有地形(地籍)图上所需的要素进行数字化，便于计算机的存储、识别和处理。其数字化操作如下(以手扶跟踪数字化仪为例)：

a. 将数字化仪、计算机、显示器和打印机等按规定方式连接好。

b. 将待数字化的原图固定于数字化板面有效工作范围内。

c. 启动数字化程序。

d. 输入原图比例尺，对图廓点或控制点进行数字化，求取坐标转换系数和图纸变形改正系数。

e. 对各类要素的特征点进行数字化并输入相应属性及拓扑关系信息。

f. 建立数据文件。

③进行数据处理、图形编辑，建立绘图数据文件

这些工作包括数据的预处理；图形的显示(即为了便于操作者了解数字化进程，及时发现和纠正错误)；图形的编辑(包括图形中点、线的修改、删除与添加)；属性数据的输入、修改，拓扑关系的生成，文字符号注记的处理，最后建立绘图数据文件。

对于扫描数字化仪简称扫描仪，它可以将图形、图像(如线划地形图、黑白或彩色的遥感和航测相片等)快速、高精度地进行扫描数字化后输入计算机，经图像处理软件分析和人机交互编辑后，生成可供使用的图形数据。相对于手扶数字化仪来说，扫描仪的优势在于数字化的自动化程度高、操作人员的劳动强度小、在同等图纸条件下数字化的精度高。因此，随着社会生产实践对数字地图的需求量越来越大，地籍图扫描软件更加成熟，扫描仪将逐步取代手扶数字化仪，成为数字地籍成图的一项重要方法。

④图件和成果输出

建立绘图数据文件后，从图形输出设备上输出所需图形及成果。

2)部分解析法(装绘成图法)

部分解析法是指街坊外围界址点和街坊内部明显界址点的坐标用解析法测定，其他地籍要素用图解法勘丈。其工作程序如下：

①建立基本测量控制和图根控制。

②用解析法测定街坊外围及街坊内部明显界址点的坐标。

③展绘测量控制点、界址点于图纸上，并连接街坊外围界址点而成街坊范围图。

④以测量控制点和街坊外围界址点为依据，用平板仪或其他方法测绘街坊内各宗地的地籍要素。如果街坊较小，也可根据宗地草图勘丈的数据，以已测定的界址点为控制，装绘在街坊内，以成地籍图。

面积很小且外围及街坊内部明显界址点已测得坐标时，可临时采用此法。

3)解析法

在野外测量角度和距离然后输入计算机而解算的界址点、地籍、地形要素、房产要素等点的坐标或用全站仪、GPS－RTK 等自动采集设备直接采集点坐标的方法都为解析法。

(1)施测程序

①在地籍基本控制测量的基础上进行图根控制测量。

②以图根点为依据测量界址点的坐标及地物的位置。

③将采集到的数据传入计算机中，由成图软件根据坐标数据展绘各级控制点及解析界址点、地籍、地形要素、房产要素等点位，绘制宗地权属界线图，进而成数字地籍原图。

④如采用全站仪、GPS－RTK 等数字化测图设备，则可直接在野外测出地籍要素、地物要素的坐标，而实现内外业成图一体化作业。解析法成图作业流程如图 3.10 所示。

由图 3.10 可看出，当选用经纬仪加钢尺，或选用测距仪获取观测数据时，必须通过手工操作将观测值输入计算机；若采用全站仪或 GPS－RTK 测量，则可自动传到计算机上，实

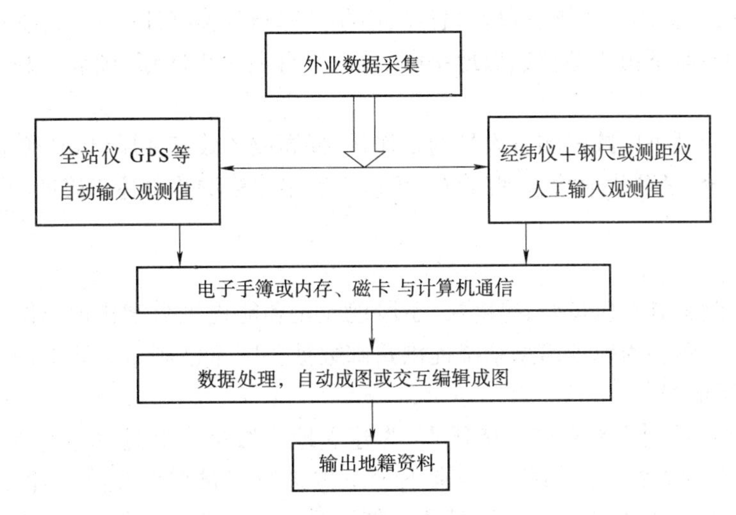

图 3.10　解析法成图作业流程

现内外业成图一体化作业。相比之下，前者容易造成人为的差错，必须加以检核。目前，我国大多数测绘单位都备有全站仪、GPS－RTK，应充分发挥仪器的潜力，使之成为数字化成图中采集数据的有效工具。没有全站仪或 GPS－RTK 的单位，应尽量利用现有的仪器设备进行数字化成图。

(2)机助成图系统

全野外解析法成图属于数字地籍测量机助成图中的一种。

而机助成图系统或称数字地籍成图系统，它是利用野外采集、室内数字化仪采集或航片上采集的数据，通过计算机的数据传输、存储、处理和图形处理等过程，然后用绘图仪绘出地籍图。

①测点的编码问题

全站仪或 GPS－RTK 野外测量，采集的观测点数据应具备三类信息，一是测点的三维坐标，用以确定测点位置；二是测点的连接关系，用以连接相关点成一地物；三是测点的属性，用以表示测点地物类别。对于最后一个问题，必须设计一套完整的地物编码来代替地物的名称和代表相应的图式符号，以使计算机根据编码自动识别和调用图式库中的符号绘图。

关于编码方式，不同的测图系统软件可能采用不同的编码方式，但应符合地籍图图式分类和绘图规则，有利于计算机对数据、图形文件的处理，且要便于操作和记忆，符合测量习惯，尽量减少跑尺工作量。

②野外草图的绘制

由于目前测点的编码方式尚未统一，还有待完善。为了保证地籍图的正确性，应在野外施测细部点的同时，绘制地物草图，以满足室内地籍图成图的要求。草图上点的编号应与观测点的编号相一致，便于对照使用，交互成图。

③计算机处理

野外测量获得的细部点(界址点、地物点)的观测值输入计算机后，并不能马上实现机助成图，还必须通过事先编制好的应用软件，对数据进行处理，使这些数据变成由计算机支配的若干数据文件。

通常机助成图的应用软件有如下功能：碎部测量数据处理、自动展点、地籍图符号库、图形截幅、图形显示、注记、图廓整饰、测量信息库、面积计算与分类统计等等。经过处理后的数据，就能在计算机的控制下由绘图仪输出地籍图，或由屏幕显示出图形、图表，由打印机打印出各种成果表来。

这种成图方法既可以减轻测量人员的工作量，提高成图效率和质量，又便于建立地籍数据库和地籍信息系统，是现代地籍管理的重要手段。数字地籍测绘详述于第四项日“地籍图的编绘与入库”中。

(4)航测法

航测法地形测量具有质量好、速度快、手段现代化和能提供数字化地形图的优点，自动化程度高能自动化成图和为地理信息系统提供基础数据。国家已颁布了地形图航测的内、外业规范，使作业有所依据。

航测法地籍测量同样具有以上诸优点，为建立地籍数据库和地理信息系统创造了广阔的前景，因而越来越受到人们的关注。有不少单位进行了试验和生产。事实证明，现代航测法地籍测量在我国除界址点坐标暂时还不能达到精度要求(需要全野外实测)外，能满足《城镇调查规程》中基本地籍图的要求；能绘制线划地籍图，又能绘制数字地籍图，适用于大面积地籍测量。不足的是，目前还没有航测地籍测量的规范、规程，但可借鉴和遵循《1∶500、1∶1 000、1∶2 000 地形图航空摄影测量内业规范》(GB/T 7930—2008)等。随着科学技术和数字地籍测量技术的不断发展，以及生产的实际需要，航测法测定界址点坐标的精度将会大大提高，从而满足《地籍调查规程》的要求；届时，数字航测地籍测量的规范、规程也将出台；数字航测地籍测量将大有可为。

航测法地籍测量能提供地籍管理所需的地理信息数据和图件。如解析空中三角测量控制加密，能提供控制点坐标和地籍要素的坐标；数据微分纠正，能得到影像地籍图或正射立体影像地籍图资料。

航测法地籍测量的工作从大的方面讲，可分为航测地籍测量外业工作和航测地籍测量内业工作。随着数字地籍的发展和广泛应用，外业工作量将越来越少，逐步向内业工作转化。本任务知识拓展部分对外业工作，如像控点测量和航片地籍调绘只做些简要讨论，详细的技术细节可参阅航测外业教材的有关章节。内业部分只对航测地籍测量的概念、主要工作过程和确保精度的措施，以及航测地籍测量的技术要求进行介绍。而航测内业仪器的操作使用、技术细节和数据处理等方面，可参见近年出版的摄影测量学的有关部分。

利用航空摄影测量技术测绘地籍图时，一般采用精密立体测图仪或解析测图仪进行，也可采用纠正仪和正射投影仪编辑影像地籍图。相片控制点可采用全野外布点法施测，也可通过解析法空中三角测量加密。全野外布点施测控制点的技术要求，按地籍测量有关规定执行，并注意保证每幅图内所必须的埋石点数量。相片的野外调绘可按照地籍测量外业调绘的要求进行，以满足成图需要。

航测成图法可大大减少外业工作量，与常规测图法比较，一方面减轻了劳动强度，另一方面也加快了作业速度，是一种省时间、省经费的作业方法。而且可用数字摄影测量系统作为地籍信息系统、土地信息系统和地理信息系统的数据采集站，具有广泛的应用前景。但航测成图需要有一定的仪器设备，一般单位都不具备。

5. 宗地图的绘制

(1)宗地图的概念

宗地图是描述宗地位置、界址点、界址线和相邻宗地及地物关系的以一宗地为单位的地籍图。它是地籍测量主要成果之一，用来作为该宗土地产权证书和地籍档案的附图。

宗地图的作用主要有以下几点：

①颁发土地证的依据，其成果资料具有法律效力，是权属法律的依据。

②土地税收、转让的依据。

③为土地利用管理和规划提供基础资料。

(2)宗地图的内容

宗地图内容包括如下几个方面：

①宗地图所在图幅号、地籍区(街道)号、地籍子区(街坊)号、宗地号、界址点及界址点号、界址线、地类号，土地登记号、房屋栋号。

②宗地面积，在宗地图上应标明该宗地的面积大小(项目5详细讲述土地面积量算)和界址边长。将计算好的相邻界址点边长也填入宗地图中。

③邻宗地号及邻宗地界址线、地物线分隔示意线。宗地图上应标明该宗地的四至关系及与主要建筑物的关系。

④紧靠宗地的地理名称、相邻道路、街巷及名称。

⑤宗地内的建筑物、构筑物及与界址线相关的线状地物及建、构筑物。

⑥本宗地地形现状、界址点坐标表、权利人名称、用地性质、测图日期、制图日期等。

⑦指北针方向和比例尺。

⑧宗地图的制图者、审核者在图上签名。

宗地图在内容上与宗地草图的内容基本相同，但草图上一般不注记面积，而且边长精度及其四至关系、指北针方向都是示意性的。

(3)宗地图的绘制

宗地图是土地证书和宗地档案的附图，宜用32开、16开、8开纸的幅面。宗地过大或过小，可调整比例尺绘制，以能清楚地表示宗地内容为原则。比例尺一般可在1∶100～1∶2 000之间。界址点用0.8 mm直径的红色圆圈表示，界址线粗0.3 mm，用红色表示。

宗地图的编绘有两种方法。其一是从地籍图上映绘；另一种方法是采用数字化成图，在计算机上剪截地籍图中的每一宗地内容，加以适当的编辑后形成每一宗地的宗地图，由绘图仪绘制成图。宗地样图见图3.11。

如图3.11所示，宗地图上要绘出本宗地的界线范围、界址点位置及其编号(本宗地一共12个界址点)；在界址线的外面标注界址边长；四至要注出宗地号、四至名称；在本宗地中央，以分数形式注出宗地号和土地分类，如$\frac{6}{21}$，其宗地号为6，地类编号为21，表示二级地类编码中的工业用地，分式右边注出宗地面积1 380.7 m^2。

本宗地号为10.00-20.00-3-(23)-6。其中10.00-20.00为该宗地所在基本地籍图的图幅编号，3为街道号，23为街坊号，6为本宗地号。以上四项组成宗地图的编号。

宗地比例尺注在宗地图廓外的正下方；在宗地图的右上角标出坐标北方向；图外还需注出绘图员、审核员姓名及绘图时间等。

(4)宗地图的精度

由于宗地图是地籍图的局部图，其坐标系统与地籍图一致，其精度要求各项限差亦与地籍图相同。图纸一般采用聚酯薄膜或选用质地较好的图纸。解析法测制地籍图时，边长的最大

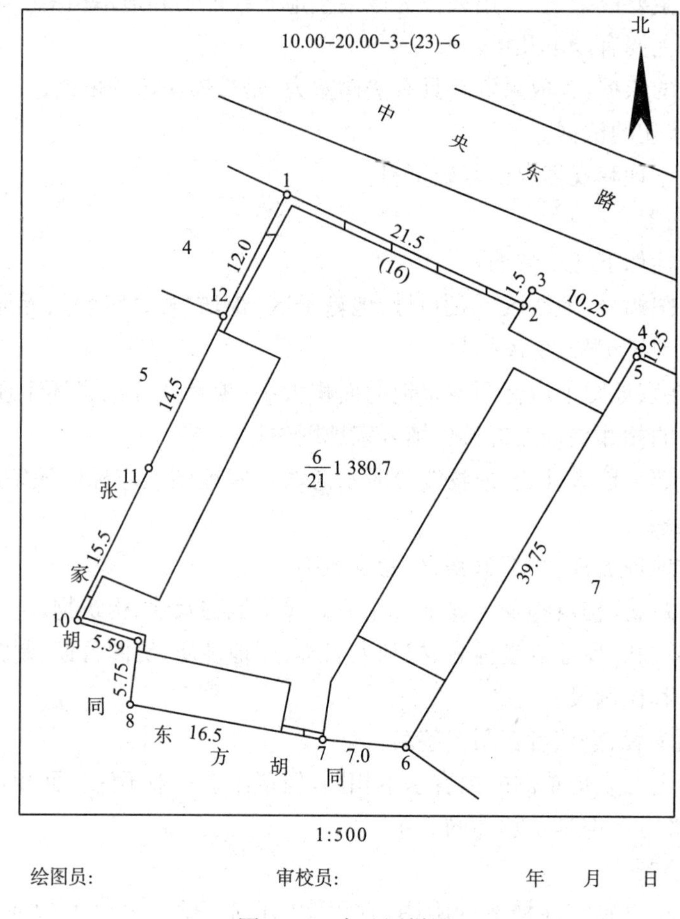

图 3.11　宗地图样图

误差为±15 cm。用图解法展绘或装绘地籍图时，边长最大误差为图上±0.3 mm。当采用数字地籍测量时，宗地图的精度决定于界址点坐标测定的精度。但是，如果宗地图是从地籍图上蒙绘，则其精度将大大低于基本地籍图的精度。

6. 农村居民地地籍图的编制

农村居民地指建制镇以下的村民居住区(村寨)及乡村集镇。农村土地由土地利用现状调查工作进行权属、地类等各方面的调查，采用 1∶5 000 或 1∶10 000 较小比例尺测绘土地利用现状调查图。在农村土地利用现状图上无法表示出村民宅基地的细部位置，必须绘制大比例尺的农村居民点地籍图，作为该地区地籍图的补充和加细，以满足地籍管理工作的需要。所以农村居民地地籍测量主要是测量村民宅基地及村民其他用地的权属位置。该项工作应遵循《第二次全国土地调查规程》进行，以自然村为单位施测。另外，为便于使用，城市郊区也可按全国统一坐标系进行分幅。

(1)测图比例尺与图幅大小

农村居民地地籍图一般可采用 1∶1 000 或 1∶2 000 比例尺测图，四开幅大小，按自由分幅以岛图形式测绘。一般要求一个自然村一幅图，村庄太大也可分幅测绘。

(2)宗地划分与土地编号

在农村地籍图上，农村居民点是某一权属单元(例如某村民委员会)所拥有的一个地块，并有相应的地块编号。但居民点内村民个人的宅基地又具有对集体土地的使用权，故必须按法律规定确认村民的土地使用权，亦即确定农村居民点内各权属单元。根据土地权属单元的划分原则，村民个人的宅基地是使用集体土地的最小权属宗地单元。

农村居民点的宗地划分原则、权属调查、土地利用类别和房产调查的分类标准，均同城镇地籍测量。

农村居民点的编号即所属村民委员会的地块号，居民点内部宗地的编号（相应于村民宅基地的编号），可按居民点的自然走向，用字符阿拉伯数字1、2、3…顺序编号。农村居民点内土地编号与城镇地籍测量土地编号不同之处在于其编号是在该居民点的地块号下编注。外业调查登记表则按地块号（即居民点）装订成地籍簿册。

(3)外业调查

地籍测量外业调查时，应逐户分页填写外业调查登记表，每页均附有该户宅基地草图。每一单元宗地界线（宅基地）的边长和房屋边长均需实地丈量，并注记在草图上，从而计算出宅基地面积和房屋占地面积。

农村居民点内除村民宅基地外，还有一些具有集体所有或经济独立核算单位的建筑用地，如村办小学、俱乐部、文化室、村办加工厂等等。这些用地单位所使用的土地范围，同样划分为宗地，调查时不应遗漏，并在居民点范围内进行统一的土地编号与利用现状分类。

(4)农村居民地地籍图的测绘

农村居民地地籍图是以岛图形式表示，因此，村庄的轮廓线应与地籍图上相应的地块界线相一致。地籍图的测绘一般采用平板仪测量的方法进行施测，也可用正射影像图（DOM）进行调绘、编制居民地地籍图。当然，有条件应该用数字地籍测量方法测绘，以适应城乡一体化的要求。

(5)农村居民地地籍图表示的内容

①自然村居民地范围轮廓线、居民点内各权属单元的权属界线（宅基地界线）、房屋建筑、公共设施、水塘、球场、晒场、道路、河沟和植被的地类界等。

②居民地名称、居民地所在乡（镇）、村名称，所在农村地籍图的图号和地块号。

③作为权属界线的围墙、栏栅等线状地物。

④户地编号，房屋结构和层数，利用类别和户地面积。

⑤测图比例尺和指北针。

农村居民地地籍图样图如图3.12所示。

知识拓展

1. 航测法地籍测量的优点

从事测绘的人都知道，常规地籍测量因大量数据取自外业，体力劳动繁重，并因野外环境的限制和影响，测图速度慢。航测法地籍测量与之相比，有如下明显优点：

(1)航测地籍测量能保证地籍图的精度。一般来说，城镇使用新摄的彩色航片或黑白航片，由于摄影比例尺大、航片现势性好、影像清晰，故无论是在城市高层居民区，还是道路密布区，或城郊结合部，都能得到可靠的宗地界址线和地籍成果。由航片提供的影像而绘出的地籍要素，常常优于图解地籍要素的质量。

(2)航测区域网平差，控制点坐标不产生误差积累。常规地籍要素点常常在导线点或支导

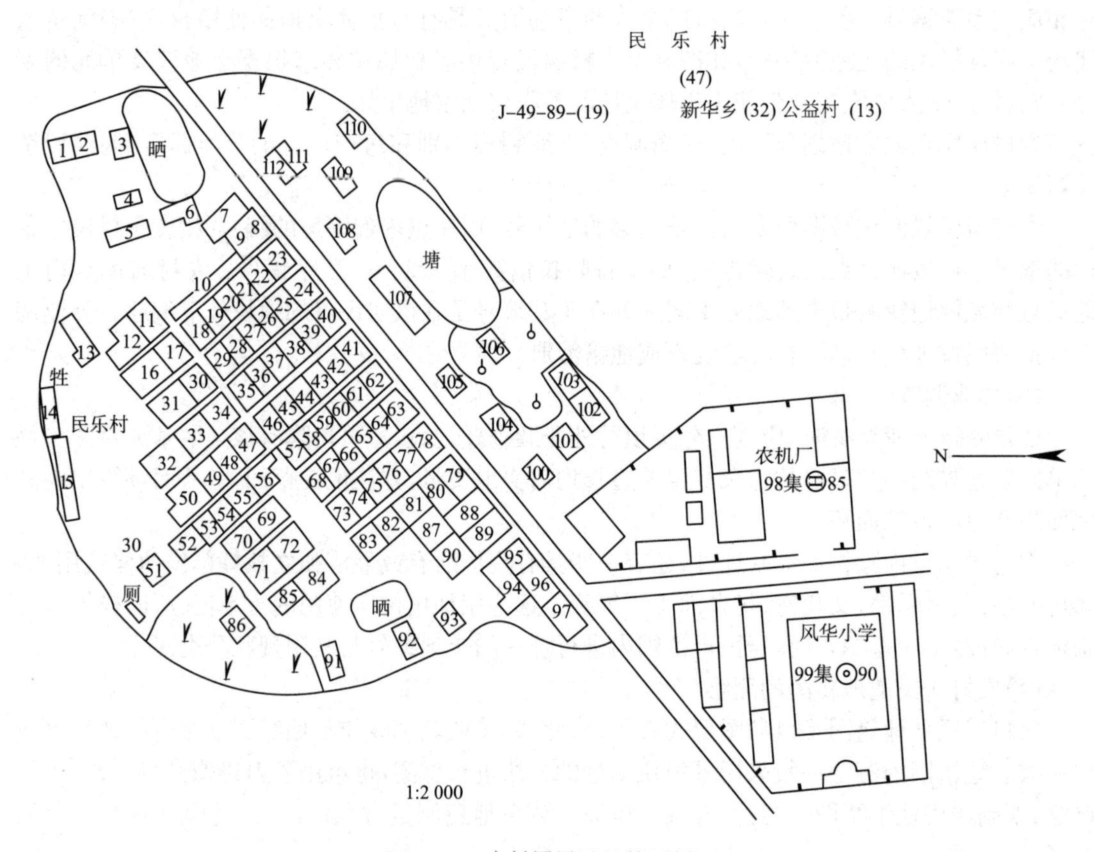

图 3.12　农村居民地地籍图样图

线点设站,用极坐标求取地籍要素点坐标,它的误差除受边长和水平角的误差影响外,还受导线最弱点或支导线误差积累的影响。航测电算加密点,由于采用区域网严密平差,精度分布均匀,误差按最小二乘原理配置,不呈积累性质。

(3)航测数字地籍测量用计算机处理数据,便于自动化成图。这比全野外数据采集后再由内业处理,更容易与计算机连接,更便于数据输入和数—模变换。

(4)地籍测量人员的野外工作量大大减少。除地籍调查和部分外业像控点、界址点测量外,其余大部分工作均在计算机上进行,既减轻了劳动强度,又能提高工效、节约经费。

(5)航测法地籍图信息丰富。因航片真实的记录了地表信息,展现在绘图员面前的地表景观优于直觉视野的范围,故地籍、地形要素更逼真、准确。尤其是影像地籍图丰富多彩的地表信息,是线划地籍图无法比拟的。

2. 航测法地籍测量过去和现在使用的几种技术方案:

(1)用正射投影技术制作影像地籍图。主要使用正射投影仪作业,平坦地区可使用航测纠正仪作业。

(2)解析摄影测量。它根据解析空中三角测量原理,用精密立体坐标量测仪观测像点坐标,用计算机平差计算地籍要素坐标,在计算机绘图软件的支持下,编辑、生成地籍图。

(3)用精密立体测图仪测绘地籍图。

(4)用解析测图仪、计算机辅助测图系统测绘地籍图(线划地籍图或数字地籍图)。

(5)用数字摄影测量的数字/数字化影像和数字摄影测量工作站,生产数字地籍图和线划地籍图。

3. 航测法地籍测量的精度要求和试验精度

航测地籍测量所能达到的精度主要取决于航摄质量、相片比例尺及解算点位的精度。为了提高电算加密点的精度，应尽量使用先进的航摄仪。例如，湖北某市 1∶6 000 航片使用的 Zeiss 厂生产的 LMK 航摄仪，能够自动测光，有像移补偿功能，经改进后有陀螺稳定装置，摄影的质量较好。优质的航摄底片，对获得优质航片是很重要的。在航摄前，必须进行地面布标，以提高刺点精度。在内业作业时，使用高精度的精密立体坐标量测仪，提高转点精度，并且要采用严密的平差方法等。实践证明航测法能够满足《地籍调查规程》规定的宗地内部与界址边不相邻的地物点±0.5 mm 的限差要求。

用精测仪测图，精度也是较好的。如对某市 1∶2 000 的比例尺地形图进行航测，使用的仪器为 Wild A10 和 Topocart－D 型精密立体测图仪，模型比例尺为 1∶3 200～1∶4 000，从 350 幅图的 400 个像对的内业记录统计，其各项中误差见表 3.2。

表 3.2　航测法地籍测量试验精度统计

项　目	电算加密点	定向中误差	测图中误差	综合中误差
幅/点　数	350 幅	760 点	1 466 点	760 点
中误差	±0.40 mm	±0.32 mm	±0.23 mm	±0.39 mm

经过外业 72 幅图的检查，统计数据 446 个，其中小于 2 倍中误差的占 94.8%，证明内业是可靠的，达到了图上±0.5 mm 的点位精度。

原武汉测绘科技大学和陕西测绘局也进行了地籍测量的试验，利用 1∶3 000 摄影比例尺和我国航测内外业作业条件，也获得了±(5～10)cm 的高精度控制点加密结果。由于界址点的地面布标困难、要求高，在生产中用航测法测量界址点的还很少。但测量其他细部点(包括地籍成图的地籍要素和地形要素及房产要素等)能达到精度要求。

4. 航测法地籍测量的主要工作过程

航测法地籍测量的主要过程如图 3.13 所示。

(1)资料准备。首先要收集与地籍测量有关的图件和文字资料，如航片、地形图、房产图和各种土地文件。同时根据仪器和人员状况，制订作业计划。

(2)人工布标。地标需要在航摄前布设，使航摄时地标能清晰成像，以增强判点和刺点准确性，特别是不明显的界址点，一定要达到提高电算加密精度的目的。

地标的样式可按 1∶500～1∶2 000 航测外业规范的要求进行，根据测区实际条件，地标可做成四尖标、双圆标、三翼标和十字标。

(3)航空摄影。航测地籍测量的航摄相片应优于常规航测相片，要求分辨率高，且比例尺大、航线正规。根据实验情况，航测地籍测量的相片比例尺宜为 1∶3 000～1∶8 000。

(4)相片选点。依选定的作业方法，按 1∶500～1∶2 000 航测外业规范和航测地籍测量设计书进行。

(5)像控点测量。持选好控制点的航片到实地判点，而后观测计算机像控点坐标，作为内业加密定向点的依据。

(6)电算加密。即解析空中三角测量，加密内业定向点、图根点，并进行平差。

(7)地籍调绘。持大比例尺正射影像图、大比例尺地形图、已有地籍图或航片到实地调绘

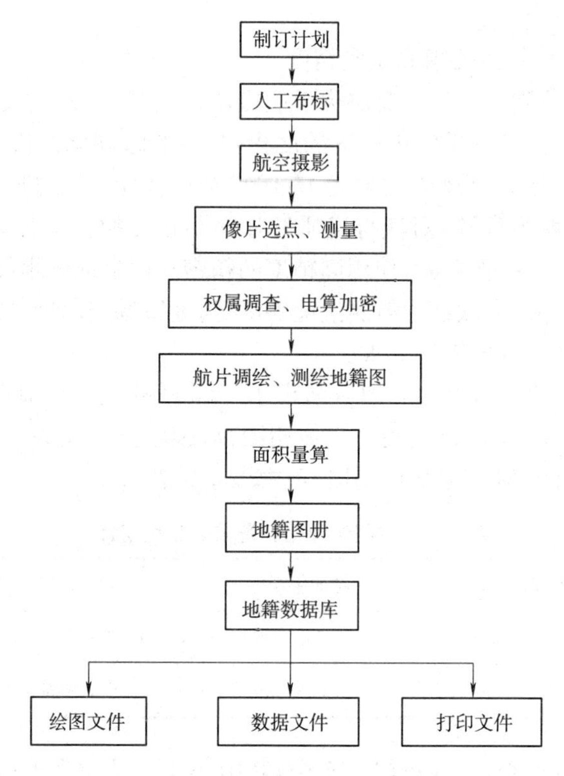

图 3.13 航测法地籍测量过程

行政界线、宗地界线、宗地建筑物、土地使用类别、宗地权属状况等。

(8)内业。根据外业调绘底图、加密点或航片，按不同的作业仪器和方法建库或进行内业处理。

(9)面积量算。根据界址点和宗地权属调查单元进行，数字化测图也可直接由计算机输出宗地面积，然后进行面积平差和汇总(面积量算部分详见第五项目内容)。

(10)编制地籍图和地籍簿册。将地籍数字化成果或地籍图输入到地籍数据库建档。

如果采用数字摄影测量制作地籍图，自动化程度和效率将大大提高。在区域网布点基础上，其第(5)、(6)、(8)、(9)、(10)各项将由数字摄影测量工作站完成，同时制作数字地籍图，并建立地理信息系统(GIS)或地籍数据库。

5. 航测法地籍图测绘

用航空摄影测量测绘地籍图的方法有：纠正仪航片纠正法影像地籍图、正射投影影像地籍图、精密立体坐标量测仪测绘地籍图、解析法测绘地籍图和航测数字地籍图。随着科学技术的发展，有的设备将被淘汰，现在主要是解析法测绘地籍图和航测数字地籍图。

在地籍测量中，主要测绘模拟地籍图和数字地籍图，位于平原地区的城市，也可采用正射投影影像地籍图。用航测法测绘城市建成区地籍图是个好的发展方向，但推广是渐进式进行的。

目前，大比例尺正射影像图、数字正射影像图(DOM)和航空遥感相片平面图不但能应用于地籍测量，亦能应用于农村土地调查(作为调绘底图)。在此主要介绍其作业流程和基本要求。航测测图作业前的像控点区域网平差及地籍要素加密，可参详见航空摄影测量学的有关书籍。

(1)正射影像地籍图的制作过程

所谓正射影像图,是利用正射投影仪将中心投影的相片变成垂直投影的影像图。主要用于土地利用现状调查和地籍外业调绘,在正射影像图上加绘地籍、地形要素和地理注记,就可制成正射影像地籍图。正射影像地籍图有两个特征:一是不同于线划地籍图,因为其上保留了航片丰富的影像信息;二是不同于普通航片,因其图上比例尺处处一致。制作正射影像地籍图的过程如图 3.14 所示。

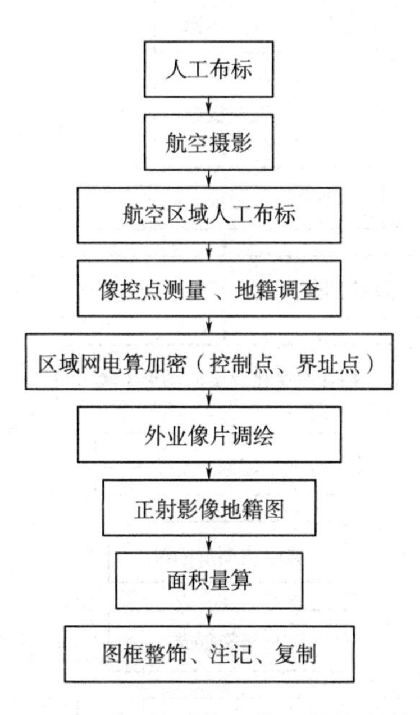

图 3.14　正射影像地籍图制作流程

(2)航测数字地籍成图作业流程

在航测数字化成图中,可以采用常规的航摄相片经扫描而成为数字化影像,再依据数字影像进行图像转换和量测。它是硬拷贝(摄影的正片和负片)的航测机助测图。由计算机控制坐标量测系统,采用数字投影方式,需人眼观测和计算机辅助下必要的人工操作。

航测数字化成图(含地籍图)是解析测图仪和计算机技术发展的产物。它从根本上改变了只以图纸为载体的地图和地籍图产品,而以数据存盘形式保存图件,便于建立地籍数据库和地图数据库。根据有关生产单位试验资料,将航测数字化成图归纳为“三站一库”的工艺流程,即非软拷贝的数字化测图工作站、数字化图形编辑工作站、数字化图形输出工作站和图件数据库。如果进行地籍调查和界址点加密等工作,即成为航测数字地籍成图工艺,其具体流程如图 3.15 所示。

作业时,用解析测图仪联机进行区域网电算加密;各种地物、地籍要素特征码用立体量测仪在航片上进行数据采集,用机助制图系统对数据进行实时或批处理;用性能优良的平差程序将特征点、像控点等坐标转换成大地坐标的坐标串数据文件;利用数字化测图软件,将数据形成图形文件;在系统软件的驱动下,将上述文件和外业调绘资料(如屋檐改正等)实行计算机图形编辑。图廓整饰,生成地形图或地籍图;也可将图形数据存盘,生成数据图形文件。

航测法地籍测量适宜于大规模生产。它的特点是测图面积越大越经济。若是小范围地籍补测或更新，则是全站仪或 RTK－GPS 数字地籍测量更灵活。因此，航测法地籍测量特别适宜于大城市的初始地籍测量，不但速度快、质量高，而且易于建立土地信息系统（LIS）和地籍数据库，实现地籍管理现代化。

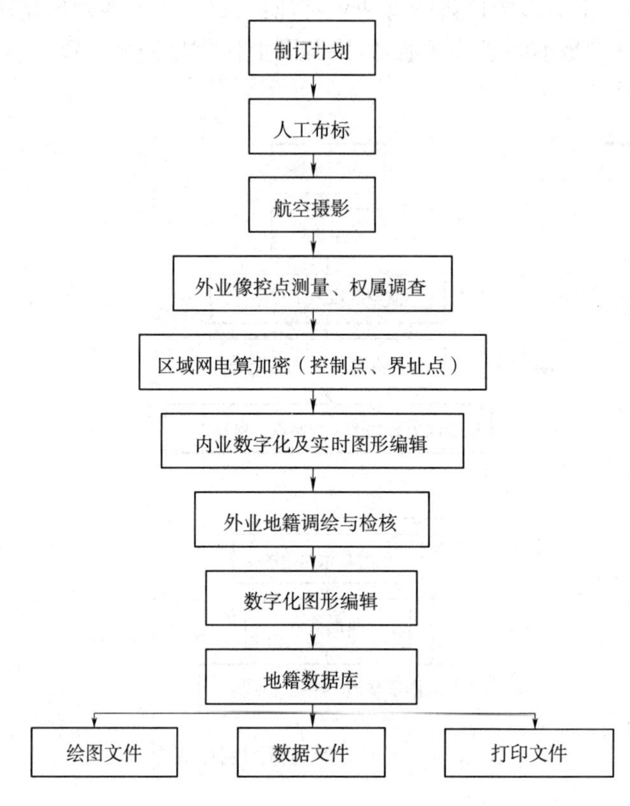

图 3.15　航测数字地籍成图流程

6. 数字摄影测量工作站（DPW）

数字摄影测量是摄影测量与计算机技术紧密结合的产物，是在航测数字化基础上发展起来的。数字摄影测量不但能生产数字线划地籍图（DLG）、数字高程模型（DEM）、影像地籍图和数字地藉图多种产品，更便于现代化地籍管理与应用。

当前，全数字摄影测量是以数字摄影测量工作站（DPW）形式实现的。

DPW 是由计算机硬件和外部设备、摄影测量模式识别、计算机"视觉"、解析摄影测量和正射图像生成软件，以及输入输出设备等组成的自动化遥感图像处理操作平台。DPW 通常有以下各部分组成：

（1）硬件方面，有计算机和专用计算机、立体观察及操作控制设备（包括 3D 鼠标、手轮、脚盘、有线/无线立体眼镜等）、输入输出设备（影像数字化扫描仪、矢量和栅格绘图仪）等。

（2）软件方面，有数字影像处理软件（包括特征提取、影像旋转、影像增强）、模式识别软件（影像匹配、目标志别、特征定位与识别）、解析摄影测量软件（定向参数计算、空中三角测量、坐标与投影变换、数字微分纠正等）和辅助软件（数据和图像输入输出、数据格式转换、地理注记、图框整饰、人机交互与干预）等。

数字摄影测量工作站（DPW）的主要产品包括：空中三角测量加密成果（包括界址点），影像定向参数、DEM 或数字表面模型（DSM）、数字地藉图、数字正射影像图（DOM）、透视图、景观图(如三峡大坝景观图)、可视化立体模型、三维信息图(如三维数码城市)和各种信息系统(GIS)、数据库(如地籍数据库)所需的空间信息。

数字摄影测量测制数字地籍图主要考虑以下几个问题：

(1)界址点的精度,相关规程规定一类界址点对邻近控制点的点位中误差为±5 cm,二类界址点为±7.5 cm,用一般的数字摄影测量方法测绘地籍图,由于布点等原因,难以达到以上精度要求。但是,若改善航摄前地面布标,用高分辨率的数码摄像机,地籍测图的航片比例尺大于1∶3000,转刺点在DPW上进行,则精度可大大提高。

(2)重视航片地籍要素的外业调绘。因为与地形图外业调绘相比,地籍图要求更高,这对于不在明显地物上的界址点和界址线尤为重要。界址点坐标以及权属主的确认和界址线长度丈量还需在实地采用解析法进行。

(3)数字化的线划地籍图可作为地籍管理的正式用图。为了适应现代地籍测量的要求,可将地形要素、地籍要素、房产要素分层管理,分类出图,满足不同部门的特殊要求。

7. 地籍测量的成果

按照《城镇地籍调查规程》的规定,地籍测量内、外业结束之后,应及时地进行地籍图的清绘和资料的整理工作,并进行检查验收和存档。

地籍测量应上交的成果资料如下：

(1)地籍测量(调查)技术设计书；

(2)地籍调查表(含宗地草图)；

(3)地籍控制测量资料,包括已知点资料、原始记录、平差计算资料、控制点网图以及成果资料等；

(4)地籍勘丈原始记录；

(5)界址点成果表；

(6)地籍信息数据库及地籍信息管理系统；

(7)地籍图光盘和打印的地籍图,以及铅笔原图和着墨二底图；

(8)宗地图；

(9)地籍图分幅结合表；

(10)面积量算、计算表；

(11)以街道为单位的宗地面积汇总表；

(12)城镇土地分类面积统计表；

(13)检查验收报告；

(14)技术报告。

当用数字测图时,界址点资料、地籍图、宗地图均可储存在计算机中,建立地籍信息管理系统,需要时可直接调用。面积量算、分类统计也是用计算机进行的,需要时可打印输出。

2007年我国启动了第二次全国土地调查工作,并颁布了《第二次全国土地调查技术规程》,其中规定,必须按照《城镇地籍数据库标准》等相关要求,建立城镇地籍数据库,将城镇地籍调查和测量的所有成果存入库中,需要时可输出使用。内容可见项目4“地籍图的编绘与入库”。

相关规范、规程与标准

1. 第二次全国土地调查技术规程

地籍图内容包括各级行政界线、地籍平面控制点、地籍编号、界址点及界址线、街道名称、门牌号、在宗地内能注记下的单位名称、河流、湖泊及其名称，以及必要的建构筑物和地类号等。

宗地图是土地证书和宗地档案的附图，内容包括本宗地号、地类号、宗地面积、界址点及界址点号、界址边长；邻宗地号及邻宗地界址示意线等。宗地过大或过小时，宗地图比例尺可适当调整。

2. 地籍测量规范

(1)地籍图的作用：地籍图是不动产地籍的图形部分。地籍图能与地籍册、地籍数据一起，为不动产产权管理、税收、规划等提供基础资料。

(2)地籍图采用分幅图形式，地籍图幅面规格采用 50 cm×50 cm 正方形分幅。

①地籍图的分幅

地籍图的图廓以高斯—克吕格坐标格网线为界。1∶2 000 图幅以整公里格网线为图廓线；1∶1 000 和 1∶500 地籍图在 1∶2 000 地籍图中划分，划分方法如图 3.16 所示。

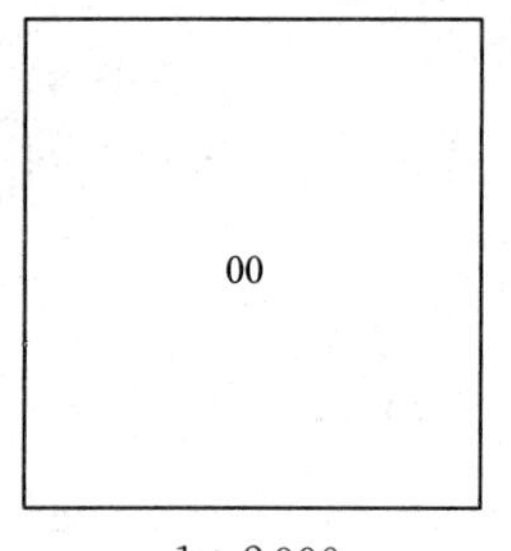

1∶2 000

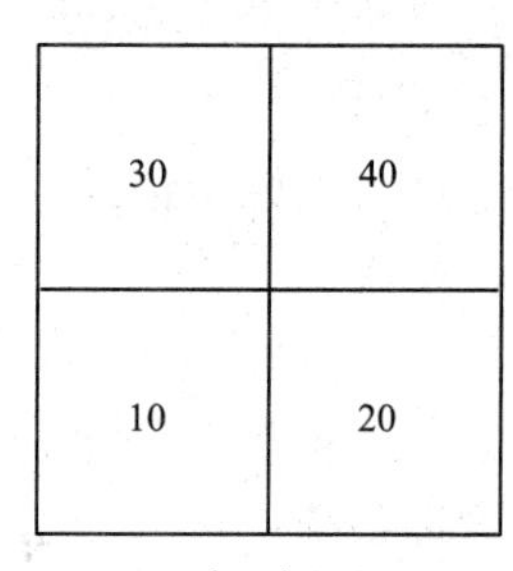

1∶1 000

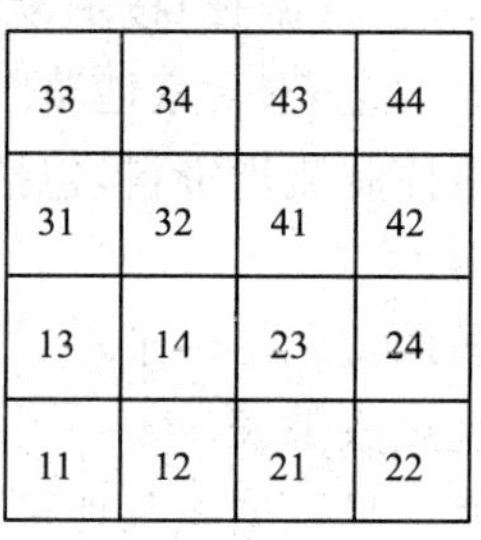

1∶500

图 3.16　地籍图的分幅和代码

②地籍图编号

地籍图编号以高斯—克吕格坐标的整公里格网为编号区，由编号区代码加地籍图比例尺代码组成，编号形式如下：

	编号区代码	地籍图比例尺代码
完整编号	×××××××××	××
简略编号	××××	××

编号区代码由 9 位数组成。代码含义：第 1、2 位数为高斯坐标投影带的带号或代号，第 3 位数为横坐标 Y 的百公里数，第 4、5 位数为纵坐标 X 的千公里和百公里数，第 6、7 位和第 8、9 位数分别为横坐标 Y 和纵坐标 X 的十公里和整公里数。

地籍图比例尺代码由 2 位数组成。1∶2 000 图比例尺代码为 00；1∶1 000 图比例尺代码为 10、20、30、40；1∶500 图比例尺代码为 11、12、13、14…。具体见图 3.16。

在地籍图上标注地籍图编号时可采用简略编号，简略编号略去编号区代码中的百公里和百公里以前的数值。

(3)地籍图表示的基本内容

①界址点、界址线；

②地块及其编号；

③地籍区、地籍子区编号，地籍区名称；

④土地利用类别；

⑤永久性建筑物、构筑物；

⑥地籍区、地籍子区界；

⑦行政区域界；

⑧平面控制点；

⑨有关地理名称及重要单位名称；

⑩道路和水系。

⑪其他。根据需要，在考虑图面清晰的前提下，可择要表示一些其他要素。

3. 城市测量规范

(1)地籍分幅图的精度要求应符合下列规定

按测量数据展绘地籍原图时，相邻界址点、界址点与邻近地物点的间距中误差不应大于图上 0.3 mm。宗地内部与界址边不相邻的地物点，相对于邻近图根点的点位中误差不应大于图上 0.5 mm；邻近地物点的间距中误差不应大于图上 0.4 mm。

地籍测量数字化成图应将用不同手段采集的数据以及地籍要素调查信息输入计算机，使用地籍测量数字化成图软件系统对数据进行处理，生成地籍图、宗地图、地籍数据集和地籍表册文件，在绘图仪、打印机等设备上输出。

(2)地籍测量数字化成图系统应具备下列基本功能

能以不同数据录入的方式建立原始数据文件；具有多种联机数字化采集功能；具有图形显示、编辑、裁剪、查询、检索、输出等功能；能根据相关界址点坐标自动计算界址边长和宗地面积；具有统计计算、表册和图件输出功能。

地籍测量数字化成图应采用解析法施测。

4. 城镇地籍调查规程

宗地图是土地证书和宗地档案的附图，一般用 32 开、16 开、或 8 开纸，从基本地籍图上蒙绘或复制，宗地过大或过小时可调整比例尺绘制。

宗地图的内容包括：本宗地号、地类号、宗地面积、界址点及界址点号、界址边长；邻宗地号及邻宗地界址示意线等。

典型工作任务3　房产图测绘

3.3.1　工作任务

1. 房产地籍图测绘的目的

(1)为房地产权利人和管理部门提供信息、服务。

(2)为城镇规划建设、房地产管理、开发、利用及征收房地产税提供依据。

2. 房产地籍图测绘的任务

(1)测绘各种房产地籍图(包括房产分幅图、房产分宗图和房产分户图)，并提供有关数据及文档。

(2)测定房屋及其用地的相关要素和几何位置,包括坐标和边长。主要有界址点、线、房角点、房屋轮廓线及其附属设施和房屋围护物的几何位置和相关数据。

(3)测定铁路、公路、街道、水域以及相关地物的位置,有时还要进行行政界线、行政境界点和境界线的测量。

(4)完成分幅地籍图的测绘和宗地图的制作。

3.3.2 相关配套知识

房产地籍图是房产产权、产籍管理的基础资料,是全面反映房屋及其土地基本情况和权属界线的专用图件,也是房地产测量的主要成果。按房产管理的需要,房产地籍图可分为房产分幅平面图(简称分幅图)、房产分宗平面图(简称分宗图)、和房产分户平面图(简称分户图)。现分别介绍如下。

1. 房产分幅平面图的测绘

房产分幅图是全面反映房屋及其用地平面位置和权属等状况的基本图,是测制分宗图、分户图的基础资料。

(1)一般规定

①分幅图的测图范围

分幅图测绘范围原则上应为测绘城市、县城、建制镇的建成区和建成区以外的机关、学校、工矿、企事业单位及其相邻的居民点,并应与开展城市房产要素的调查和房屋产权登记的范围一致。

②基本技术要求

分幅图是以地籍图(或地形图)为基础,增加房产调查成果制作而成的,所以其测图比例尺、分幅与编号、坐标系统、控制测量、精度要求、界址点的测量和精度以及成图方法,这些内容均可参考前面所讲的地籍图及界址点测量的方法和要求执行。下面主要讲分幅图的内容和特殊要求。

(2)分幅图的内容

分幅图上表示的内容主要是房屋建筑物和土地使用的基本情况、权属界线以及与界址点有关的界标、房产管理需要的各项地籍要素和房产要素。

具体内容包括以下几个方面:

①地籍要素

控制点、行政境界、宗地界线;房屋、房屋附属设施、房屋围护物等。

②房产要素和房产编号

包括宗地(丘)号、幢号、房产权号、门牌号、房屋产别、结构、层数、房屋用途和用地分类等。

③地形要素

与房屋有关的地形要素包括铁路、公路、桥梁、水系、城墙等。

这些内容要根据房地产调查资料用相应的数字、文字和符号表示在图上。当注记过密、容纳不下时,除宗地(丘)号、幢号和房产权号必须注记、门牌号可在首末两端注记或中间跳号注记外,其他注记按上述顺序从后往前省略。

(3)分幅图内容的表示方法和要求

①分幅图测绘的行政境界一般只表示区、县和镇的境界线,街道办事处或乡的境界根据需要表示;二级境界线重合时,用高一级境界线表示;境界与宗地界线重合时,用境界线表示;境

界线跨越图幅时，应在图廓间的界端注出行政区划名称。

②对于明确又无争议的宗地界线用 0.3 mm 宽的实线表示；有争议或无明显界线又提不出凭证的用未定界线表示；宗地界线与房屋轮廓线重合时，用宗地线表示；宗地界线与单线地物重合时，单线地物不变，线划按宗地界线的线粗表示。

③房屋建筑物、构筑物及主要附属设施应按实地轮廓准确测绘，房屋测绘以外墙勒脚以上外围轮廓为准、临时性过渡房屋及活动房屋可不表示，墙体凸凹部分小于图上 0.2 mm 以及装饰性的柱、垛和加固墙等均不表示，房屋按建筑结构分类，注记层数，显示产权性质。同幢房屋层数不同的，应测出分界线。

架空房屋以房屋外围轮廓投影为准，用虚线表示，虚线内四角加绘小圆表示支柱。

④房屋附属设施，如柱廊、架空通廊、底层阳台、门廊、门顶、门、门墩和室外楼梯，以及台阶等按下列要求测绘：柱廊以柱外围为准，用虚线表示，支柱位置应实测；门廊以柱或围护物外围测绘，独立柱的门廊以顶盖投影为准，柱的位置应实测；底层阳台、门墩分别以栏杆外围、墩外围为准；室外楼梯以投影为准，宽度小于图上 1 mm 的不表示；与房屋相连接的台阶按投影测绘、实地不足五级的，一般不表示。

⑤围墙、栅栏、栏杆、篱笆、铁丝网等围护物，均应实测。

⑥与房产管理有关的地形要素，如铁路、道路、桥梁、水系和城墙等地物均应测绘，铁路以两轨外边为准，公路以路沿为准，铁路与公路平交时，中断公路符号；立交时，应绘以相应桥涵符号。

⑦城墙的测绘以基部为准；沟渠、水塘、游泳池等以外围界线为准，其中水塘、游泳池在其范围内加简注。

⑧亭塔、烟囱、罐及水井、停车场、球场、花圃、草地等根据需要表示。亭以柱外围为准；塔、烟囱和罐以底部外围轮廓为准；水井以中心为准；停车场、球场、花圃、草地等用地类界表示其范围，并加绘相应符号或加简注。

⑨单位名称只注记区、县以上和使用面积大于图上 100 cm^2 的单位，自然地理名称按照实地调查核实的名称正确注记。

上述相关要素的具体表示方法与普通地形图一致，应以相同比例尺的“地形图图式”为准。

(4)分幅图的测绘方法

分幅图的测绘方法，可根据测区的情况和条件分为实测法和增测编绘法两种。当测区已有现势性较强的大比例尺地形图或地籍图时，可采用增测编绘法，否则应采用实测法。

实测法的方法有平板仪测绘法、小平板与经纬仪测绘法、经纬仪与光电测距仪测绘法、全站仪、GPS－RTK 采集数据法等。

采用增测编绘法的方法有：以城市 1∶500 或 1∶1 000 大比例尺地形图为基础，增测相关房产要素进行编绘；以地籍图为基础，增测相关房产要素进行编绘。

事实上，现代地籍测量中，地籍图、地形图、房产图是可以综合测图来同时完成的，然后在计算机上进行分层管理、分类出图，即所谓“三图并出”。房产分幅平面图样图见图 3.17。

2. 房产分宗平面图的测绘

分宗图是分幅图的局部图件，是绘制房产权证的基本图。

(1)分宗图测绘的有关规定

由于分宗图是分幅图的局部图件，它的坐标系与分幅图的坐标系一致；比例尺可根据宗地面积大小和需要在 1∶100～1∶1 000 之间选用，尽可能与分幅图比例尺相同；幅面大小可选用 32 开、16 开、8 开、4 开。

分宗图可在聚酯薄膜上描绘，也可选用其他图纸展绘。

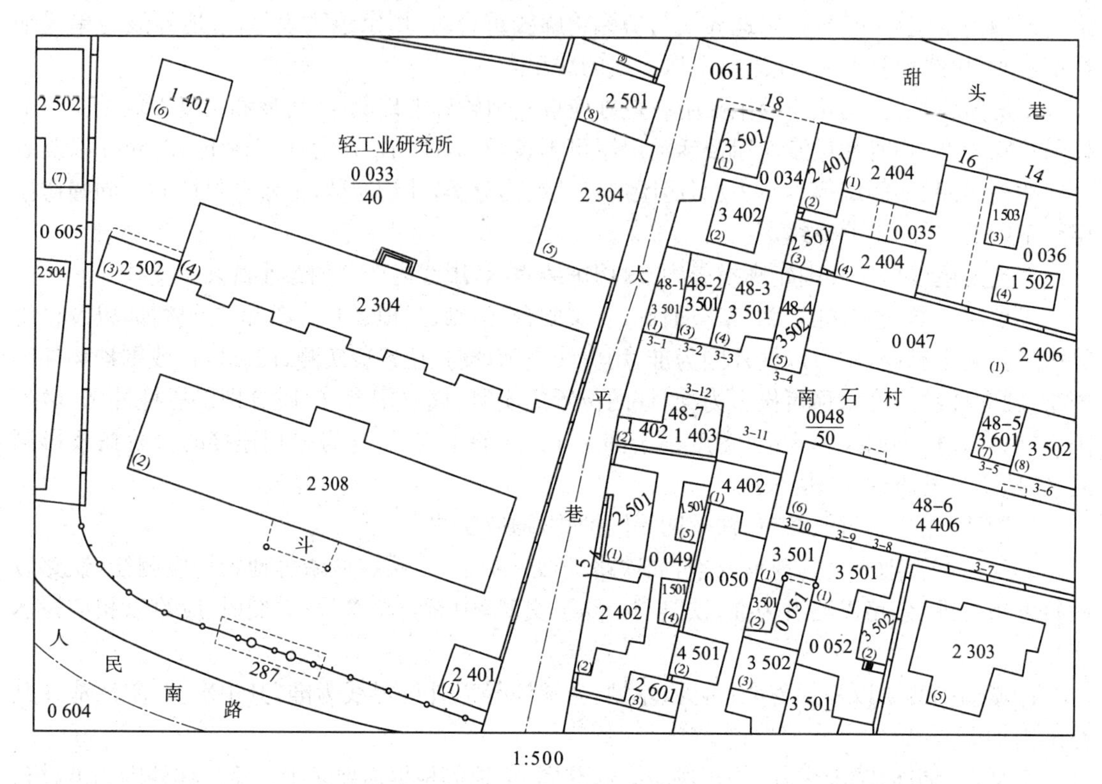

1:500

图 3.17　房产分幅平面图样图

为满足产权证附图的需要，分宗图上图廓、方格网和控制点展绘各项限差要求与分幅图相同；分宗图地物点的精度要求与分幅图一致，均为相对于邻近控制点的点位中误差不超过分幅图上 0.5 mm。

(2)分宗图测绘的内容和要求

①分宗图除表示分幅图的内容外，还应表示房屋界线、界址点、挑廊、阳台、建成年份、用地面积、建筑面积、宗地界址线长度、房屋边长、墙体归属和四至关系等各项房产要素。

②房屋应分幢丈量边长，其他用地按宗地丈量边长，边长量取到 0.01 m，也可由界址点坐标反算边长。圆弧形边按折线分段丈量。

③在测绘本宗地房屋用地时，应适当绘出与邻宗相邻的地物。

④丈量本宗与邻宗毗连墙体时，共用墙以墙体中间为界，借用墙量至墙体内侧，自有墙量至墙体外侧并用相应符号表示。

⑤当房屋权属界线与宗地线重合时，用宗地线表示；房屋轮廓线与房屋权属界线重合时，用房屋权属界线表示。

⑥挑廊、阳台、架空通廊，以栏杆外围投影为准，用虚线表示。

⑦分宗图中房屋注记内容有：产权类别、建筑结构、层数、建筑年份、幢号、建筑面积等，各项内容分别用数字注记。

⑧分宗图还应注记门牌号、宗地号、房屋用途和用地分类、用地面积、房屋边长、界址线长、界址点号，如图 3.18 所示。

图中，240298 含义如下：2——房屋产别（单位自管产），4——建筑结构（混合结构），02——层次（2 层），98——建筑年份（1998 年）。（8）——幢号；19——门牌号；59——宗地号；J75、J76、J77、J78——界址点号；220.92——建筑面积；160.02——用地面积；12.65、12.65、7.40、9.44、5.25、3.21——房屋边长；12.65、12.65——用地边长；⊗——房屋用途和用地分类（住宅）。

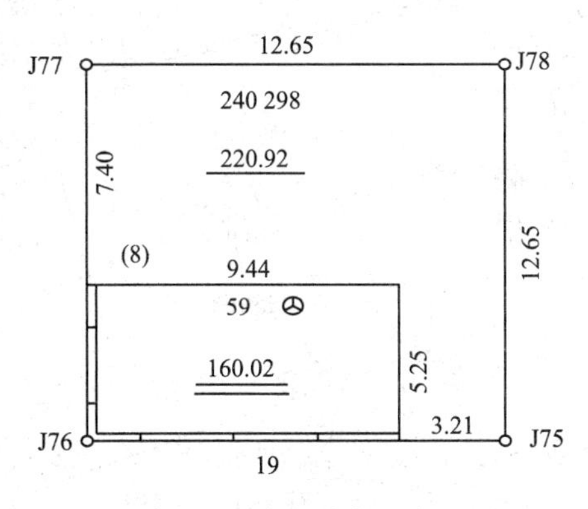

图 3.18 房产分宗示意图

(3)分宗图的测绘方法

分宗图的测绘是以房产分幅图为基础的，因此其测量方法是利用分幅图结合房地产调查资料，按照本宗（丘）范围展绘界址点，描绘房屋等地物，实地丈量（或坐标反算）界址边、房屋边等长度，修测、补测成图。房产分宗平面图样图如图 3.19 所示。

3. 房产分户平面图的测绘

分户图是在分宗图的基础上绘制的局部图，以一户产权人为单位，若为多层房屋，应该分层分户地表示出房屋权属范围的细部，绘制房产分层分户图，以满足核发房屋产权证的需要。

(1)分户图测绘的有关规定

①分户图采用的比例尺，一般为 1∶200。当房屋图形过大或过小时，比例尺可适当缩小或放大，也可以选用与分宗图相同的比例尺。

②分户图的幅面规格，一般选用 32 开或 16 开两种尺寸，图纸图廓线、产权人、图号、测绘日期、比例尺、测图单位均应按要求书写。

③分户图图纸，一般采用聚酯薄膜，也可选用其他图纸。

④分户图不必与分幅图的坐标统一，可不绘坐标格网，只在适当位置加绘指北方向符号即可。图幅安排应使房屋的主要边线与图廓边线平行，房屋在图内可以横放或竖放，以重心平稳、图面美观为准。图 3.20 为房屋分层分户平面图样图。

(2)分户图测绘的内容及要求

①房屋的平面位置：应参照分幅图、分宗图的位置关系，按实地丈量的房屋边长尺寸绘制，在图上用细实线表示，房屋边长描绘误差不超过图上 0.2 mm，房屋边长应丈量两次取中数，两次丈量较差不超过 $\pm 0.004D$，D 为边长，单位为 m。

②房屋权属要素：分户图的房屋权属要素包括房屋权界线、四面墙体归属和楼梯、走廊等共有共用部位。其中，房屋权界线和四面墙体归属的表示方法与分宗图相同，楼梯、走廊等共有共用部位仍以细实线表示，但应加注名称如“梯”“廊”等。

③房屋坐落号码：准确表示房屋坐落位置的号码有门牌号、幢号、所在层次、室号或户号

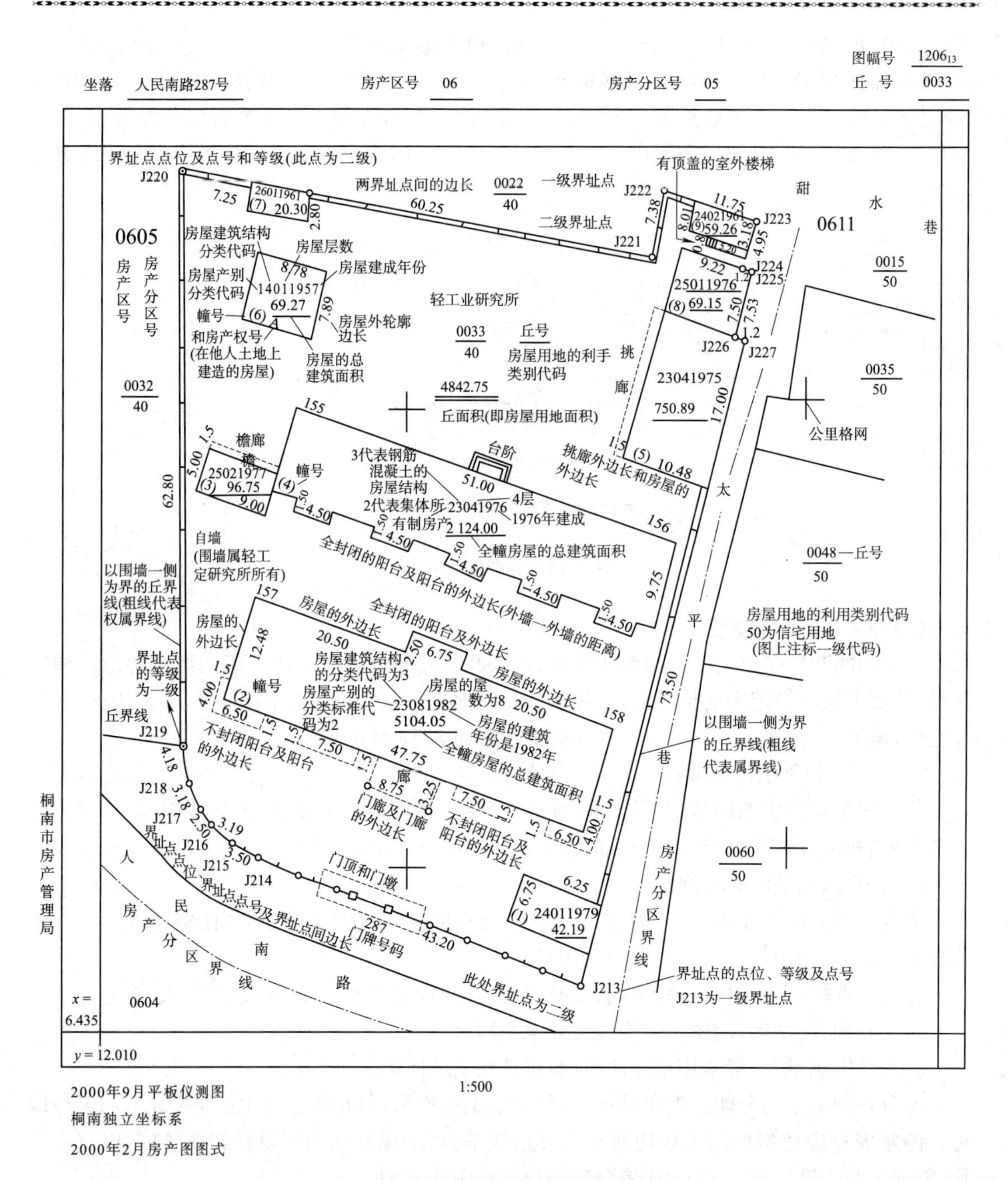

图 3.19　房产分宗平面图样图

等，应在规定位置标注。其中本户所在的幢号、层次、户(室)号标注在房屋图形上方，门牌号标注在实际立牌处。此外，在图廓外的右上角标注该户房屋所在分幅编号和宗地号。

④房屋边长和房屋建筑面积：房屋边长应实量，取位注记至 0.01 m，注于图上相应位置，规则矩形房屋两相对边边长丈量误差应符合≤±0.004D 的要求(不规则房屋边长丈量时，应加量辅助线，辅助线条数等于不规则多边形边数减三，图形中每增加一个直角，可少量一条辅助线)。

房屋建筑面积包括自有面积、分摊共有面积以及总面积，其测算规则及分摊方法见《房产

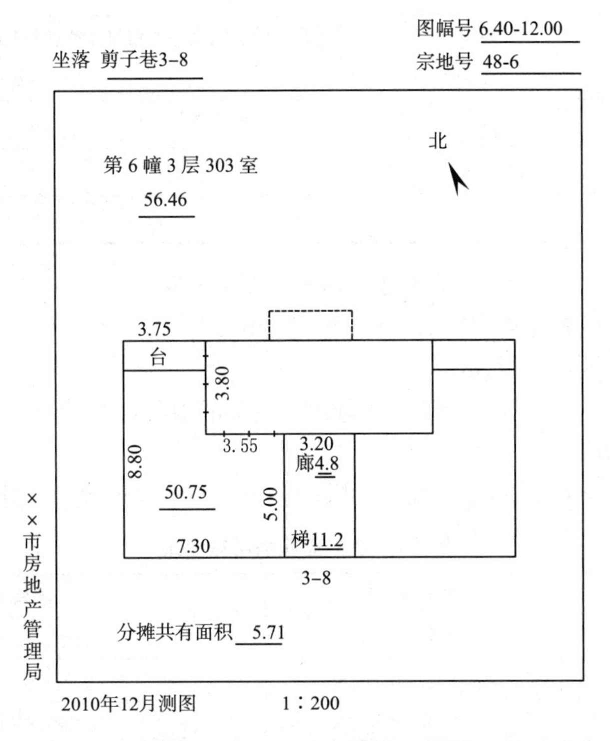

图3.20　房屋分层分户平面图样图

测量规范》“房产地籍中的面积量算”有关内容。在分户图上三种面积均应表示出来，不能只注记一个总面积。自有建筑面积注记在房屋图形内，共有共用的分摊面积注记在图的左下角，总面积注在房屋幢号、所在层次、室号的下方，如图3.20所示。

知识拓展

1. 房产图测绘的精度

(1)分宗图地物点相对于邻近控制点的点位中误差不超过图上±0.5mm。

(2)房屋边长量测至0.01m，边长应两次丈量取中数，两次较差、矩形房屋对边长度之差均应满足：

$$\Delta D \leqslant \pm 0.004D$$

式中　ΔD——两次丈量较差，m；

　　D——房屋边长，m。

2. 房产测量的精度要求

房产测量中以中误差作为评定精度的标准，以两倍中误差作为限差。

(1)房产界址点的精度

房产界址点(以下简称界址点)的精度分三级，各级界址点相对于邻近控制点的点位误差和间距超过50m的相邻界址点的间距误差不超过表3.3的规定；间距未超过50m的界址点间的间距误差限差不应超过式(3.4)的计算结果。

表 3.3 房产界址点精度要求

界址点等级	界址点相对于邻近控制点的点位误差和相邻界址点间的间距误差/m	
	中误差	限差
一	±0.02	±0.04
二	±0.05	±0.10
三	±0.10	±0.20

$$\Delta D=\pm(m_j+0.02m_j\times D) \tag{3.4}$$

式中 m_j——相应等级界址点规定的点位中误差，m；

D——相邻界址点间距，m；

ΔD——界址点坐标计算的边长与实量边长较差的限差，m。

(2)房产面积的精度

房产面积的精度分为三级，各级面积的限差和中误差不超过表 3.4 计算的结果。

表 3.4 房产面积的精度要求

房产面积的精度等级	中误差/m^2	限差/m^2
一	$0.01\sqrt{S}+0.0003S$	$0.02\sqrt{S}+0.0006S$
二	$0.02\sqrt{S}+0.001S$	$0.04\sqrt{S}+0.002S$
三	$0.04\sqrt{S}+0.003S$	$0.08\sqrt{S}+0.006S$

注：S 为房产面积，单位 m^2。

相关规范、规程与标准

1. 房产测量规范

(1)房产面积测算一般规定

①房产面积测算的内容

面积测算系指水平面积测算。分为房屋面积和用地面积测算两类，其中房屋面积测算包括房屋建筑面积、共有建筑面积、产权面积、使用面积等测算。

房屋的建筑面积系指房屋外墙(柱)勒脚以上各层的外围水平投影面积，包括阳台、挑廊、地下室、室外楼梯等，且具备上盖，结构牢固，层高 2.2 m 以上(含 2.2 m)的永久性建筑。

房屋的使用面积系指房屋户内全部可供使用的空间面积，按房屋的内墙水平投影计算。

房屋的产权面积系指产权主依法拥有房屋所有权的房屋建筑面积。房屋产权面积由直辖市、市、县房地产行政主管部门登记确权认定。

房屋的共有建筑面积系指各产权主共同占有或共同使用的建筑面积。

②面积测算的要求

各类面积测算必须独立测算两次，其较差应在规定的限差以内，取中数作为最后结果。量距应使用经检定合格的卷尺或其他能达到相应精度的仪器和工具。面积以平方米为单位，取至 0.01 m^2。

(2)用地面积测算

①用地面积测算的范围

用地面积以丘为单位进行测算，包括房屋占地面积、其他用途的土地面积测算，各项地类面积的测算。

②下列土地不计入用地面积

a. 无明确使用权限的冷巷、巷道或间隙地。

b. 市政管辖的道路、街道、巷道等公共用地。

c. 公共使用的河涌、水沟、排污沟。

d. 已征用、划拨或者属于原房地产证记载范围,经规划部门核定需要作市政建设的用地。

e. 其他按规定不计入用地的面积。

③用地面积测算的方法

用地面积测算可采用坐标解析计算、实地量距计算和图解计算等方法。

2. 中华人民共和国物权法

宅基地使用权表述如下:

①宅基地使用权人依法对集体所有的土地享有占有和使用的权利,有权依法利用该土地建造住宅及其附属设施。

②宅基地使用权的取得、行使和转让,适用土地管理法等法律和国家有关规定。

③宅基地因自然灾害等原因灭失的,宅基地使用权消灭。对失去宅基地的村民,应当重新分配宅基地。

④已经登记的宅基地使用权转让或者消灭的,应当及时办理变更登记或者注销登记。

典型工作任务4　变更地籍测量

3.4.1　工作任务

变更地籍调查及测量是指在完成了初始地籍调查和测量工作之后,为了适应日常地籍测量工作的需要,使地籍数据能保持现势性而进行的土地及其附属物的权属、位置、界线、数量、质量及土地利用现状的变更调查。通过变更地籍调查和测量,可不断完善地籍的内容,使其具有良好的现势性。

1. 变更地籍测量的目的

(1)为了保持地籍资料的现势性;

(2)使实地界址点位逐步得到认真的检查、补置和更正;

(3)使地籍数据中的文字部分逐步得到核实、更正和补充;

(4)使初始地籍中可能存在的差错逐步得以消除;

(5)随着现代地籍测量的发展,要逐步用高精度的变更地籍测量成果替代原有精度低的成果,使现代地籍测量成果的质量逐步提高,从而跟上社会经济的发展,满足新的要求。

2. 变更地籍测量的任务

变更地籍测量主要任务是及时反映土地权属变更现状,为保持地籍档案的现势性、可靠性、完整性提供测量技术保障。

3.4.2　相关配套知识

众所周知,地籍资料要保持现势性才有实用价值。但随着社会经济的发展,土地数量、质量、地类、地权及房产等情况会不断发生变化。为此,地籍资料应根据需要定期或不定期进行修正、更新和补充，及时掌握土地动态变化信息。

地籍资料的更新，主要是地籍要素的变更调查和变更登记，地籍图的修测或重测，新增界址点的补测，面积重新量算等。为了做好地籍资料的更新工作，首先应根据申请变更登记内容收集资料，并到实地踏勘，制定更新的工作计划。经过更新后的资料应与更新前的地籍资料一起保存，以便保持地籍资料的连贯性、完整性和系统性。

目前，我国的每个县市均有国土资源局和相应的地籍测量专业队伍，来实施变更地籍调查和测量工作。当一个单位或某家某户需要进行土地转让和修建房屋时，均需首先进行地籍的变更测量，取得新的地籍测量资料，然后才能具体实施土地的买卖和建筑计划。国土资源局应随时将这些动态资料归档和更新数据库，并上报上级部门。

1. 变更地籍测量的实施

1)检查、恢复界址点

变更地籍测量方法一般采用解析法，暂不具备条件的，可采用不低于原勘丈精度的方法。无论采用何种方法，在认定变更界址点和用解析法更新前，均须以原地籍调查表、宗地图、界址点坐标为依据，检查尚有标志的界址点实地位置的正确性，纠正原勘丈和测量数据的错误，恢复仍需保留的界址点上丢失或移位的界标，然后依据经检查证实实地位置正确的界址点、图根点进行变更地籍测量。

(1)界址点的检查

首先应检视界标是否完好，然后复量相邻界址点之间、界址点与邻近地物点之间的距离，检查复量值与原勘丈记录值是否相符，如果不超限，则保留原数据；当复量值与原记录不符时，应分析原因按不同情况处理。如果对原勘丈数据有把握肯定是明显错误的，则可以修改；如果复量值与原勘丈值的差数超限，经分析是由于原勘丈值精度低造成的，则可用红线划去原数据，写上新数据；如果分析结果是界址点标志有所移动，则应使其复位。

(2)界址点的恢复

如果界址点标志丢失，则应利用其坐标用内分、距离交会或放样(直角坐标、极坐标、交会、全站仪坐标放样、GPS－RTK)等方法恢复界址点的位置；如果原界址点无解析坐标，也可以利用相邻界址点间距、界址点至相邻地物点间距，在实地使界址点位得到恢复。再用宗地草图上的勘丈值检查，然后取得有关指界人同意后设立新界标。若放样结果与勘丈结果不符，则应查明原因后处理。若意见不统一，可以不做结论，按有争议界址处理。

因为测定界址点位置和界址点放样是互逆的两个过程，不管用哪种方法，恢复界址点位置都归纳为两种已知数据的放样，即已知直线长度的放样和已知角度的放样。当然，在数字技术发展的今天，也可以采用全站仪或 GPS－RTK 进行程序法坐标放样。

(3)界址点的鉴定

依据地籍资料(原地籍图或界址点坐标成果)在实地鉴定土地界址是否正确的测量工作，称为界址鉴定(简称鉴界)。界址鉴定工作通常是在实地界址存在问题，或者双方有争议时进行。

问题界址点如有坐标成果，且临近还有控制点(三角点或导线点)时，则可参照坐标放样的方法予以测设鉴定。如无坐标成果，而能在现场附近找到其他的明显界址点时，应以其暂代控制点，据以鉴定；否则，需要新施测控制点，测绘附近的地籍现状图，再参照原有地籍图、与邻近地物或界址点的相关位置、面积大小等加以综合判定。重新测绘附近的地籍图时，最好能选择与旧图等大的比例尺并用聚酯薄膜测图，这样可以直接套合在旧图上，加以对比审查；若采用数字地籍测量，则可以在计算机上进行数字比较来鉴定。

正常的鉴定测量作业程序如下。

① 准备工作

a. 调用地籍原图、表、册。

b. 精确量出原图图廓长度，与理论值比较是否相符；否则，应计算其伸缩率，作为边长、面积改正的依据。

c. 复制鉴定附近的宗地界线，原图上如有控制点或明确界址点（愈多愈好），尤其要特别小心地转绘。

d. 精确量定复制部分界线长度，并注记于复制图相应各边上。

e. 若为数字测图，则可在计算机上直接调用。

② 实地施测

a. 依据复制图上的控制点或明确的界址点位，并判定图与实地相符正确无误后（如点位距被鉴定的界址处很近且鉴定范围很小时），即在该点安置仪器测量。

b. 如所找到的控制点（或明确界址点）距现场太远或鉴定范围较大时，应在等级控制点间，按正规作业方法补测导线，以适应鉴界测量的需要。

c. 用光电测设法、支距法或其他点位测设方法，将要鉴定的界址点的复制图上位置测设于实地，并用鉴界测量结果计算面积，核对无误后，报请土地主管部门审核备案。

2)变更界址点的测定

①更改界址的变更地籍测量中，当土地发生合并时，只需保留合并后新形成宗地的界址点的位置，这时应销毁不再需要的界标，废弃的界址点不得再用，并在原地籍调查表复制件中用红笔划去有关点或线。

②当土地发生分割时，除了销毁不需要的界标，废弃的界址点不得再用外，还需测定新增界址点的位置。若分割点在原界址边上，可依据申请者埋设的界标，丈量分割点对相应界址点的间距，用截距法计算坐标，或用申请者给定的条件计算得坐标后，于实地放样埋设界标。若分割点在原宗地内部时，依据申请者埋设的界标，丈量原界址点至分割点的距离，用距离交会等方法计算分割点的坐标。

③当界址边界调整时，也可依据检查过的界址点，丈量新增界址点对原界址点的距离，用距离交会或其他解析方法计算新增界址点坐标，必要时依据原图根点或新布设的图根点，用极坐标法或支导线法测定其坐标。

④原测量方法为图解法，用图解法变更勘丈，与解析法变更原理相同，用图解法确定新增界址点在二底图上的位置；原为部分解析法，有条件的按要求用解析法变更。当界址变更占图幅或街坊 1/2 时，应用解析法按街坊更新地籍图。

2. 地籍测量资料的变更

变更地籍测量后，应将有关的资料进行变更。应做到各种地籍资料之间有关内容的一致性，不应在变更以后使得本宗地的图、表、卡、册、证之间以及相邻宗地之间共同边界描述及宗地四邻等内容产生矛盾。

地籍资料的变更应遵循用精度高的资料取代精度低的资料、用现势性好的资料取代陈旧的资料这一原则。考虑到变更地籍资料的规范性、有序性，应对变更后地籍资料有下列要求：

(1)宗地号、界址点号

在长期的地籍管理过程中，一个宗地对应着一个唯一的宗地形状，宗地合并、分割及边界调整时，宗地形状会改变。这时，宗地必须赋以新号，而旧的宗地号将永远消失，不可再用。同理，旧界址点更改废弃后，该点在街道或街坊内的原编号也将永远消失，不再使用，新的界址点必须赋以新号。

(2)宗地草图

宗地草图必须按照变更后的情况，依照规范要求重新绘制。

(3)地籍调查表

变更地籍调查表，应在现场调查时填写，并由有关人员签字盖章认可，用以替代旧的地籍调查表。

(4)解析界址点坐标册的变更

如果原地籍资料中没有该点的坐标(如用栓距等勘丈值确定的界址点或是分割中新设置的界址点)，则用新测的坐标直接作为重要的地籍资料保存备用。

如果新测坐标值与原坐标值的差数在限差以内，则保留原坐标值，新测资料归档备查。

如果旧坐标精度较低，则用新坐标取代原有资料。在界址点坐标册中，用红色细线划去废弃或错误的界址点坐标，用红色数字注出新增或正确的坐标值。改动之处注变更日期、作业员姓名。

(5)地籍图的变更

地籍原图作为原始档案，不作改动。地籍图的内容变更在二底图上进行。发生变更时，先将二底图复制一份，用红色标明变更内容，将其作为历史档案保存备查。然后根据变更测量成果及新的宗地草图修改二底图的有关内容，刮去废弃的或错误的界址点位、线和注记，着墨绘出新界址点、线和注记。

对于数字地籍图的变更，可随宗地的变更而随时变更，既方便，又快捷。但必须保存每一次的变更状况，变更一次就要存档一次。

(6)宗地图的变更

宗地图是土地证书的附图，变更地籍测量结束后，都应按照变更后的地籍图或宗地草图，遵照《地籍调查规程》规定重新绘制宗地图，原宗地图加盖“变更”字样的印章保存。

按新的宗地草图和地籍图绘制变更宗地的宗地图，当变更涉及邻宗地时，邻宗地的宗地图也应重新制作。在原宗地图的复制件上，用红色修改变更地籍号等内容，与宗地图的原件一起归档保存；当变更涉及邻宗地但不影响该邻宗地的权属、界址范围时，邻宗地的宗地图无需重新制作。

(7)宗地面积的变更

①原计算方法为解析法，用解析法进行变更，即变更时用解析法测量界址点坐标，用解析坐标计算新的宗地面积。宗地分割后各宗地面积之和应等于原宗地面积，闭合差按比例配赋；边界调整前后的宗地面积之和应相等，闭合差按比例配赋；合并后的宗地面积应等于原若干个被合并宗地面积之和。新的精度较高的宗地面积取代旧的精度较低的面积值，由此引起的街坊内宗地面积之和与原街坊宗地面积之和的不符值可暂不处理。

②原计算方法为图解法，用图解法变更时，各分割宗地面积之和应等于原宗地面积；边界调整时各宗地面积之和应等于原宗地面积；合并宗地面积应等于原宗地面积之和。以上条件若不满足，存在闭合差，则均以原宗地面积为控制，按面积成比例配赋。图解法中图幅理论面积与变更后街坊面积之和的不符值，可暂不处理。

(8)房产要素的变更

制作新的房屋调查报告，在地籍调查表中填写最新调查数据。已建立地籍信息系统的，可在计算机上完成。

变更地籍调查与测量完成后，方可履行变更房地产的变更手续，在土地登记卡或房地产登记卡中填写变更记事，换发土地证书或房产证书。

知识拓展

1. 日常地籍测量的目的及内容

(1)日常地籍测量的目的

及时掌握土地利用现状的变化情况，便于土地管理部门科学地进行日常管理工作，并使之制度化、规范化。

(2)日常地籍测量的内容

主要包括界桩放点测量、制作宗地图和房地产证书附图、房屋调查、建设工程验线、竣工验收测量等。具体内容如下：

①土地出让中的界桩放点和制作宗地图。

②房地产登记发证中的地籍测量工作。

③房屋预售调查和房改中的房屋调查。

④工程定位验线测量。

⑤竣工验收测量。

⑥征地拆迁中界址测量和房屋调查。

地籍测量成果不但具有法律效力，而且有行政效力，所以必须由政府部门组织完成测量工作和出具成果资料。委托测量单位时须申请且测量单位必须满足如下条件：

①测量队伍必须在当地注册登记，具有地籍测量资格，从事测量工作的人员具有地籍测绘上岗证。

②所有测量成果以国家土地管理局的测绘主管部门的名义出具，经审核、签名、盖章后生效。

2. 土地出让中的界桩放点和制作宗地图

在办理用地手续后，由测绘部门实施界址放桩和制作宗地图及其附图。作业流程如下。

(1)界桩放点和制作宗地图的依据

用地方案确定后，将用地方案图传送到所属的测绘部门办理界址点放桩和宗地图制作手续。受理界桩放点或制作宗地图的依据是:必须有地政部门提供的盖有印章、编号、在有效期内的红线图或宗地图。

(2)测绘部门处理用地方案图

①若用地方案图有明确界线坐标及红线，则按实地坐标放点。与周围无矛盾时便可埋设界桩，向委托单位交验桩位；否则，做临时标志，记录清楚，通知地政部门。由地政部门重新确定方案后，按上述程序通知测量部门放桩；用地红线需调整，则由业主重新调整。

②若用地方案图中无界桩坐标，则由文字要求实地测量有关数据或测算出所需界桩坐标后，返回地政部门确认。确认后，将标明界桩点的坐标红线图交测绘部门，测绘部门确定是否实地放点埋桩。

(3)宗地号和界址号

红线图上界址点经实地放桩确认后，进行宗地编号和界址点编号。

(4)编写界桩放点报告

界桩放点报告是界桩放点的成果资料，包括放桩过程、起算数据、仪器说明、放点略图、坐标成果等。它是建筑工程验线的基础资料之一，在申请开工验线时要出示；同时，也是征地、拆迁的基础资料。对未平整土地、未拆迁宗地的界桩放点，实地放桩困难，注明“本界桩点仅供拆迁、平整土地使用，不能用于施工放样线”字样，此类界址点只作临时点，要补放。

(5)制作宗地图

制作宗地图与编写放点报告同时进行，一式15份，交地政科签订土地使用合同时使用。

制作宗地图的主要内容包括宗地权界、界址点位置、建筑物、相邻宗地关系“四至”。

制作宗地图的要求如下：界址线清楚，面积准确，四至明确，注记齐全，比例尺适当(8开、16开、32开)，界址点用1.0mm直径的圆圈表示，界址线用0.3mm粗的红线表示。

3. 房地产登记发证中的地籍测量工作

房地产登记发证中的地籍测量工作包括宗地确权后的界址点测量、附属建筑物的面积调查、宗地图制作。

凡原来有红线或实际用地与红线不符，或宗地分割、合并引起权属界线发生变化等，在申请登记发证时，要进行界址测量。对出让的土地建好后，进行房地产登记时，要进行现状测量和建筑物面积的丈量。

界址点测量、房屋调查以及宗地图制作由测绘部门负责，具体程序如下。

(1)地籍测量申请

由房地产管理部门通知业主向测绘部门申请地籍测量，并要求业主提供下列资料：用地红线位置图、房屋位置略图、批准的建筑施工图、填写的地籍测量任务登记表。

(2)土地权属调查

接到地籍测量任务委托后，在规定时间内，由房地产管理部门负责人与业主、测绘人员一起到实地核实界址点位置，界址点位置确定后，测绘人员绘制宗地草图，有关人员签字、盖章。

(3)实地测量

①埋设标志。

②测量界址点坐标。

③检查宗地四至变化情况，做修测、补测外业后，进行内业资料整理计算。对测量的坐标，根据周围宗地坐标进行调整，相邻宗地不可重叠、交叉，否则，及时更正界址标志。若要进行房屋调查，其过程是：审核建筑设计图；到实地检查房屋建筑；验证尺寸。精度合格可按图上数据计算建筑物面积；否则，全部实地丈量。

(4)宗地编号和界址点编号

宗地编号和界址点编号，若登记发证时的宗地和土地出让时一致，则无需再编，原宗地号即为发证时的宗地号，界址点号也不变；若原来无宗地号，则按最大号续编。

(5)编写界址测量报告

其主要内容有：

①界址说明测量过程(时间、人员、定界依据)、规范、精度要求等；

②起算点、测量方法、仪器、测量过程；

③界址测量略图；

④坐标成果表;

⑤宗地位置略图。

(6)绘制宗地图(分户图)

房地产登记发证中的宗地图与土地使用权出让中的宗地图绘制方法、要求完全相同,但用途不同。土地出让中的宗地图附在土地使用合同后,作为合同的组成部分;而房地产登记中的宗地图是房产登记卡的附图,是房地产证的重要组成部分。

对于签订土地使用合同,仅进行土地登记时,可将原宗地图复制后供登记时使用,无需重新制作。

(7)提交资料

房地产登记发证中的地籍测量应提交的资料有:界址测量报告、房屋调查报告以及宗地图。其中,房屋调查报告,测绘单位与用地单位各留一份;宗地图交付登记发证单位使用,用地单位不留。

4. 房屋预售调查和房改中的房屋调查

房屋预售调查和房改中的房屋调查作业程序如下。

(1)调查申请

凡需房屋调查的,由有关单位向国土局测绘部门提出申请,填写地籍测量人员登记表。申请房屋调查时应提交房屋建筑设计图(包括平、立、剖面图,发证时还需提供结构设计图)和房屋位置略图。

(2)预售调查

对在建的房屋进行预售(楼花)的调查,使用经批准的设计图设计面积,计算完毕后,必须在所使用的设计图纸上加盖"面积计算用图"印章。

(3)房改中的房屋调查

房改中的房屋以实地调查结果为准。原进行过预售调查的需到实地复核,凡在限差范围内的维持原调查结果,不作改变;否则,重新丈量并计算。

(4)提交资料

房屋调查的成果资料是房屋调查报告,一份交申请单位,一份由测量部门存档。

5. 工程验线

工程验线是指经批准的建筑设计方案,在实地放线定位以后的复核工作。工程验线时主要检查建筑物定位是否与批准的建筑设计图相符,检查建筑物红线是否符合规划设计部门的要求。

建筑单位申请开工验线时,先进行预约登记,确定验线的具体时间。申请开工验线需提供如下资料:用地红线图、经批准的建筑物总平面布置图、界址界桩放点报告、建设工程规划许可证(基础先开工的提交基础开工许可证)。在正式验线前,建设单位应在现场把建筑物总平面布置图上的各轴线放好,撒上白灰或钉桩拉好线,各红线点界桩必须完好,并露出地面。

在建设单位提交的资料齐全、准备工作完善的情况下,验线人员必须在规定时间内予以验线,并制作开工验线测量报告。如因特殊原因无法依约进行,一方应提前一天通知另一方,并重新商定验线日期。

验线人员到实地验线时应做如下工作:

(1)查看地籍图或地籍总图。

(2)查看界桩点情况,在条件允许的情况下,最好能复核界桩位置。

(3)实地对照建筑物的放线形状与地籍图或地籍总图是否相符。

(4)测量建筑物的放线尺寸与图上的数据是否相符。

(5)测量建筑物各外沿边线和红线是否符合规划设计要点。

在验线结束后,建设单位交付验线费用,验线人员在建设工程规划许可证上签署验线意见,加盖“建筑工程验线专用章”。只有验线合格者,工程方可开工。

6. 竣工验收测量

竣工验收测量是规划验收的重要环节,同时也是更新地形图内容的重要途径。竣工验收测量成果供竣工验收和房地产登记使用,同时也用于地形图、地籍图内容的更新。竣工验收测量的主要内容包括竣工现状图测绘、建筑物与红线关系的测量和房屋竣工调查。竣工验收测量程序如下:

(1)测绘部门在接到竣工验收测量通知书后,根据通知书中的竣工验收项目和有关技术规定在规定时间内完成测量工作。

(2)竣工现状图比例尺选 1∶500,采用全数字化方法或一般测量方法测量,竣工图上必须标出宗地红线边界和界址点,测出建筑物与红线边界的距离、室内外地坪标高、建筑物的形状以及宗地范围内和四至范围的主要地形地物。

建筑面积复核以实地调查为准。原进行过预售调查的,对预售调查结果进行复核,凡在限差范围内的,维持原调查结果,不作改变;超出限差的,重新丈量计算。

(3)竣工测量提交的成果资料包括建设工程竣工验收测量报告一式三份和房屋调查报告一式两份。

建设工程竣工验收测量报告书一份交建设单位,一份交规划验收部门,一份由测绘部门存档;房屋调查报告一份交建设单位,一份由测绘部门存档。

(4)测绘部门根据竣工现状图及时修改更新地形图、地籍图、房产图等资料。

7. 征地拆迁中的界址测量和房屋调查

由征地拆迁管理部门向测绘部门下达测量调查任务,或由用地单位提出申请。申请界址测量的应由征地部门提供征地范围或由征地人员同测量人员一起到现场调查。申请房屋调查的应提供房屋平面图和位置略图。测量方法同前所述,但对即将拆迁的房屋要统计存档,确定征地拆迁中的房屋数量,以便城市规划和管理部门制定各项制度时参考。

相关规范、规程与标准

1. 城镇地籍调查规程

变更地籍勘丈(以下简称变更勘丈)的方法一般应采用解析法。暂不具备条件的可采用本规程规定的其他方法。其变更勘丈精度不应低于原精度。

无论采用何种变更勘丈方法,均应以地籍平面控制点或界址点为依据,首先检测本宗地及相邻宗地界址点间距,确认无误后再进行变更勘丈。

宗地草图应在变更勘丈过程中重新绘制,不得在原有宗地草图上划改或重复使用。

①解析法分割宗地的要求:

分割点在原界址线上时,可依申请者埋设的界标勘丈该分割点距两界址点距离后,计算分割点坐标;或用申请者给定的条件计算坐标后,于实地放样埋设界桩。

分割点在宗地内部时,依申请者埋设的分割界桩勘丈分割点的坐标。

②图解法分割宗地的要求：

分割点在原界址线上的，经勘丈其分段长度之和应与原界址线长度相符，并按分段长度展绘分割点于图上。

分割点在宗地内部的应按申请者所指点位，根据图上相关地物距离和实地相关地物距离的关系确定实地分割点位后，精确勘丈界址边长及几何关系长度。

2. 地籍测量规范

随着地籍要素的更新，地籍图也要进行修测与更新。

地籍图的修测可在地籍原图或复制的底图上进行，也可在影像平面图上进行。

为确保修测达到所要求的精度，修测前应先检查原图或底图方格网的变化情况，图纸的伸缩若超过规定的指标，则该原图或底图不能作修测用。

此外，对测区地籍控制点应进行认真检查，对埋石点也应作一次检查，凡未达到规范限差要求的，必要时应及时加以补充。

地籍图修测的主要内容包括各级行政界线、宗地界线、地块界线，新增主要地物以及修测后的土地编号和注记。修测后的地籍图，其上界址点、地物点精度应与原图精度一致。

地籍图的修测方法，可根据具体情况进行选择。修测时，应特别注意尽量利用街、巷旁原有导线点或相关地物点对修测、补测的界址点和地物点进行校核，即用相关的实地水平距离与图上对应长度进行比较，以便即时发现错误，现场纠正，确保修测图的精度。

3. 第二次全国土地调查规程

变更方法及要求：

①一般的区采用实地补测的方法。方法与地物补测相同。

②有条件的地区，制作最新遥感正射影像图，采用内业提取变化、实地调查的方法。

③城镇内部采用解析法。

④行政界线未发生变化时，土地调查控制面积不得改动。

4. 城市测量规范

变更地籍调查，由土地管理部门完成。变更地籍测量应在变更地籍调查完成之后进行。变更地籍测量是测量分割或合并的宗地的地籍要素，包括变更地籍调查资料核实、变更界址点测量、变更后宗地图测绘、面积量算与地籍图修测。

变更地籍测量应采用解析法，暂不具备条件时可采用本规范所规定的其他方法，但测量精度不得低于原精度。

权属变更点的测量均应以地籍平面控制点或原界址点为依据，首先检测本宗地与相邻宗地间距无误后，再进行变更测量。

地籍控制点破坏较大地区，应首先补测控制点且符合本规范有关规定。

宗地变更后的编号应符合下列规定：

①宗地第一次分割后的各宗地以原编号的支号顺序编列，如18号宗地分割成3块宗地，分割后的宗地编号分别为18-1、18-2、18-3。分割后的宗地发生第二次分割，则分割后的各宗地编号，按分割支号后再加支号顺序编号，如18-2又变更分割为2块宗地，则编号分别为18-2-1、18-2-2。

②当数宗地合并为一宗地时，使用其中最小宗地号，其余宗地号一律不再使用。

项目小结

1. 要点：地籍图及其测绘方法；界址点测量及计算；宗地图的测制；农村居民地地籍图的编制；房产分幅图、分宗图、分户图的测绘；变更地籍测量；口常地籍测量。

2. 掌握的程度：要求学生掌握城镇地籍测量中地籍图及其测绘方法、界址点测量及计算，重点掌握全野外解析法数字地籍的思路与具体作业过程，实现计算机辅助成图。对于农村居民地地籍图编制、房产图的测绘力求实现数字地籍的目标，为地籍管理、地理信息系统提供基础资料，以适应社会发展和市场竞争的需要。

复习思考题

1. 细部测量的目的、内容是什么？
2. 什么叫地籍图？地籍图的比例尺如何选择？如何进行地籍图的分幅和编号？
3. 地籍图的内容有哪些？
4. 地籍图的精度如何确定？
5. 界址点的测量方法有哪些？如何计算界址点坐标？
6. 地籍图的测绘有哪几种方法？各适用于何场合？并简述各自的成图过程。
7. 宗地图有何作用？如何编绘宗地图？
8. 如何编制土地利用现状图及土地权属图？
9. 如何编制农村居民点地籍图？
10. 房产分幅图中应表示哪些要素？如何测绘？
11. 房产分宗图如何测绘？与分幅图有何不同？
12. 房产分户图如何测绘？与分宗图有何不同？
13. 试用全站仪机助成图方法测绘校园地籍图、房产图。

项目 4　地籍图的编绘与入库

项目描述

地籍图的编绘与入库是地籍测量内业工作的一项重要内容。本项目将重点讲述数字地籍测绘系统和用南方 CASS 2008 软件进行现代地籍图编绘，并建设地籍管理信息系统的方法。通过该项目的学习，要求学生能够运用相应绘图软件编绘数字地籍图，并建立地籍数据库。

拟实现的教学目标

1. 能力目标

- 能够理解数字地籍测绘的概念；
- 能够熟练掌握南方 CASS 2008 软件进行现代地籍图编绘；
- 能够运用 MapGIS 进行地籍管理信息系统建设。

2. 知识目标

- 理解数字地籍测绘系统的概念；
- 掌握运用南方 CASS 2008 软件进行现代地籍图编绘的基本方法、步骤；
- 掌握建设地籍管理信息系统的基本流程。

3. 素质目标

- 具有责任心、能自主完成现代地籍图编绘任务；
- 具有自主学习能力和分析应用能力，善于创新和总结经验；
- 具备优良的职业道德修养，遵守职业道德规范。

相关案例——天津市中心市区第二次土地调查地籍图编绘及入库

天津市中心市区第二次土地调查采用 1∶500 比例尺地籍图，地籍测量采用内、外业一体化的方式进行，采用解析法测量界址点。充分运用全球定位系统、全站仪等现代化测量手段，准确测定变更宗地的位置、界址等信息，土地部门人员负责权属资料的采集。最后，将调查结果全部录入地籍信息系统，建立了日常维护机制，保证调查结果实时更新。

(1)地籍测量成果包括：地籍调查表、地籍平面控制测量的原始记录及成果表，地籍测量原始记录、解析界址点成果表、地籍图、宗地图，以街坊、区为单位的宗地面积汇总表、城镇土地利用分类面积汇总表，1∶500 地籍图和结合图表。

(2)数据库录入及更新机制的建立：土地调查数据库主要包括土地权属、土地登记、土地利用、基础地理等信息。以市局 5.0 系统的升级版作为日常登记的管理平台，保证所有业务资料进入系统数据库，权利人申报的日常登记数据必须满足市局 5.0 系统升级版的数据要求。建立了土地资源变化信息的监测、调查、统计和快速更新机制，土地权属、地籍图、地形地物做到了实时更新。

通过该案例可知，地籍测量的内业处理部分包括地籍图编绘和数据库建设两部分内容。在本项目中，我们将要学习数字地籍测绘系统、地籍图编绘的基本方法以及地籍管理信息系统的建设流程和基本功能。

典型工作任务 1 数字地籍测绘系统

4.1.1 工作任务

数字地籍测绘系统(Digital Cadastral Surveying And Mapping system，DCSM)是以计算机为核心，以全站仪、GPS、数字化仪、立体坐标量测仪、解析测图仪等自动化测量仪器为输入装置，以数控绘图仪、打印机等为输出设备，再配以相应的数字地籍测绘软件，构成一个集数据采集、传输、数据处理及成果输出于一体的高度自动化的地籍测绘系统。

目前，国内市场上有许多数字测图软件，其中较为成熟的有南方测绘公司的 CASS 2008 地形地籍成图软件、武汉瑞德公司的 RDMS 数字测图软件、北京清华山维的 EPSW 数字测图软件等。以上几种数字测图系统各有特色，其主要功能大致相同。

常见的数字地籍测举系统的主要功能，如图 4.1 所示。

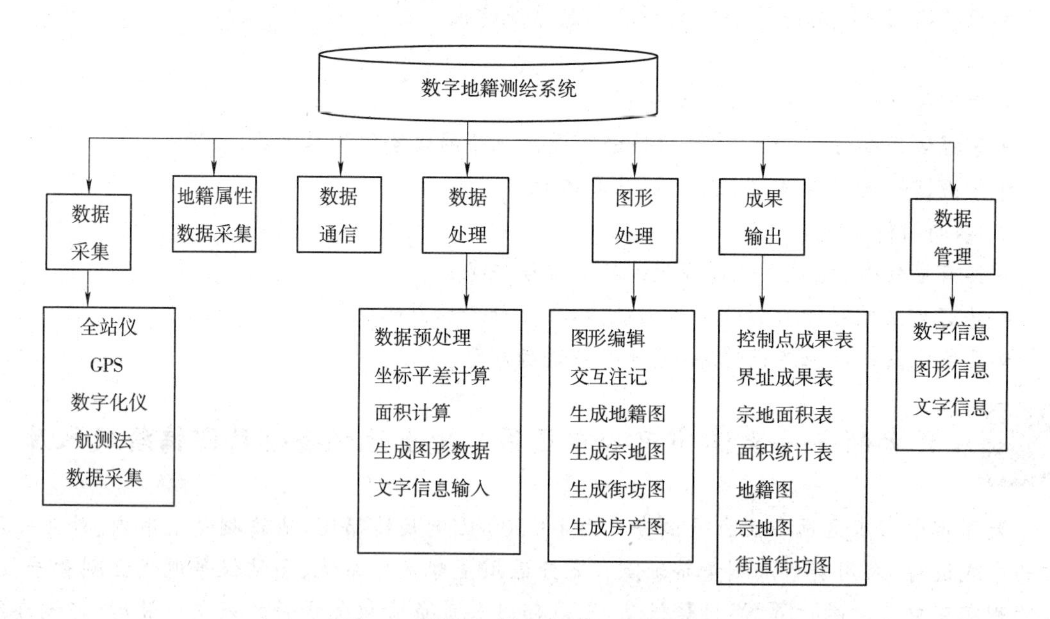

图 4.1 数字地籍测绘系统功能框图

(1)数字地籍测绘系统的目的：全面取代传统人工模拟测图，实现现代地籍测量目标，为地籍管理现代化、完成土地信息系统、实现数字城市、数字地球打下坚实的基础。

(2)数字地籍测绘系统的任务：充分吸收数字化成图、GIS(地理信息系统)、GPS(全球定位系统)、DE(数字地球)的最新技术，与全站仪、GPS—RTK 连接，进行内外业一体化作业，绘制各种地形图、地籍图和房产图等。

4.1.2　相关配套知识

1. 数据采集

1）全站仪数据采集

全站仪采集界址点坐标，利用全站仪的数据采集功能和存储管理模式进行数字化测图，获得界址点的坐标数据文件，以便于室内利用成图软件绘制宗地图和地籍图。利用全站仪配合棱镜在野外测量测站至待测细部点的方向、距离和高差，并将野外测量的数据自动传输（或人工键入）到电子手簿、IC 卡或便携式微机内记录，现场绘制地形（草）图，到室内将数据自动传输到计算机，借助计算机及配套的数字测图软件，人机交互编辑后，按一定的比例尺及图式符号自动生成数字地形图、地籍图和房产图，并由绘图仪自动输出各种图件（也称为计算机辅助成图）。

这种从野外实地采集数据的方法又称为野外地面数字测图，其实质是一种全数字、机助测图的方法。绘出的图件是以计算机磁盘（或光盘）为载体的数字地图，它是以数字的形式表达地形、地籍和房产信息（几何信息和描述信息）。目前，数字测图方法在现代地籍测量中已得到普及和应用。

全站仪数据采集的原理：首先建立一个文件名，用来保存采集数据。数据采集在菜单模式下分为三步进行，第一步设置测站点坐标，第二部设置后视边方位角，第三步进行界址点的数据采集。全站仪数据采集操作过程如图 4.2 所示。

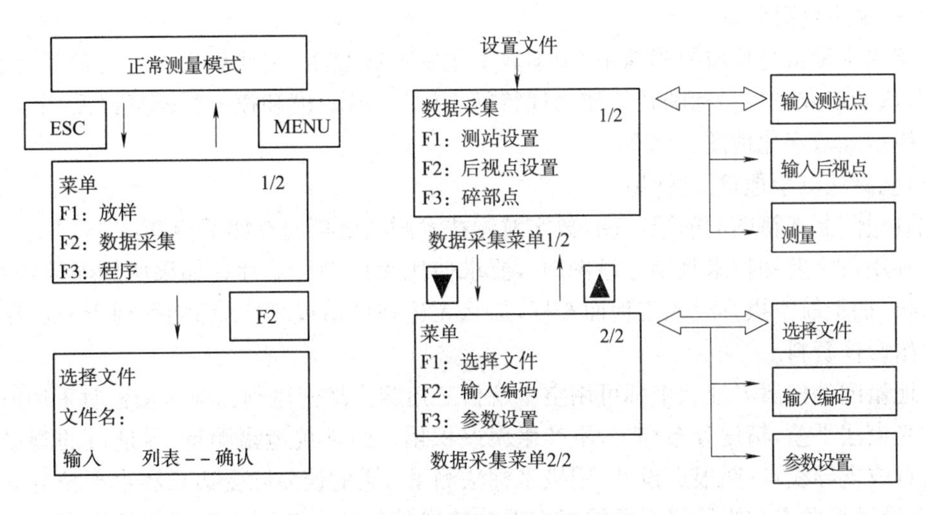

图 4.2　全站仪数据采集操作过程

下面以 RTS 632 型全站仪为例说明全站仪采集界址点坐标的过程：

①选择数据采集文件。按菜单键[MENU]，选择数据采集模式。

②选择坐标文件。若需要调用坐标数据文件中的坐标作为测站点或后视点坐标用，则预先应选择一个坐标文件。

③输入测站点。测站点坐标既可以从内存的坐标数据文件中调用，也可直接键盘输入。

④设置后视点。设置后视点有调用内存中的坐标、直接输入后视点坐标和直接输入后视方位设置角三种方法。

⑤数据采集与存储。当输入测站点和后视点后开始数据采集。一定要注意，在采集细部

点之前,应该对后视点的正确性进行检核。

2) GPS—RTK 数据采集

地籍测量是一项系统、复杂而艰苦的测绘工作,且要保持较高的精度(厘米级)和现势性。常规的测量方法有经纬仪、全站仪、测距仪等,其共同特点是要求测站点间必须通视,并且需要3个以上工作人员,费事费力,效率十分低下。近年来,由于 GPS 系统进一步稳定和完善,相应硬、软件不断提高,GPS—RTK 技术以其简单高效的特点被广泛应用于地籍测量方面。

①RTK 用于地籍控制测量。利用 RTK 技术可获得厘米级的精度,完全能满足地籍图根控制测量的要求。

②RTK 用于界址点测量。

采用 RTK 进行测图时,仅需一个人背着仪器在要测的碎部点上停留 1～2 s,输入特征编码,通过电子手薄或便携微机记录。把一个区域内的地形地物点测定后,回到室内,便可以输出所要求的地形图、地籍图或房产图。界址点的点位精度不会随测量点位的增多而产生误差积累,这是常规方法无法比拟的。

但是在影响 GPS 卫星信号接收的遮蔽地带,应使用全站仪、测距仪、经纬仪等测量工具,进行细部测量。

因此,将 RTK 技术与全站仪以及掌上电脑和测图软件结合起来,构成优势互补的内、外业一体化系统,便可克服单纯采用全站仪或 GPS—RTK 作业的缺点,可适应任何地形环境条件的地籍图测绘,实现全天候、无障碍、快速、高效和高精度作业。

3) 航测法数据采集

数字摄影测量是从航摄影像中,采集数字化图形或数字,在计算机中进行数值、图形和影像处理,从而研究被摄目标的几何和物理特征,并进行数—模和模—数转换以及图像处理,最后提供模拟和数字化地图。

(1)航测法测绘地籍图的特点

航测法测制地籍图的前景广阔,数字航测技术测绘地籍图有如下特点:

①利用数字航测技术测制地籍图时,要求使用大比例尺航片。如果所摄航片现势性好,影像清晰,加上航空摄影时人工地面布标,那么无论在城市或郊区,都能得到十分可靠的航测地籍原始影像资料。

②地籍图的权属界址点坐标可用空中解析三角测量加密得到。空三加密时采用航线区域网法和光束法平差,精度分布均匀,不产生误差积累。而常规地籍测量,界址点的测量常常是在导线点或支导线点、图根点设站,用极坐标法测量,它的误差除受边长和水平角的误差影响外,还受导线最弱点或支导线点及图根点误差传递的影响。特别是在建筑较为密集的市区或集镇,采用数字航测进行地籍测量更是优势明显。

③常规地籍测量所有的原始数据都必须在野外实地采集,野外工作量大。而数字航测地籍测量,由于使用的航片新、比例尺大,除基本控制测量、像控点联测和地籍权属要素调查在室外作业外,大部分测绘作业在室内进行。这减轻了劳动强度,提高了工作效率。

④数字航测地籍图信息丰富,以实时摄影的影像信息真实地记录了地表信息,既具有线划地图的几何特征,又具有数字影像直观、易读的特性。

(2)航测法地籍测量的主要步骤

①资料准备。首先收集与地籍测量有关的图件和文字资料,例如,航片、地形图和各种土地文件等。其次,根据仪器和人员状况,制定作业计划。

②人工布标。航摄前需要提前布设地标，使航摄时地标能清晰成像，以增强判点和刺点准确性。

③航空摄影。航测地籍测量的航摄相片要求分辨率高、比例尺大、航线正规。航测地籍测量的相片比例尺一般为 1∶3 000～1∶8 000。

④相片选点。航片室内选点用特种红蓝铅笔进行，平高点用双圆红铅笔标绘，平面点用单圆红铅笔标绘，高程点用蓝铅笔标绘。选好点后以区域为单位统一编号，同一区内不得同号。

⑤像控点测量。携带已经室内选点的航片，到外业实地判定确定点位，然后观测计算像控点坐标，作为内业加密定向点的依据。

⑥电算加密。即采用解析空中三角测量，加密内业定向点、图根点，进行平差。

⑦地籍调绘。持大比例尺正射影像图、大比例尺地形图、原有地籍图或航片到实地调绘行政界线、宗地界线、宗地权属状况等。

⑧内业处理。根据外业调绘的资料，运用软件进行内业处理或建库。

⑨面积量算。可以直接由计算机输出宗地面积，然后进行面积汇总和平差计算。

⑩编制地籍图和地籍簿册，将地籍数字化成果输入地籍数据库建档。

4)现有图形数字化采集

首先，利用数字化仪对已有的(可以满足需要的)大比例尺地形图进行数字化，获得地籍要素数据(不包括各宗地的界址点)，然后，则由野外实际测量和计算得到界址点坐标，然后，将这两部分数据叠加并在数据处理软件的控制下得到各种地籍图和表册。

数字化仪是将图形信息转换成数字信息输入计算机的设备。根据其工作原理，数字化仪分为手扶跟踪数字化仪和扫描数字化仪两大类。

(1)手扶跟踪数字化仪的使用

数字化工作具体实施之前必须做好准备工作，首先检查原图，保证原图满足数字地籍的要求，图形和数据的关系一一对应。其次坐标系的选择，通常以数字化板有效范围的左下角或原图内图廓的左下角为坐标原点，保证 x，y 坐标均为正值，有利于数据的处理与实际高斯坐标系统的转换。最后还需确定数字化方式，数字化时，通常只取图形的特征点(例如：起点、终点、拐点、极值点和独立地物的中心点等)，因此以选择点方式最为常见。手扶跟踪数字化仪，如图 4.3 所示。

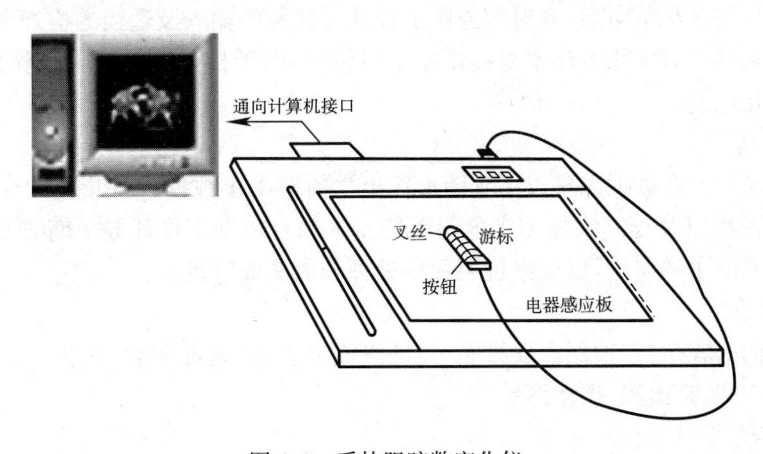

图 4.3 手扶跟踪数字化仪

进行现有图形数字化的实施具体步骤如下：

① 将原图放在数字化板的中央位置并置平，用透明胶纸贴紧，尽量使原图轮廓线与数字化板上的标志线平行。若底图图幅大于数字化仪板面的有效范围，可将原图分块数字化，分块幅面的接边和所采集坐标值应统一。这些均有系统软件处理。

②检查鼠标器和数字化板、数字化板和微机的接口，然后打开数字化仪电源开关，使数字化仪在微机和软件的控制下，初始化并进入运行状态。

③首先对图幅的四个图廓点进行数字化，一般按照左下、右下、右上、左上的顺序，即从左下角开始逆时针方向依次采集四个图廓点的坐标，并将结果以文件形式单独存盘。

④然后按图形地籍要素的类别依次采集特征点。要数字化某种要素(例如道路、水域、建筑物或宗地等)，首先要输入该要素的特征码，然后再依次采集该要素中的各个特征点。

⑤全图数字化结束后，应再次数字化四个图廓点，以此检核数字化成果的质量。

(2)扫描数字化的工作流程

扫描屏幕数字化是利用扫描仪将原地形图工作底图进行扫描后，生成按一定分辨率并按行和列规则划分的栅格数据，应用软件进行栅格数据矢量化，采用人机交互与自动化跟踪相结合的方法来完成地形图矢量化。扫描屏幕数字化也称为扫描矢量化，其作业过程实质上是一个解释光栅图像并用矢量元素替代的过程。工作流程如下：

①扫描图像

地形图扫描后，得到地形图的点阵图像数据，即栅格图像。栅格数据由像素组成，每一个像素代表着被扫描图像中一个极小的块，它是可以调节的，以适应复杂程度不同的图形。

②栅格图像预处理

对栅格图像的预处理实质上是对原始光栅文件进行修正，经修正最后得到正式光栅文件，以格式 TIFF、PCX、BMP 存储。

③细化处理

细化处理指在正式光栅数据中，寻找扫描线条的中心线的过程。

④地形图的矢量化

矢量化是在细化处理的基础上，将栅格图像转换为矢量图像。

⑤地形图的检查与编辑

地形图图形矢量化结束后，要对照原图进行注记符号的输入及适当的检查和编辑工作。

地形图扫描屏幕数字化方法本身的误差主要包含：图纸扫描误差、图幅定向误差、图像细化误差和矢量化误差。

2. 数据处理

数据处理实质是在数据采集以后到图形输出之前对采集数据进行相应的介绍软件处理，计算各宗地的面积以及绘制宗地图和地籍图等。本项目典型工作任务 2 南方 CASS 2008 绘图软件在地籍成图中的应用，以此来说明数据处理和成图的过程。

3. 成果输出

成果输出的内容包括：控制点成果表、界址点成果表，宗地面积表、面积分类统计表，地籍图、地形图、房产图、宗地图、街坊图等。

4. 数据库管理

数字地籍测会应以 GIS 平台为基础，满足各级数据库之间的互联互通和同步更新。同时应满足矢量数据、栅格数据和与之关联的属性数据的管理。应具有数据输入、编辑处理、查询、统计、汇总、制图、输出,以及更新等功能。

知识拓展

1. GPS—RTK 的基本操作和应用

1)RTK 可以做什么?

GPS—RTK 可进行如下测量工作:

①控制测量;②细部测量;③点放样;④直线放样;⑤线路放样;⑥断面测量等。

RTK 测量工作可归纳为数据采集和放样两大类。

RTK 由两部分组成:基准站部分和移动站部分。其操作步骤是先启动基准站,后进行移动站操作,完成数据采集或者点位放样工作。图 4.4 所示为基准站示意图。图 4.5 为南方测绘仪器 S86 主机示意图。

2)仪器的连接——基准站

在基准站架设点上安置脚架,安装上基座,再将基准站主机用连接器安置于基座之上,对中整平(基准站架设点可以架在已知点或未知点上,这两种架法都可以使用,但在校正参数时操作步骤有所差异)。

安置发射天线和电台,将发射天线用连接器安置在另一脚架上,将电台挂在脚架的一侧,用发射天线电缆接在电台上,再用电源电缆将主机、电台和蓄电池接好,注意电源的正负极正确(红正黑负)(如用内置电台则无需此步操作)。

图 4.4　GPS—RTK

基准站架设的好坏,将影响移动站工作的速度,并对移动站测量质量有着深远的影响。因此,在进行 RTK 作业时,注意使基准站位置具有以下条件:

①在 15°截止高度角以上的空间应没有障碍物。

②邻近不应有强电磁辐射源,比如电视发射塔、雷达电视发射天线等,以免对 RTK 电信号造成干扰,离其距离不得小于 200 m。

③基准站最好选在地势相对高的地方以利于电台的作用距离。

④地面稳固,易于点的保存。

⑤不宜在树木等对电磁传播影响较大的物体下设站。因为在这种环境下,接收机接收的卫星信号将产生畸变,影响 RTK 的差分质量,使得移动站很难得到固定解 FIXED。

3)仪器的连接——移动站

(1)移动站安装

基准站安置完毕后,将移动站主机接在碳纤对中杆上,并将接收天线接在移动站主机顶部,同时将手簿使用托架夹在对中杆的适合位置。

(2)主机与手簿操作

① 打开主机

轻按电源键打开移动站主机,主机开始自动初始化和搜索卫星,当达到一定的条件后,主

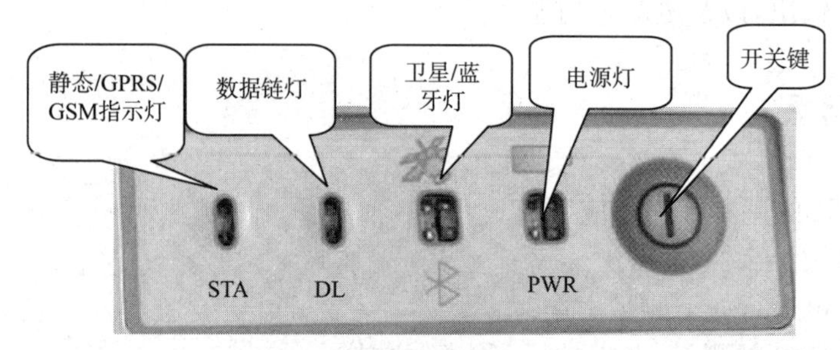

S82正面板

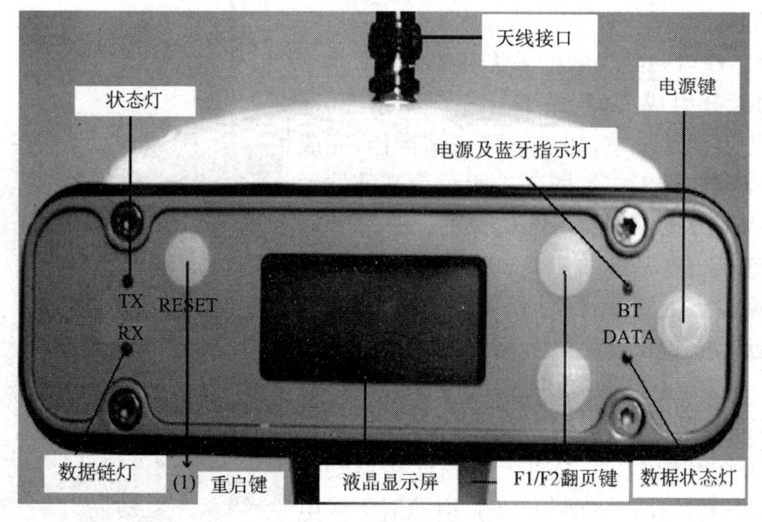

S86正面板

图 4.5　GPS—RTK 仪器连接显示

机上的 RX 指示灯开始 1 s 闪 1 次(必须在基准站正常发射差分信号的前提下),表明已经收到基准站差分信号。

② 打开手簿

按住<ENTER/ON>至少 1 s,即可打开。

③ 工程之星软件操作

启动工程之星软件,用光笔双击手簿桌面上"工程之星",即可启动。

启动软件后,软件一般会自动通过蓝牙和主机连通。如果没连通,则需要设置蓝牙(设置→ 连接仪器→ 选中"输入端口"→ 点击"连接")。

软件和移动站主机连通后,软件会让移动站主机自动去匹配基准站发射时使用的通道。如果自动搜频成功,则软件主界面左上角会有差分信号在闪动,并在左上角显示数字,要与电台上显示一致。如果自动搜频不成功,则需要进行电台设置(设置→ 电台设置→ 在"切换通道号"后选择与基准站电台相同的通道→ 点击"切换")。

在确保蓝牙连通和收到差分信号后,开始新建工程(工程→ 新建工程),选择向导,依次按要求填写或选取如下工程信息:工程名称、椭球系名称、投影参数设置、四参数设置(未启用可以不填写)、七参数设置(未启用可以不填写)和高程拟合参数设置(未启用可以不填写),最后确定，工程新建完毕，如图 4.6 所示。

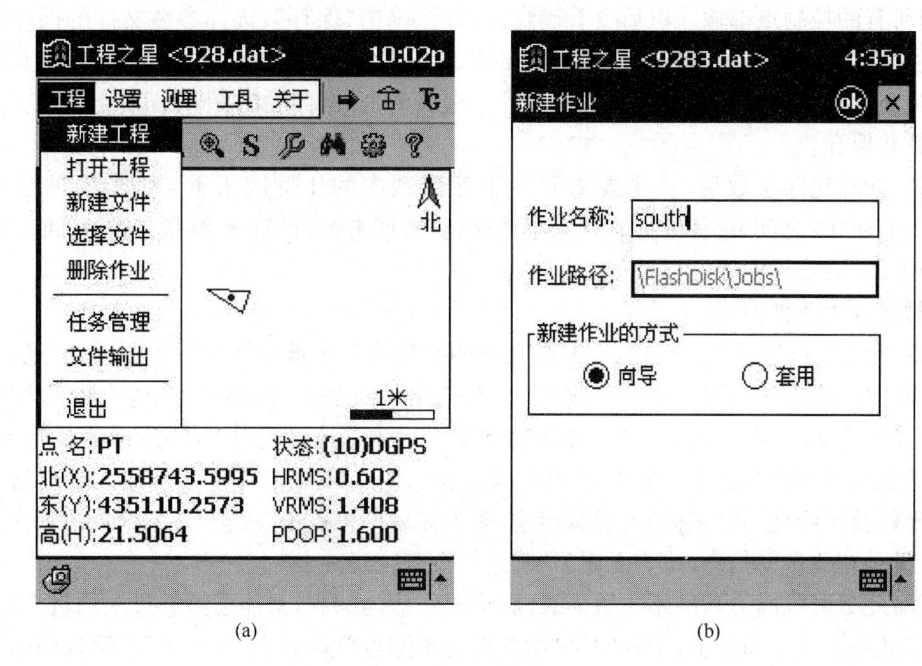

(a)　(b)

图 4.6　新建工程

4)参数设置

参数设置的任务是求解校正参数，如图 4.7 所示，其方法如下。

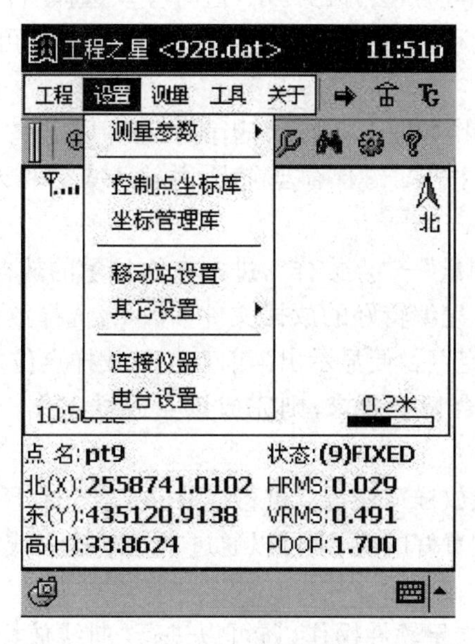

图 4.7　参数设置

(1)方法一：利用控制点坐标库求四参数(设置→ 控制点坐标库)

在校正之前，首先必须采集控制点坐标，一般需采集 2 个以上控制点。采集完成后在控制点坐标库界面中点击“增加”，根据提示增加控制点的已知坐标，然后点 OK，继续增加采集原始坐标(选择第一项“从坐标管理库选点”，然后点左下角的“导入”，选择当前工程名下的 DA-

TA 文件夹里的后缀为“RTK”的文件,选择对应点,然后确定,OK)。同样的方法增加其他控制点,当所有的控制点都输入以后察看确定无误后,单击“保存”,选择参数文件的保存路径并输入文件名。一般将参数文件保存在当前工程下文件名 result 文件夹里面,保存的文件名称可以用当天的日期命名。完成后单击“确定”。然后单击“保存成功”小界面右上角的“OK”,四参数计算并保存。

注意:在求完四参数后,一定要查看一下四参数中的比例因子 K,一般 K 的范围应在 0.9999～1.0000 之间,这样才能确保采集精度(查看四参数:设置→ 测量参数→ 四参数)。

(2)方法二:校正向导(工具→ 校正向导)

这时又分为两种模式。

注意:此方法可进行单点校正,一般是在有四参数或七参数的情况下才通过此方法进行校正。也就是说,在同一个测区,第一次测量时已经求出了四参数,下次继续在这个测区测量时,必须先输入第一次求出的四参数,再做一次单点校正。此方法还可适用于自定义坐标的情况下。

①基准站架在已知点上 ,选择“基准站架设在已知点”,点击“下一步”,输入基准站架设点的已知坐标及天线高,并且选择天线高形式,输入完后即可点击“校正”。系统会提示你是否校正,并且显示相关帮助信息,检查无误后“确定”,校正完毕。

注意:此处天线高为基准站主机天线高,形式一般为斜高,只能通过卷尺来测量。

②基准站架在未知点上,选择“基准站架设在未知点”,再点击“下一步”。输入当前移动站的已知坐标、天线高和天线高的量取方式,再将移动站立于已知点上后,点击“校正”,系统会提示是否校正,“确定”即可。

注意:此处天线高为移动站主机天线高,形式一般为杆高,为一固定值 2.0。如果软件界面上的当前状态不是“固定解”时,会弹出提示,这时应该选择“否”来终止校正,等精度状态达到“固定解”时重复上面的过程,重新进行校正。校正完毕后,就可以进行采集数据或放样。

5)数据采集

GPS—RTK 细部点测量,如图 4.8 所示,当前状态为固定解 Fixed 的时候,便可以开始进行细部点数据采集工作了。按“A”键保存当前点,并输入点名和天线高。

6)放样

如图 4.9 所示,选择“测量”→“点放样”,进入右面显示的放样屏幕菜单。点击“坐标管理库”→“打开”,便可以打开事先编辑好的放样文件 *.dat,选择放样点,也可以点击“增加”,输入放样点坐标。放样点“确定”后,便显示出当前点位与放样点位之间的距离,并指示需要移动的方向,挪动移动站直到符合精度要求,则完成该点放样工作。同法,可进行其他点的放样工作。

当然,选择“测量”→“线放样”,还可以进行线放样工作,打开线放样坐标库,选择要放样的线即可。若坐标库中没有设置好的线,则可以通过“增加”输入线的起点坐标和终点坐标进行线放样。

按照 GPS—RTK 工程之星软件操作,还可以进行“曲线放样”“线路放样”“横断面放样”等工作。具体操作步骤参见有关 GPS 仪器使用手册。

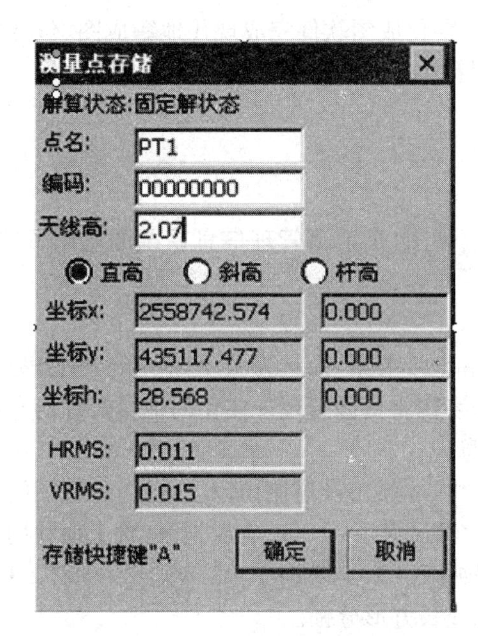

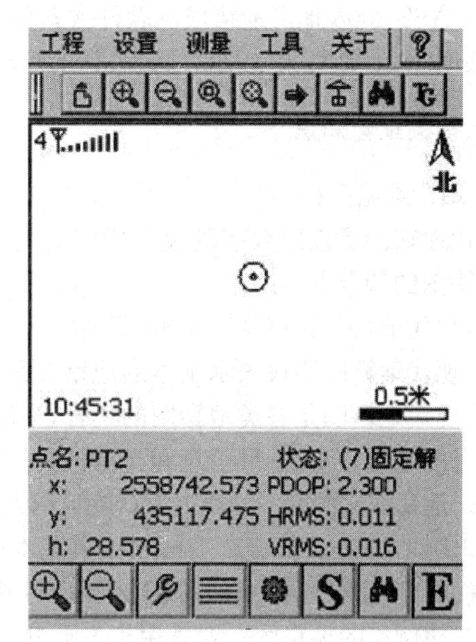

图 4.8 GPS—RTK 细部点测量

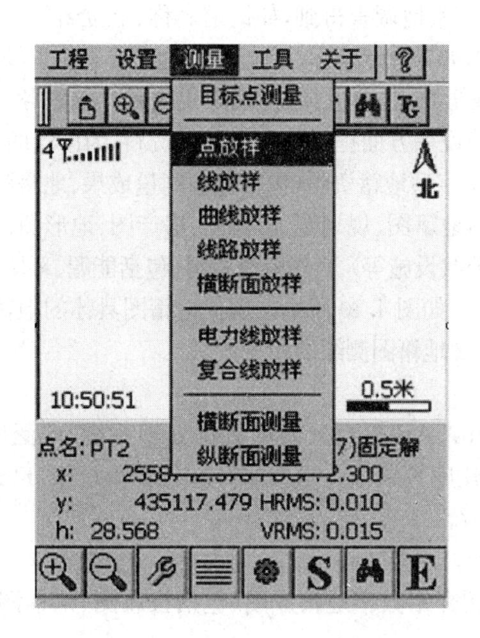

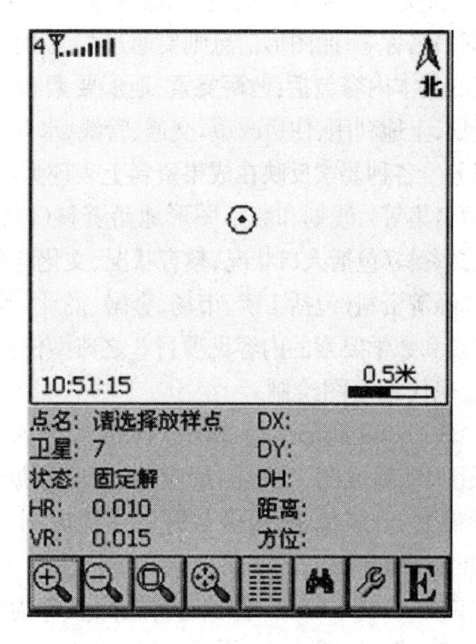

图 4.9 GPS—RTK 放点样

典型工作任务 2 现代地籍图的编绘

4.2.1 工作任务

(1)现代地籍图的编绘目的:是应用数字地籍测绘系统完成现代地籍图的绘制,实现建立土地信息系统的目标。

(2)通过本工作任务的学习,要求学生掌握现代地籍图的概念、内容及其绘制方法,能够使用南方 CASS 2008 地形地籍成图软件或其他数字化成图软件完成现代地籍成图(包括地籍权属图、宗地图、地形图、房产图、地籍表格的绘制和生成过程)。

4.2.2 相关配套知识

1. 现代地籍图概述

现代地籍图是按照数字测量手段完成的地籍图,是地籍管理信息系统的基础资料之一。现代地籍图的特点:

(1)现代地籍图具有国家基本图的特性。

(2)现代地籍图不仅表示基本的地籍要素和地形要素,而且为城镇规划等提供服务。

(3)现代地籍图是各类地籍图的集合,为城乡国土资源管理一体化的地籍管理信息系统提供高质量的数据信息、图形信息和文据档案信息。

我国地籍图比例尺一般规定为:城镇(指大、中、小城市及建制镇以上地区)地籍图的测图比例尺可选用 1∶500、1∶1 000、1∶2 000,其基本比例尺为 1∶1 000;农村地区(含土地利用现状图和土地权属界线图)地籍图的测图比例尺可选用 1∶10 000 或 1∶5 000。1∶500、1∶1 000、1∶2 000 比例尺的地籍图一般采用正方形分幅或长方形分幅。

2. 现代地籍图内容

现代地籍图上应表示的内容,属性信息可通过实地调查得到,如街道名称、单位名称、门牌号、河流、湖泊名称等;而图形信息则要通过测量得到,如界址点坐标、行政界线、地形要素位置等。现代地籍图的基本内容包括:地籍要素、地形要素和数学要素。其目的不仅为税收和产权服务,而且为城市规划、土地利用、住房改革,交通、管线、水务建设等方面提供信息和基础资料,为广泛的现代化建设服务。各种要素反映在成果资料上表现为:文字型地籍资料(包括控制测量成果、地籍簿册、登记卡、地名集等)、线划和数字图形地籍资料(包括地籍图、规划图、影像图、房产图、地形图、宗地图等)、人文资料(包括人口状况、教育状况、文化与公共设施等)、自然资源资料(包括能源、环境、水系、植被)和经济资料(包括工矿、市场、金融、商业)等。如图 4.10 所示。现代地籍图具体的地籍要素、地形要素和数学要素的内容见项目 3 之典型任务 2 地籍图测绘的相关知识。

3. 现代地籍图绘制

CASS 2008 地形地籍成图软件是基于 AutoCAD 平台开发的数据处理系统,广泛应用于地形成图、地籍成图、工程测量应用、空间数据建库等领域。自 CASS 软件推出以来,已经成为用户量最大、升级最快、服务最好的主流成图系统。

1)绘制地籍图

以南方 CASS 2008 地形地籍成图软件为例介绍数字地籍成图(包括权属图、宗地图)的绘制或生成过程,如图 4.11 所示。

(1)生成平面图

用“简码识别”的方法绘出平面图步骤如下。

① 定显示区

定显示区的作用是根据输入坐标数据文件的数据大小定义屏幕显示区域的大小,以保证所有点可见。首先移动鼠标至“绘图处理”项,然后选择“定显示区”项。

② 简码识别

简码识别的作用是将带简编码格式的坐标数据文件转换成计算机能识别的程序内部码(又称绘图码)。

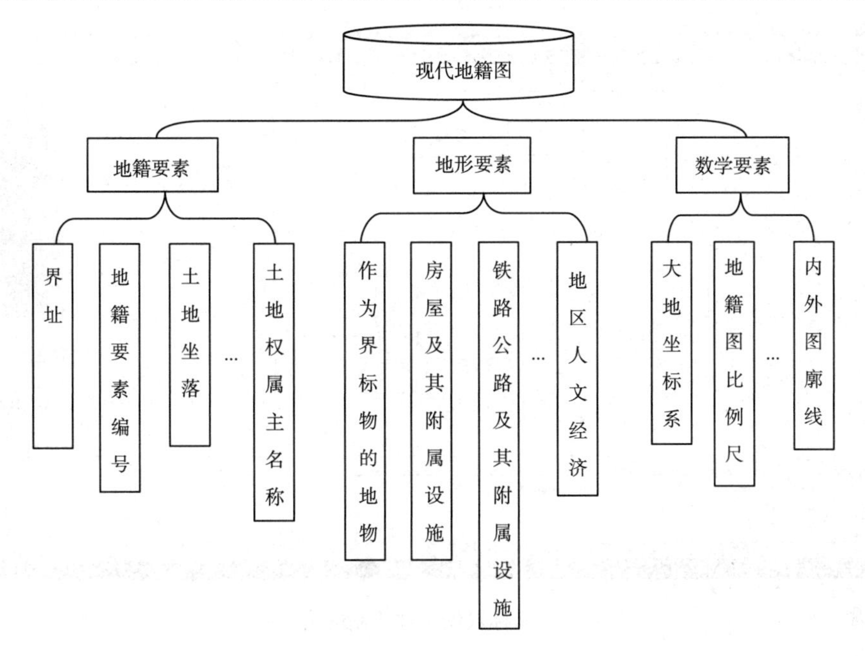

图 4.10　现代地籍图的内容

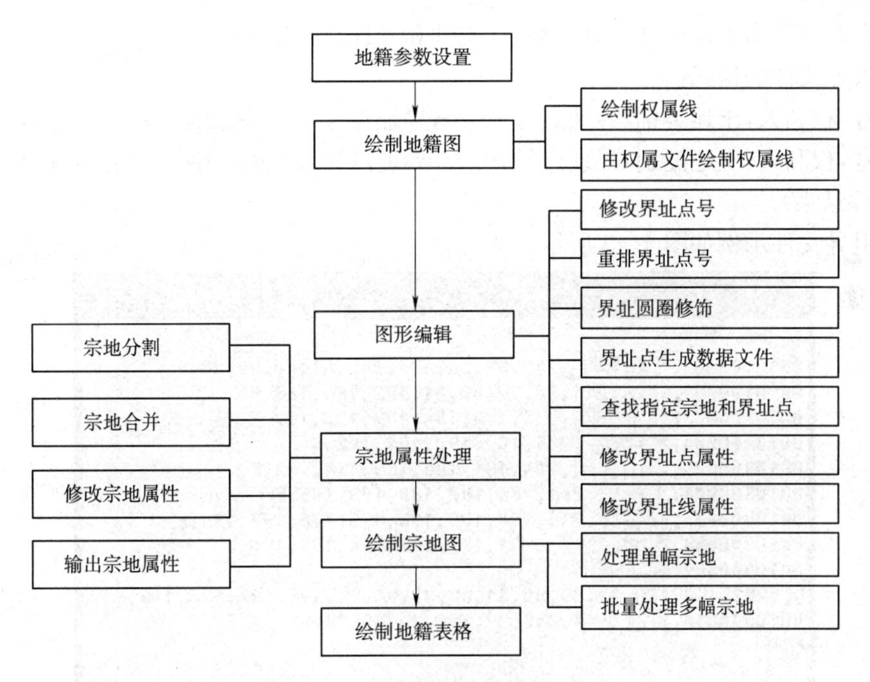

图 4.11　数字地籍成图作业流程

移动鼠标至“绘图处理”项，按左键，即可出现下拉菜单。鼠标选择“简码识别”项，在弹出的对话窗中输入带简编码格式的坐标数据文件名。当提示区显示“简码识别完毕！”同时，在屏幕绘出平面图形，如图 4.12 所示。

(2)生成权属信息数据文件

权属信息数据文件包括界址点坐标数据和宗地权属信息文件两部分，依据权属信息文件可以绘制权属信息图。南方 CASS 2008 地形地籍成图软件有四种方法可得到权属信息文件。

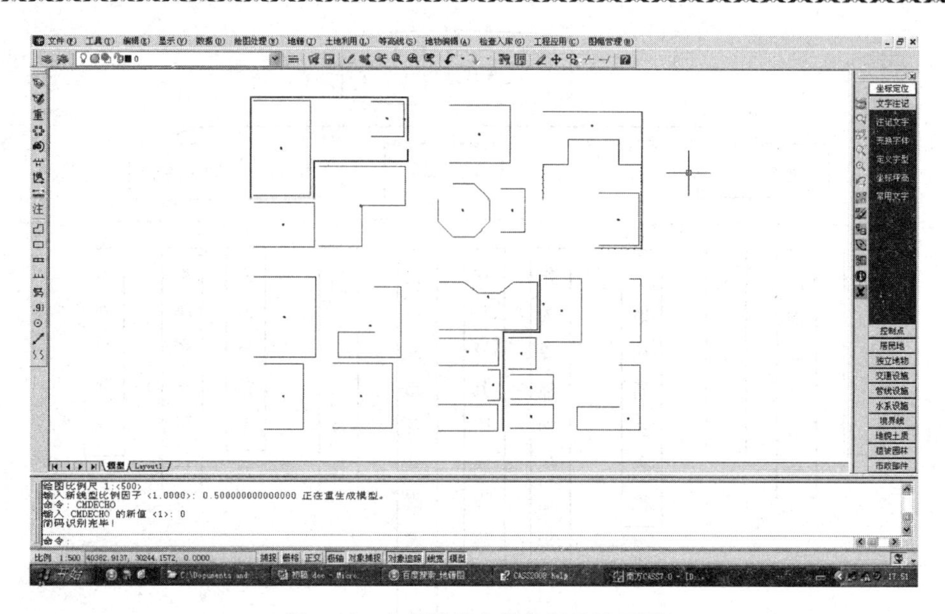

图 4.12 坐标数据文件绘制的平面图

① 权属合并

权属合并需要用到两个文件:权属引导文件和界址点数据文件。

权属引导文件的格式:

宗地号,权利人,土地类别,界址点号,……,界址点号,E(一宗地结束)

宗地号,权利人,土地类别,界址点号,……,界址点号,E(另 一宗地结束)

E(文件结束)

权属引导文件示例如图 4.13 所示。

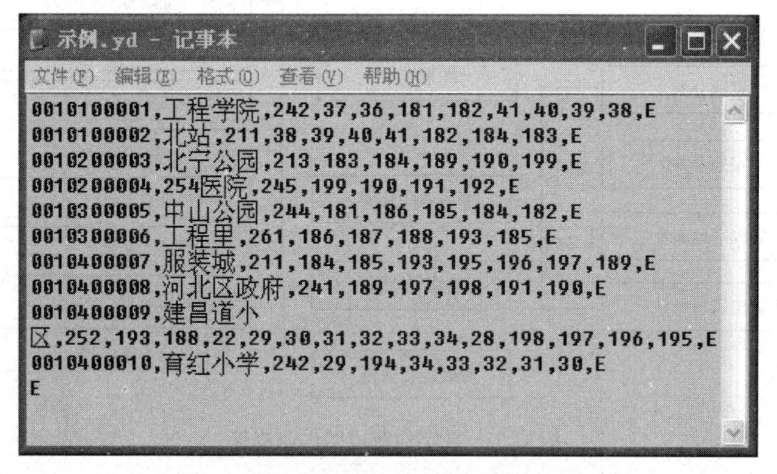

示例.yd - 记事本

文件(F) 编辑(E) 格式(O) 查看(V) 帮助(H)

0010100001,工程学院,242,37,36,181,182,41,40,39,38,E
0010100002,北站,211,38,39,40,41,182,184,183,E
0010200003,北宁公园,213,183,184,189,190,199,E
0010200004,254医院,245,199,190,191,192,E
0010300005,中山公园,244,181,186,185,184,182,E
0010300006,工程里,261,186,187,188,193,185,E
0010400007,服装城,211,184,185,193,195,196,197,189,E
0010400008,河北区政府,241,189,197,198,191,190,E
0010400009,建昌道小
区,252,193,188,22,29,30,31,32,33,34,28,198,197,196,195,E
0010400010,育红小学,242,29,194,34,33,32,31,30,E
E

图 4.13 权属引导文件格式

选择“地籍\权属文件生成\权属合并”项,系统弹出对话框,提示输入权属引导文件名,如图 4.14 所示。

选择权属引导“文件示例 . yd”,点击“打开”按钮。系统弹出对话框,提示“输入坐标点(界址点)数据文件名”,选择文件“示例 . dat”,点击“打开”按钮。系统弹出对话框,提示“输入地

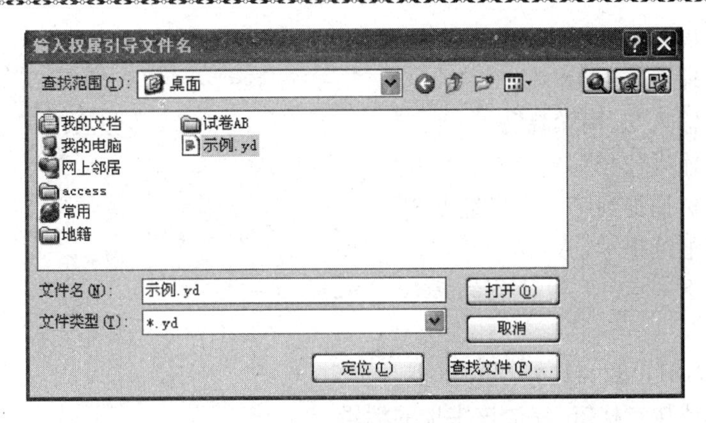

图 4.14 输入权属引导文件

籍权属信息数据文件名”，在这里要直接输入要保存地籍信息的权属文件名示例.qs。当指令提示区显示“权属合并完毕!”时，表示权属信息数据文件已自动生成，如图 4.15 所示。

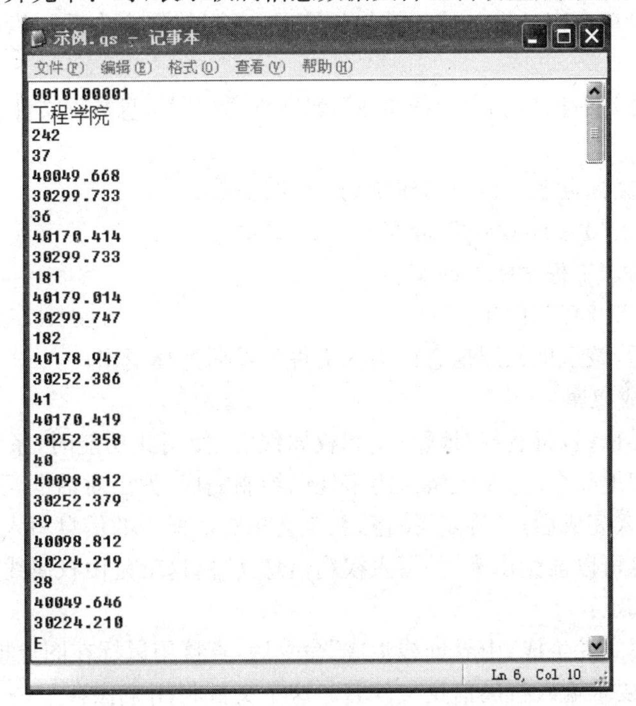

图 4.15 权属信息文件

② 由图形生成权属

在外业完成地籍调查和测量后，得到的界址点坐标数据文件和宗地的权属信息，在内业，可以用此功能完成权属信息文件的生成工作。

先用“绘图处理”下的“展野外测点点号”功能展出外业数据的点号，再选择“地籍\权属文件生成\由图形生成”项，命令区提示：“请选择：＜1＞界址点号按序号累加＜2＞手工输入界址点号”。按要求选择，默认选＜1＞。

下面弹出对话框，输入地籍权属信息数据文件名，并保存在合适的路径下。如果文件已存在，则提示：“文件已存在，请选择＜1＞追加该文件＜2＞覆盖该文件”。按实际情况选择，默认选<1>。命令区提示以下操作内容。

输入宗地号:输入 0010100001。

输入权属主:输入“工程学院”。

输入地类号:输入“242”。

输入点:用鼠标捕捉到第一个界址点 37。

接着,命令行继续提示:

输入点:输入下一点。

⋮

依次选择 36,181,182,41,40,39,38 点。

输入点:回车或按空格键,完成该宗地的编辑。

请选择:<1>继续下一宗地 <2>退出<1>。输入 2,回车。

这时,权属信息数据文件已经自动生成。

③ 用复合线生成权属

这种方法适合于单个宗地即一栋建筑物的情况,否则就需要先手工沿着权属线画出封闭复合线。

选择“地籍\权属文件生成\由复合线生成”,输入地籍权属信息数据文件名后,命令区提示下列操作内容:

选择复合线:用鼠标点取一栋封闭建筑物(回车结束)。

输入宗地号:输入“0010100001”,回车。

输入权属主:输入“工程学院”,回车。

输入地类号:输入“242”,回车。

完成以上命令后,该宗地权属信息已写入文件! 然后选择退出。

④ 用界址线生成权属

如果图上没有界址线,可选择“地籍\绘制权属线”。使用此功能时,系统会提示输入宗地边界的各个点。当宗地闭合时,系统将认为宗地已绘制完成,弹出对话框,要求输入宗地号,权属主,地类号等。输入完成后点“确定”按钮,系统会将对话框中的信息写入权属线。

权属线里的信息可以被读出来,并写入权属信息文件,这就是由权属线生成权属信息文件的原理。操作步骤如下:

执行“地籍\权属文件生成\由界址线生成”命令后,直接用鼠标在图上批量选取权属线,然后系统弹出对话框,要求输入权属信息文件名。这个文件将用来保存下一步要生成的权属信息。输入文件名后,点保存,权属信息将被自动写入权属信息文件。

⑤ 权属信息文件合并

权属信息文件合并的作用只是将多个权属信息文件合并成一个文件。即将多宗地的信息合并到一个权属信息文件中。这个功能常在需要将多宗地信息汇总时使用。

(3)绘权属地籍图

生成平面图之后,可以用手工绘制权属线的方法绘制权属地籍图,也可通过权属信息文件来自动绘制权属地籍图。

① 手工绘制

选择“地籍\绘制权属线”功能,可以手工绘出权属线,权属线出来后系统立即弹出对话框,要求输入属性,点“确定”按钮后系统将宗地号、权利人、地类编号等信息加到权属线里,如图 4.16。

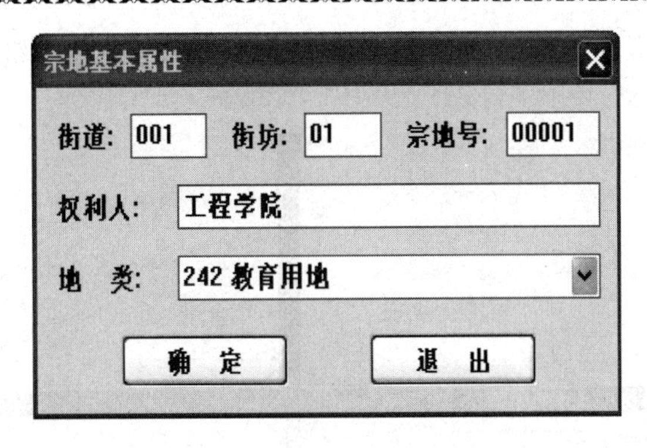

图 4.16　加入权属线属性

② 通过权属信息数据文件绘制

首先可以选择“地籍\地籍参数设置”功能对地籍成图参数进行设置。参数设置完成后，选择“地籍\依权属文件绘权属图”，CASS 2008 界面弹出要求输入权属信息数据文件名的对话框，这时输入权属信息数据文件，命令区提示：“输入范围(宗地号．街坊号或街道号)＜全部＞”。根据绘图需要，输入要绘制地籍图的范围，默认值为全部。

说明：可通过输入“街道号×××”，或输入“街道号×××街坊号××”，或输入“街道号×××街坊号××宗地号×××××”，输入绘图范围后程序即自动绘出指定范围的权属图。如：输入 0010100001 只绘出该宗地的权属图，输入 00102 将绘出街道号为 001 街坊号为 02 的所有宗地权属图，输入 001 将绘出街道号为 001 的所有宗地权属图。

最后得到如图 4.17 所示的图形。

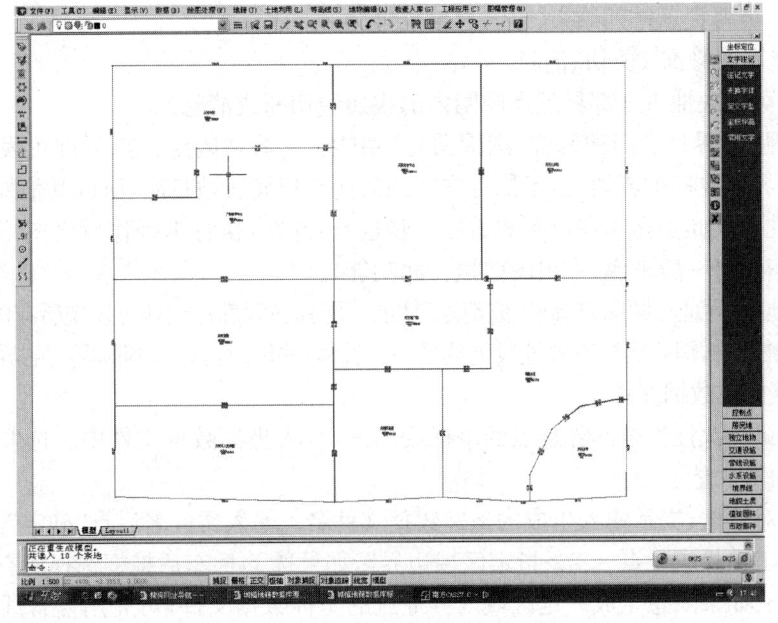

图 4.17　地籍权属图

(4)图形编辑

① 修改界址点点号

选择“地籍\修改界址点号”功能。

屏幕提示：

选择界址点圆圈。点取要修改的界址点圆圈,也可按住鼠标左键,拖框批量选择,如图4.18所示。

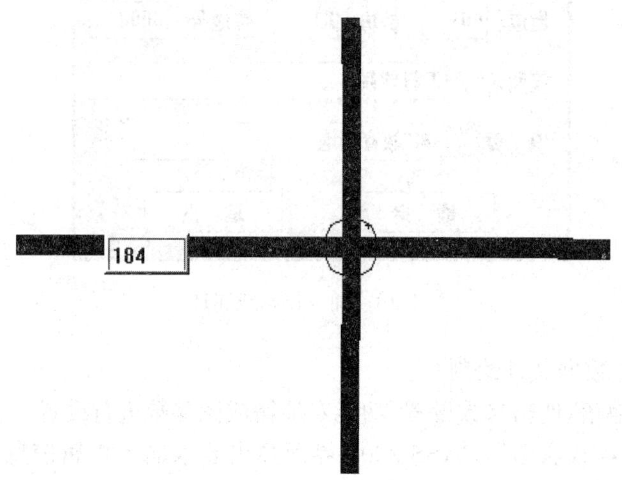

图4.18 修改界址点对话框

对话框的左上角就是要修改点的位置,提示的是它的当前点号,将它修改成所需求的数值,回车。

② 重排界址点号

用此功能可批量修改界址点点号。选取“地籍\重排界址点号”功能。

屏幕提示:“<1>手工选择按生成顺序重排 <2>区域内按生成顺序重排<3>区域内按从上到下从左到右顺序重排”系统默认选项<1>。

重排结束,屏幕提示排列结束,最大界址点号为××。

③ 界址点圆圈修饰(剪切\消隐)

用此功能可一次性将全部界址点圆圈内的权属线切断或消隐。

a. 选取“地籍\界址点圆圈修饰\圆圈剪切”功能。屏幕在闪烁片刻后即可发现所有的界址点圆圈内的界址线都被剪切,由于执行本功能后所有权属线被打断,所以其他操作可能无法正常进行,因此建议此步操作在成图的最后一步进行,并在,执行本操作后将图形另存为其他文件名或不要存盘(一般来说,在出图前执行此功能)。

b. 选取“地籍\界址点圆圈修饰\生成消隐”功能。屏幕在闪烁片刻即可发现所有的界址点圆圈内的界址线都被消隐,消隐后所有界址线仍然是一个整体,移屏时可以看到圆圈内的界址线。

④ 界址点生成数据文件

用此功能可一次性将全部界址点的坐标读出来,写入坐标数据文件中。选取“地籍\界址点生成数据文件”功能。

屏幕弹出对话框,提示输入生成的坐标数据文件名。输入文件名后点“确定”。

“<1>手工选择界址点 <2>指定区域边界”,如果选1,回车后拖框选择所有要生成坐标文件的界址点。如果只想生成一定区域内界址点的坐标数据文件,可先用复合线画出区域边界。此步选2,然后点取所画复合线。这时生成的坐标数据文件中只包含区域内的点。

⑤ 查找指定宗地和界址点

选取“地籍\查找宗地”功能。弹出如图4.19所示对话框。根据已知条件选择查找的内容后,查找到符合条件的宗地并显示。同理选取“地籍\查找界址点”功能,根据已知条件选择查找的内容后,查找到符合条件的界址点u并显示。

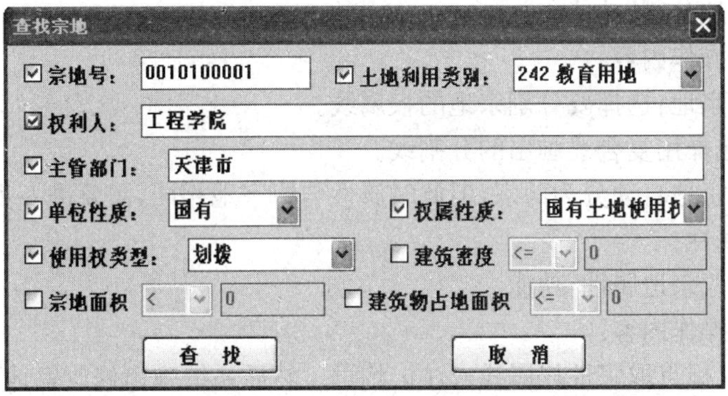

图 4.19　查找宗地对话框

⑥ 修改界址线属性

点取“地籍\修改界址线属性”，屏幕提示选择界址线所在宗地。选取宗地后，屏幕提示指定界址线所在边＜直接回车处理所有界址线＞。选取界址线后弹出如图 4.20 所示的修改界址浅属性对话框。

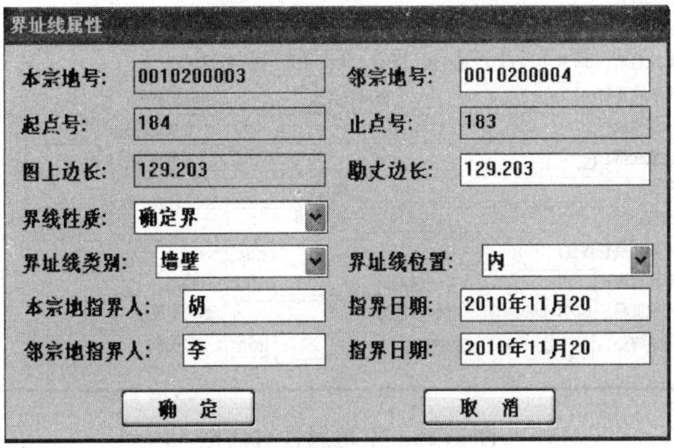

图 4.20　修改界址线属性

⑦ 修改界址点属性

界址点圆圈中存放界址点号、界标类型和界址点类型等界址点属性。选择“地籍/修改界址点属性”，屏幕提示请拉框选择要处理的界址点。选择界址点后弹出如图 4.21 所示对话框。

2)宗地属性处理

(1)宗地合并

宗地合并每次将两宗地合为一宗。选取“地籍\宗地合并”功能。

屏幕提示以下操作内容：

选择第一宗地：点取第一宗地的权属线。

选择另一宗地：点取第二宗地的权属线。

完成后发现，两宗地的公共边被删除。宗地属性为第一宗地的属性。

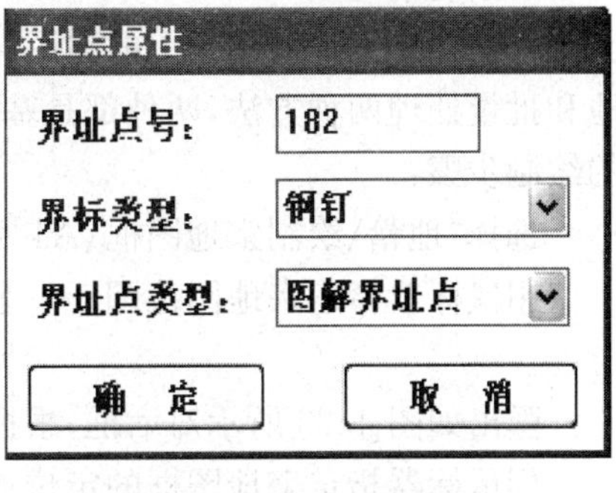

图 4.21　修改界址点属性

(2)宗地分割

宗地分割每次将一宗地分割为两宗地。执行此项工作前必须先将分割线用复合线画出来。选取“地籍\宗地分割”功能。

屏幕提示以下操作内容：

选择要分割的宗地：选择要分割宗地的权属线。

选择分割线：选择用复合线画出的分割线。

回车后原来的宗地自动分为两宗，但此时属性与原宗地相同，需要进一步修改其属性。

(3)修改宗地属性

选取“地籍\修改宗地属性”功能。

屏幕提示以下操作内容：

选择宗地：用鼠标点取宗地权属线或注记均可。然后系统弹出修改宗地属性对话框，如图4.22所示。

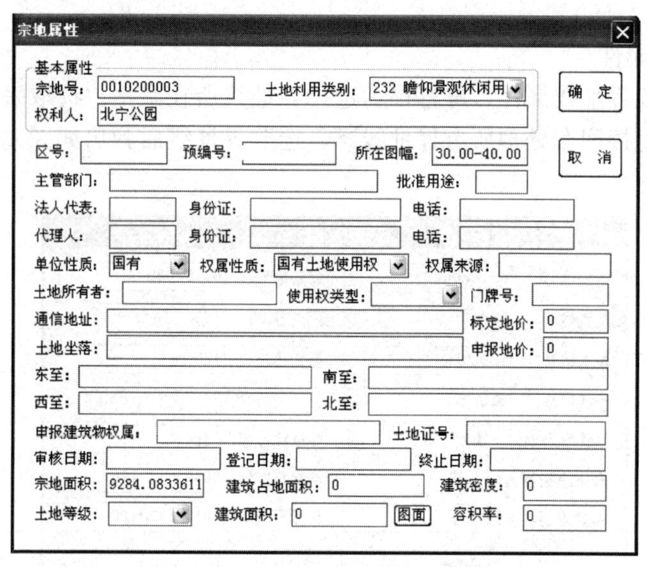

图4.22　宗地属性对话框

(4) 输出宗地属性

选取“地籍\输出宗地属性”功能。屏幕弹出对话框，提示输入ACCESS数据库文件名。之后回车，系统将宗地属性写入给定的ACCESS数据库文件名。

3)绘制宗地图

宗地图是土地使用证上的附图，采用CASS 2008地形地籍成图软件绘制宗地图有单块宗地和批量处理两种方法，两种都是基于带属性的权属线。现以绘制单块宗地为例介绍宗地图的绘制步骤：

选择“地籍\绘制宗地图框\A4竖\单块宗地”。屏幕提示如下操作内容：

用鼠标器指定宗地图范围——第一角：用鼠标指定要处理宗地的左下方。

另一角：用鼠标指定要处理宗地的右上方。

弹出如图4.23所示对话框，根据需要选择宗地图的各种参数后点击“确定”。

用鼠标器指定宗地图框的定位点：屏幕上任意指定一点。

一幅完整的宗地图就画好了，如图4.24所示。

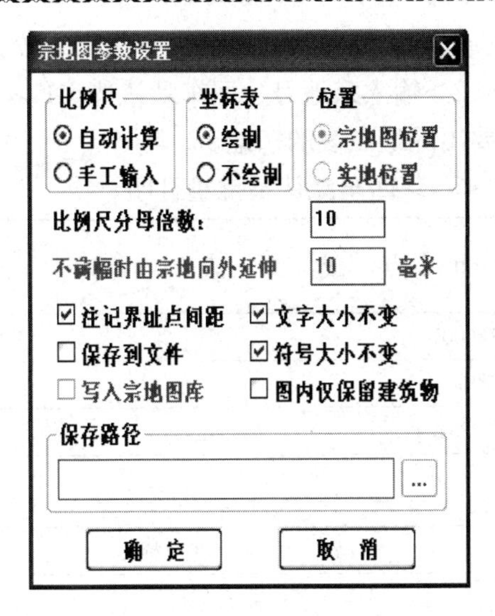

图 4.23　宗地图参数设置

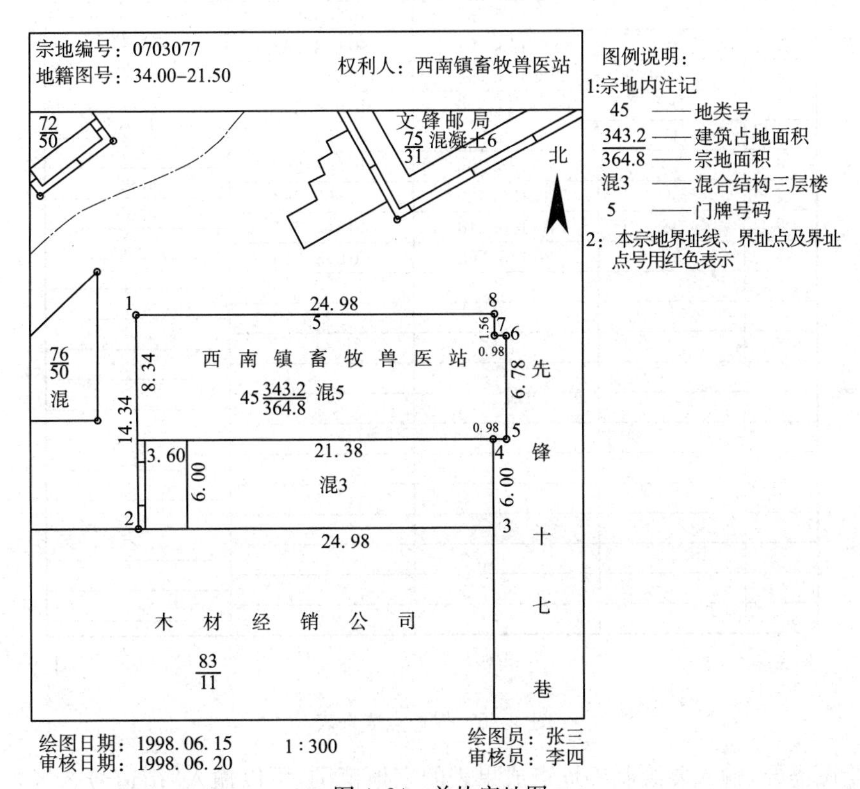

图 4.24　单块宗地图

知识拓展

1. 绘制地籍表格

(1)界址点成果表

选择“地籍\绘制地籍表格\界址点成果表”项，命令区提示以下操作内容：

用鼠标指定界址点成果表的点:用鼠标指定界址点成果表放置的位置。

＜1＞手工选择宗地　＜2＞输入宗地号　回车默认选＜1＞。

选择对象:拉框选择需要出界址点表的宗地。

是否批量打印(Y/N)? ＜N＞回车默认不批量打印。

界 址 点 成 果 表				第1页 共1页
宗地号 0010100001				
宗地名 工程学院				
宗地面积/m² 234.4				
建筑占地/m² 0.0				
界 址 点 坐 标				
序 号	点 号	坐 标		边 长/m
		x/m	y/m	
1	37	30 143.762	40 643.610	21.33
2	36	30 143.762	40 664.943	1.52
3	181	30 143.764	40 666.462	8.37
4	182	30 135.396	40 666.450	1.51
5	41	30 135.392	40 664.944	12.55
6	40	30 135.395	40 662.292	4.98
7	39	30 130.420	40 662.292	8.69
8	38	30 130.418	40 643.606	13.34
1	37	30 143.762	40 643.610	

制表:　　审核:　　年　月　日

图 4.25　界址点成果表

根据绘图需要,输入要绘制界址点成果表的宗地范围,可以输入"街道号×××",或输入"街道号×××街坊号××",或输入"街道号×××街坊号××宗地号×××××",程序默认值为绘全部宗地的界址点成果表。如:输入 0010100001 只绘出该宗地的界址点成果表,输入 00102 将绘出街道号为 001 街坊号为 02 内所有宗地的界址点成果表,输入 001 将绘出街道号为 001 内所有宗地的界址点成果表。

用鼠标器指定界址点成果表的定位位置,移动鼠标到所需的位置(鼠标点取的位置即是界址点成果表表格的左下角位置)按下左键,符合范围宗地的界址点成果表随即自动生成,如图 4.25 所示,表格的大小为 A4 尺寸。

(2)界址点坐标表

选择“地籍\绘制地籍表格\界址点坐标表”项,命令区提示以下操作内容。

请指定表格左上角点:用鼠标点取屏幕空白处一点。

请选择定点方法:＜1＞选取封闭复合线＜2＞逐点定位。回车默认选 ＜1＞。

选择复合线:用鼠标选取图形上代表权属线的封闭复合线。生成界址点坐标表格如图 4.26 所示。

界址点坐标表

点　号	x	y	边　长
37	30 299.733	40 049.668	120.75
36	30 299.733	40 170.414	8.60
181	30 299.747	40 179.014	47.36
182	30 252.386	40 178.947	8.53
41	30 252 358	40 170.419	71.61
40	30 252.379	40 098.812	28.16
39	30 224.219	40 098.812	49.17
38	30 224.210	40 049.646	75.52
37	30 299.733	40 049.668	
S=7 509.3/m^2　合 11.263 9/亩			

图 4.26　界址点坐标表

(3)以街坊为单位界址点坐标表

选择“地籍\绘制地籍表格\以街坊为单位界址点坐标表”项,则命令区提示以下操作内容:＜1＞手工选择界址点　＜2＞指定街坊边界。回车默认选 ＜1＞。

选择对象:鼠标拉框选择界址点。

请指定表格左上角点:屏幕上指定生成坐标表位置。

输入每页行数:＜20＞。默认为 20 行/页。

以街坊为单位界址点坐标表,如图 4.27 所示。

以街坊为单位界址点坐标表

序　号	点　号	x 坐标	y 坐标
1	181	30 299.747	40 179.014
2	182	30 252.386	40 178.947
3	184	30 177.260	40 179.228
4	185	30 176.975	40 265.402
5	186	30 299.860	40 265.398

图 4.27　以街坊为单位界址点坐标表

(4)以街道为单位宗地面积汇总表

选择“地籍\绘制地籍表格\以街道为单位宗地面积汇总表”项,弹出对话框要求输入权属信息数据文件名 * *.qs,命令区提示以下操作内容:

输入街道号:输入 001,将该街道所有宗地全部列出。

输入面积汇总表左上角坐标:用鼠标点取要插入表格的左上角点。

以街道为单位宗地面积汇总表,如图 4.28 所示。

以街道为单位宗地面积汇总表

＿＿＿市＿＿＿区＿001＿街道

地籍号	项　目			
	地　类　名　称 （有二级类的列二级类）	地类代号	面积/m²	备　注
0010100001	教育用地	242	7 509.3	
0010100002	商业用地	211	8 299.2	
0010200003	餐饮旅馆业用地	213	9 284.1	
0010200004	医疗卫生用地	245	6 946.3	
0010300005	文体用地	244	10 594.4	
0010300006	铁路用地	261	10 342.9	
0010400007	商业用地	211	4 696.6	
0010400008	机关团体用地	241	4 716.9	
0010400009	城镇混合住宅用地	252	9 547.9	
0010400010	教育用地	242	2 613.8	

图 4.28　以街道为单位宗地面积汇总表

(5)城镇土地分类面积统计表

选择“地籍\绘制地籍表格\城镇土地分类面积统计表”项，命令区提示以下操作内容：

请输入最小统计单位：＜1＞文件 ＜2＞ 街道 ＜3＞ 街坊 ＜4＞宗地。选择＜3＞，回车。

输入要统计的街道名：输入 001。

输入每页行数：＜20＞ 默认为 20 行/页

输入分类面积统计表左上角坐标：用鼠标点取要插入表格的左上角点。

绘出如图 4.29 所示的内容。

(6)街道面积统计表

选择“地籍\绘制地籍表格\街道面积统计表”项，弹出对话框要求输入权属信息数据文件名＊＊.qs。命令区提示以下操作内容：

输入面积统计表左上角坐标：用鼠标点取要插入表格的左上角点。

绘出如图 4.30 所示。

(7)街坊面积统计表

选择“地籍\绘制地籍表格\街坊面积统计表”项，命令区提示以下操作内容：

输入街道号：输入 001。

弹出对话框要求输入权属信息数据文件名＊＊.qs。

输入面积统计表左上角坐标：用鼠标点取要插入表格的左上角点。做出表格如图 4.31 所示。

(8)面积分类统计表

选择“地籍\绘制地籍表格\面积分类统计表”项，命令区提示以下操作内容：

输入街道号：输入 001。

弹出对话框要求输入权属信息数据文件名＊＊.qs。命令区提示以下操作内容：

输入面积分类表左上角坐标：用鼠标点取要插入表格的左上角点。作出表格如图 4.32 所示。

城镇土地分类面积统计表

填表单位：001　　　　统计年度：　　　　面积单位：m²　　　　面积单位：m²

行政单位	城镇土地总面积	农用地						建设用地									未耕用地			备 注
		合计	耕地	园地	树地	牧草地	其他农用地	合计	商服用地	工矿仓储用地	公用设施用地	公共建筑用地	住宅用地	交通运输用地	水利设施用地	特殊用地	合计	未利用土地	其他土地	
			小计	小计	小计	小计	小计		小计	小计	小计	小计	小计	小计	小计	小计		小计	小计	
		1	11	12	13	14	15	2	21	22	23	24	25	26	27	28	3	31	32	
0010100001	7 509.3	0.0	0.0	0.0	0.0	0.0	0.0	7 509.3	0.0	0.0	0.0	7 509.3	0.0	0.0	0.0	0.0	0.0	0.0	0.0	
0010100002	8 299.2	0.0	0.0	0.0	0.0	0.0	0.0	8 299.2	8 299.2	0.0	0.0	0.0	0.0	0.0	0.0	0.0	0.0	0.0	0.0	
00010200003	9 284.1	0.0	0.0	0.0	0.0	0.0	0.0	9 284.1	9 284.1	0.0	0.0	0.0	0.0	0.0	0.0	0.0	0.0	0.0	0.0	
00010200004	6 946.3	0.0	0.0	0.0	0.0	0.0	0.0	6 946.3	0.0	0.0	0.0	6 946.3	0.0	0.0	0.0	0.0	0.0	0.0	0.0	
00010300005	10 594.4	0.0	0.0	0.0	0.0	0.0	0.0	10 594.4	0.0	0.0	0.0	10 594.4	0.0	0.0	0.0	0.0	0.0	0.0	0.0	
00010300006	10 342.9	0.0	0.0	0.0	0.0	0.0	0.0	10 342.9	0.0	0.0	0.0	0.0	0.0	10 342.9	0.0	0.0	0.0	0.0	0.0	
00010400007	4 696.6	0.0	0.0	0.0	0.0	0.0	0.0	4 696.6	4 696.6	0.0	0.0	0.0	0.0	0.0	0.0	0.0	0.0	0.0	0.0	
00010400008	4 716.9	0.0	0.0	0.0	0.0	0.0	0.0	4 716.9	0.0	0.0	0.0	4 716.9	0.0	0.0	0.0	0.0	0.0	0.0	0.0	
00010400009	9 547.9	0.0	0.0	0.0	0.0	0.0	0.0	9 547.9	0.0	0.0	0.0	0.0	9 547.9	0.0	0.0	0.0	0.0	0.0	0.0	
00010400010	2 613.8	0.0	0.0	0.0	0.0	0.0	0.0	2 613.8	0.0	0.0	0.0	2 613.8	0.0	0.0	0.0	0.0	0.0	0.0	0.0	

图 4.29　城镇土地分类面积统计表

街道面织统计表

街道号	街道名	总面积/m^2
001		612 194.18

图 4.30 街道面积统计表

001 街坊面积统计表

街坊号	街坊名	总面积/m^2
00101		15 808.53
00102		16 230.33
00103		20 937.25
00104		21 575.14

图 4.31 街坊面积统计表

面积分类统计表

土地类别		面积/m^2
代码	用途	
242	教育用地	10 123.06
211	商业用地	12 995.80
213	餐饮旅馆业用地	9 284.08
245	医疗卫生用地	6 946.25
244	文体用地	10 594.39
261	铁路用地	10 342.86
241	机关团体用地	4 716.92
252	城镇混合住宅用地	9 547.89

图 4.32 面积分类统计表

(9)街道面积分类统计表

选择“地籍\绘制地籍表格\街道面积分类统计表”项，命令区提示以下操作内容：

输入街道号：输入 001。

弹出对话框要求输入权属信息数据文件名 * *.qs。

输入面积统计表左上角坐标：用鼠标点取要插入表格的左上角点，即可。

(10)街坊面积分类统计表

选择“地籍\绘制地籍表格\街坊面积分类统计表”项，命令区提示以下操作内容：

输入街道街坊号：输入 00101。

弹出对话框要求输入权属信息数据文件名 * *.qs。

输入面积统计表左上角坐标：用鼠标点取要插入表格的左上角点。

绘出表格如图 4.33 所示。

街坊面积分类统计表

土地类别		面积/m^2
代码	用途	
242	教育用地	7 509.28
211	商业用地	8 299.25

图 4.33 街坊面积分类统计表

典型工作任务3 地籍管理信息系统

4.3.1 工作任务

(1)地籍管理信息系统的目的:是将现代地籍测量资料形成完善的数据库,建立国土资源信息系统,为国土资源调查、评价、规划、保护和合理利用提供最新和准确的科学依据。

(2)通过本工作任务的学习,让同学们掌握地籍管理信息系统的概念、建库目标、地籍管理信息入建库内容。了解以MapGIS为平台,地籍管理信息系统建库的基本流程及其主要功能。

4.3.2 相关配套知识

1. 地籍信息系统概述

地籍管理信息系统(Cadastral Information System ,简称CIS)是国土资源信息系统的重要组成部分,属于GIS范畴。它是在计算机和相应软件支持下,以宗地和图斑为核心实体,实现地籍信息的获取、输入、储存、处理、统计、预测、检索、编辑、综合分析、辅助决策以及成果输出的高技术信息系统,是土地信息系统中的一个专门管理地籍信息的系统。地籍管理信息系统通常又称为土地数据库管理系统。

土地数据库管理系统主要包括农村土地数据库和城镇地籍数据库等,其中农村土地数据库包括国家、省、市(地)、县四个级别的数据库。农村土地调查数据库主要包括土地权属、土地利用、基本农田、基础地理、影像、DEM等信息。城镇地籍数据库主要包括土地权属、土地登记、土地利用、基础地理、影像等信息。土地数据库管理系统以GIS平台为基础,满足各级数据库之间的互联互通和同步更新,同时满足矢量、栅格和与之关联的属性数据的管理,具有数据输入、编辑处理、查询、统计、汇总、制图、输出,以及更新等功能。

2. 建库目标

地籍管理信息系统利用地理信息系统、数据库管理系统和计算机网络等信息技术手段,实现对地籍信息的采集、录入、处理、存储、查询、分析、显示、输出、信息更新、维护等功能。建设准确、动态、高效的共享型地籍信息数据库,保证数据库的现势性和安全性,建立国土管理部门和规划管理部门的信息交换机制,实现基础地理数据库和地籍数据库的信息共享,为国土资源管理和社会各行业提供优质和高效的地理空间数据服务。

3. 地籍管理信息及建库内容

地籍管理信息的内容主要包括数据信息、图形信息和文据档案信息三个方面。

(1)数据信息

它包括地籍调查、分等定级、登记、统计等工作中获得的以及与地籍管理有关的数据资料。主要有下列内容:

①土地利用现状的类型、分类层次、面积数量等数据;

②土地质量属性、土地等级值、利用效益指数以及适宜程度等数据;

③地质、地貌、气候、水文、土壤等条件的数据;

④ 包含国有土地使用权、集体土地使用权和集体非农建设用地使用权等权属状况的数据;

⑤社会经济方面的数据:包含人口、地名、产值、劳力、收益等数据。

(2)图形信息

它包括地籍工作和与地籍管理有关的图形、图件资料,主要有下列内容:

①控制点、界址点、地物点方面的信息：包含点名、点号、点位坐标、点的等级、测定时间等信息；

②线、网方面信息：包含境界线、地类线、等级线、等高线，以及各线划的属性、走向、连接、拓扑特征，经纬线格网的坐标、投影属性等；

③图式方面的信息：包含图号、编码、代码、特征码等信息。

(3)文据档案信息

包括与地籍管理工作有关的法律、文件、档案等，主要有下列内容：

①法律、法规、条例、规程、文件等；

②各种权属证明材料、文据、划界协议、申报登记文据表册等；

③土地转让、权属变更、抵押、契约、合同证明等材料。

以上信息按统一编码和一定的分类层次并入信息系统，经存储、分析、处理后，形成地籍管理所需的数据表、登记册、地籍图和各种文据档案资料，并建立如下数据库。

①城镇地籍数据库，包括国有土地范围内街道、街坊、宗地的基础地理信息和权属信息；

②农村土地数据库，包括集体土地范围内的乡(镇)、村、组(社)的基础地理信息、权属信息和地类信息；

城镇地籍数据库和农村土地数据库组成地籍管理信息系统，并需与现有国土资源网络办公系统集成。

4. 地籍管理信息系统建设流程

地籍管理信息系统建设包括：资料准备、信息采集、数据入库、运行维护四个阶段。以MapGIS为平台建立地籍管理信息系统的流程如图4.34所示。MapGIS是武汉中地信息工程有限公司研制的基础地理信息系统软件平台，具有图形处理、库管理、空间分析、图像处理等功能，目前广泛应用于测绘、土地管理和城市规划等领域。

农村土地调查数据库建设包括县级农村土地调查数据库建设和与市(地)、省、国家级土地调查数据库的集成整合。市(地)、省、国家级土地调查数据库是通过对县级农村土地调查数据库集成整合而成的。

城镇地籍调查数据库建设是在城市建成区和县城所在地建制镇建成区范围内，建立包括土地利用、土地权属、基础地理等内容，集影像、图形、属性和文档于一体的数据库及管理系统。

县级农村土地调查数据库建设及城镇地籍调查数据库建设主要分四个阶段。

第一阶段为建库准备：主要包括建库方案制定、人员准备、数据源准备、软硬件准备、管理制度建立等；

第二阶段为数据采集与处理：主要包括基础地理、土地利用、土地权属、基本农田、栅格等各要素的采集、编辑、处理和检查等；

第三阶段为数据入库：主要包括矢量数据、栅格数据、属性数据以及各元数据等的检查和入库；

第四阶段为成果汇交：主要包括数据成果、文字成果、图件成果和表格成果的汇交。

5. 地籍管理信息系统功能(图4.35)。

(1)地籍调查功能

可以进行初始地籍测量数据和变更地籍测量数据的输入。包括地籍测量数据的完整性检查、宗地的空间地理位置及属性描述(如宗地号、权属、所有人等)输入，地籍权属调查信息输入等，如图4.36所示。

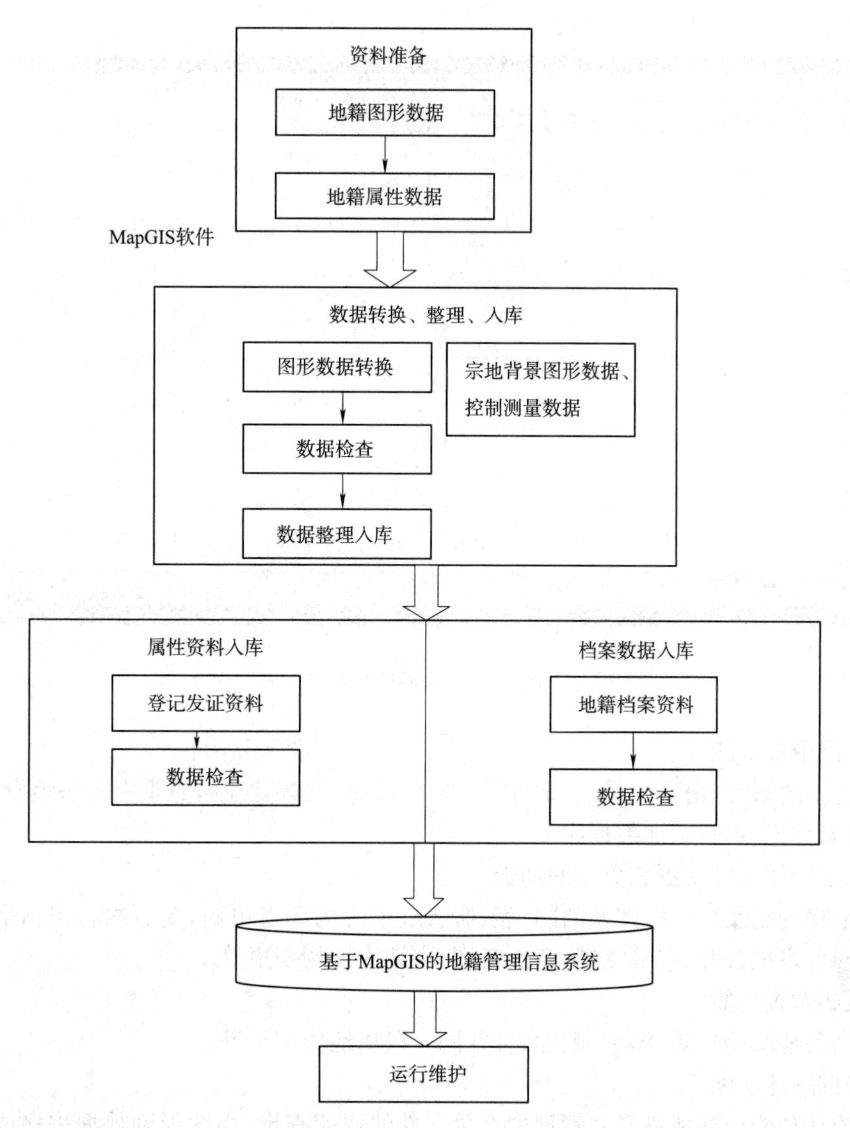

图 4.34　地籍管理信息系统建设流程

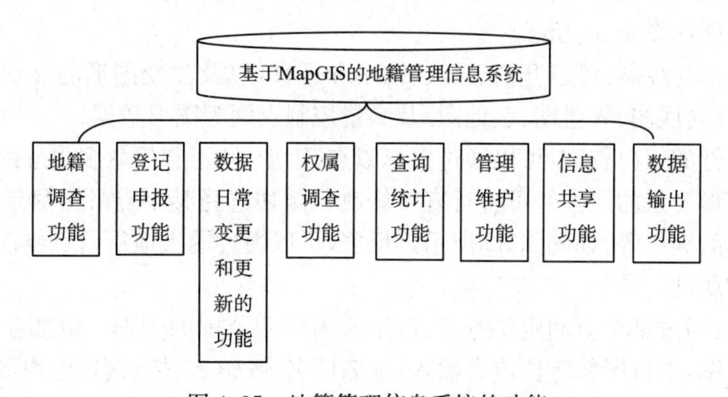

图 4.35　地籍管理信息系统的功能

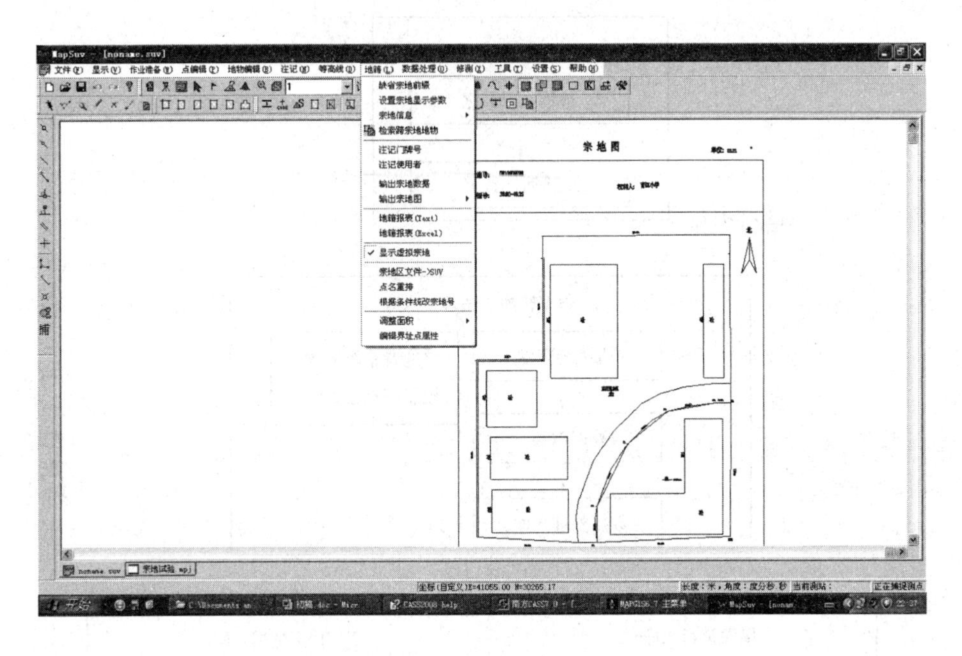

图 4.36　地籍调查功能

(2)登记申报功能

可以显示地籍图(由宗地号、土地证号、地名、坐标、图幅定位),查询有关宗地资料、调阅地籍档案,注册登记,更新宗地数据库。

(3)地籍数据日常变更和更新的功能

日常地籍变更及变更所涉及的图、表、册、证、卡等的动态更新,变更内容包括宗地属性变更,宗地分割、宗地合并、宗地注销、宗地新增、宗地内地物变更等。

(4)权属调查功能

可查询各地块的权属,添加、删除、合并同一权属地块记录等。

(5)查询统计功能

查询统计功能包括地籍日常管理中有关文件的快速查询,由图形到数据表格或宗地属性的快速查询以及制图与量算功能。地籍的统计汇总、综合分析及相应图表的输出,内容包括街道宗地面积汇总表,以市、区、街道为单位的土地分类面积统计表,如图 4.37 所示。

其主要的功能如图 4.38 所示。

①图形的显示与控制:可以开窗、放大、缩小和平移,以及改变图形的显示范围,可以分层叠加显示地籍图(含底图、矢量图、宗地图)及测量控制点网等图形数据。

②图形与属性的双向查询:可以通过鼠标以点、矩形、圆形和任意多边形的方式选择图形,查询当前图层图形要素的属性并可进行直接修改。例如选择某个点号可显示其属性信息,查看点名,三维坐标、编码等,如图 4.39 所示。反之,可以通过输入地籍信息或选取属性字段,查询对应的图形和属性。

③定位显示:通过某个空间定位方式,调出所需空间范围的图形。例如输入(图号,图名)调出相应的地籍图,进行图幅定位或者输入(地名区名、乡镇名、街坊名)地物名称,以地名定位调出所在位置的地籍图。

④图形操作与量算功能,可以控制定位图层显示顺序,改变图形的显示内容;能够增、删、

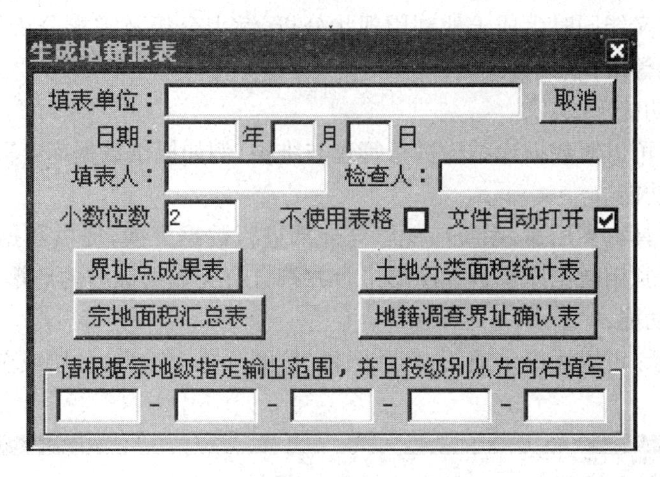

图4.37　查询统计功能

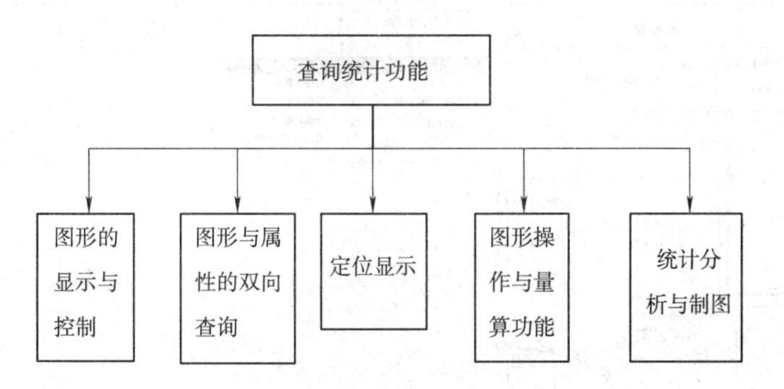

图4.38　查询统计功能框架图

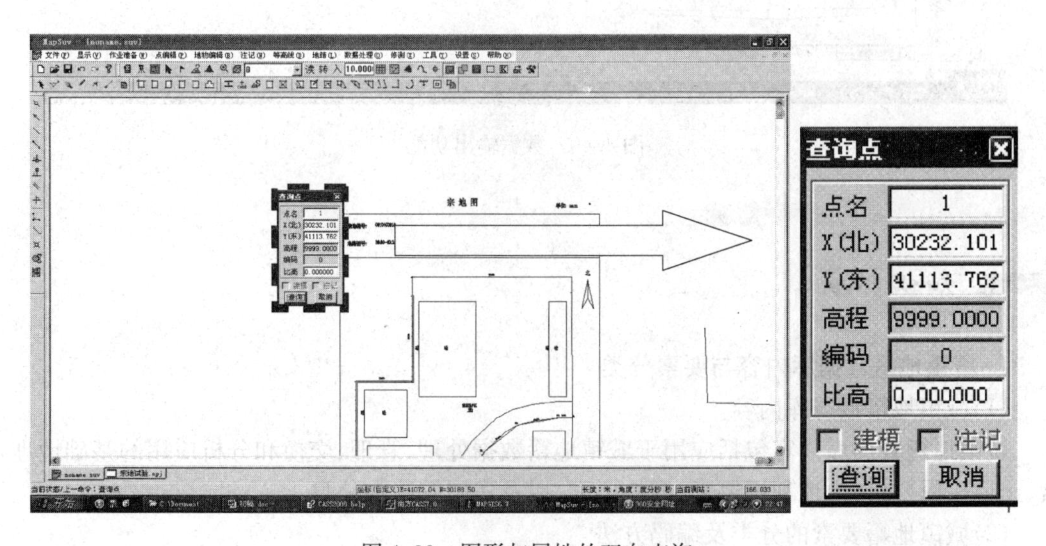

图4.39　图形与属性的双向查询

减图形要素，对图层中的图形进行编辑和量算。

⑤统计分析与制图：将统计与制图功能结合，利用历史资料和现状图形作纵向分析比较，

既可生成统计报表又能同时生成土地利用现状分析、潜力分析及需求分析等。还可按各类土地面积统计和土地等级，生成各式图件。

(6)管理维护功能

根据需要用户可以对数据库结构进行管理与维护，例如提供数据库字段扩展等功能。

(7)信息共享功能

现代地籍信息具有多用途，系统应能够与外部进行数据交换，提供数据导入导出功能，能够接收和输出几种常用数据库平台和图形平台并符合有关数据标准的地籍数据。

(8)数据输出功能

如图 4.40 所示，可以输出宗地图、标准图幅、按图幅范围输出、分层或全部输出等。

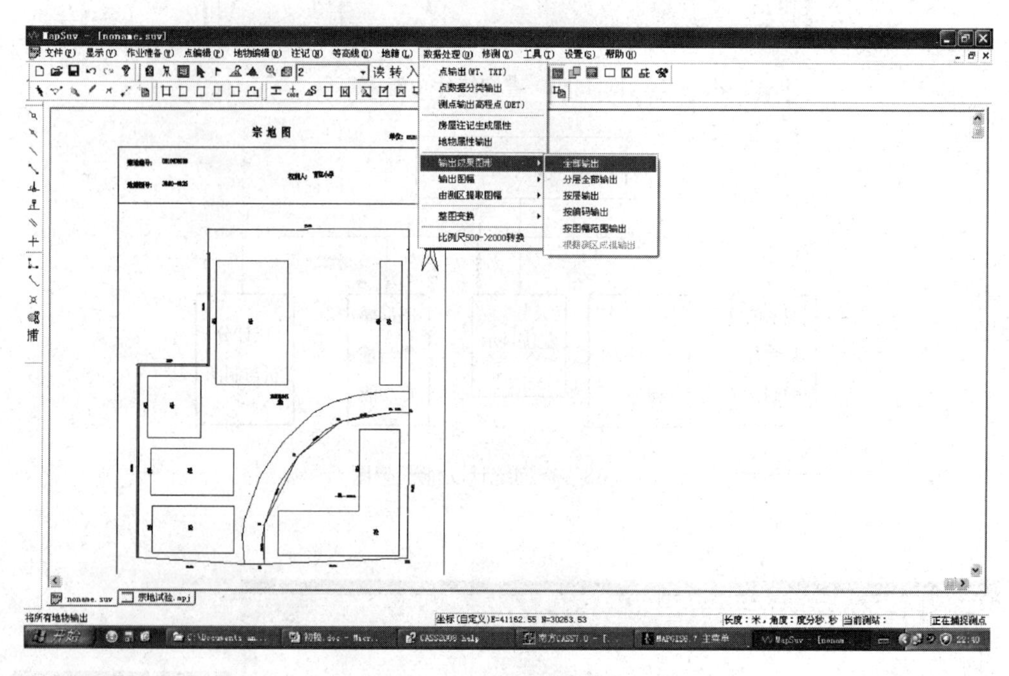

图 4.40　数据输出功能

知识拓展

1. 城镇地籍数据库内容与要素分类

(1)城镇地籍数据库内容

城镇地籍数据库内容包括应用于城镇地籍数据处理、管理、交换和分析应用的基础地理要素、土地权属要素、土地利用要素、栅格要素，以及房屋等附加信息。

(2)城镇地籍要素的分类及编码方法

城镇地籍要素分类大类采用面分类法，小类以下采用线分类法。根据分类编码通用原则，将城镇地籍数据库数据要素依次按大类、小类、一级类、二级类三级类和四级类划分，要素代码采用十位数字层次码组成，其结构，见表 4.1。

表 4.1　城镇地籍要素代码分类

××	××	××	××	×	×
|	|	|	|	|	|
大类码	小类码	一级类要素码	二级类要素码	三级类要素码	四级类要素码

其中：

①大类码为专业代码，设定为二位数字码，其中：基础地理专业码为 10，土地专业码为 20。小类码为业务代码，设定为二位数字码，空位以 0 补齐，土地权属的业务代码为 06，土地利用的业务代码为 01，土地利用遥感监测的业务代码为 02。一至四级类码为要素分类代码，其中：一级类码为二位数字码、二级类码为二位数字码、三级类码为一位数字码、四级类码为一位数字码，空位以 0 补齐。

②基础地理要素的一级类码、二级类码、三级类码和四级类码引用《基础地理信息要素分类与代码》(GB/T 13923—2022)中的基础地理要素代码结构与代码。

③各要素类中如含有“其他”类，则该类代码直接设为“9”或“99”。

(3)城镇地籍数据库的要素代码与名称描述

城镇地籍数据库各类要素的代码与名称描述见表 4.2。

表 4.2　城镇地籍数据库要素代码与名称描述表

要素代码	要素名称	说　明
1000000000	基础地理信息要素	
1000100000	定位基础	
1000110000	测量控制点	
1000119000	测量控制点注记	
1000600000	境界与政区	
1000600100	行政区	《基础地理信息要素分类与代码》的扩展
1000600200	行政区界线	《基础地理信息要素分类与代码》的扩展
1000609000	行政区注记	《基础地理信息要素分类与代码》的扩展
1000700000	地貌	
1000710000	等高线	
1000720000	高程注记点	
1000310000	居民地	
1000310300	房屋	
2000000000	土地信息要素	
2001000000	土地利用要素	

续上表

要素代码	要素名称	说　明
2001010000	地类图斑要素	
2001010100	地类图斑	
2001010200	地类图斑注记	
2001020000	线状地物要素	
2001020100	线状地物	
2001020200	线状地物注记	
2001040000	地类界线	
2006000000	土地权属要素	
2006010000	宗地要素	
2006010100	宗地	
2006010200	宗地注记	
2006020000	界址线要素	
2006020100	界址线	
2006020200	界址线注记	
2006030000	界址点要素	
2006030100	界址点	
2006030200	界址点注记	
2002030000	栅格要素	
2002030100	数字航空摄影影像	
2002030101	数字航空正射影像图	
2002030200	数字航天遥感影像	
2002030201	数字航天正射影像图	
2002030300	数字栅格地图	
2002030400	数字高程模型	
2002039900	其他栅格数据	
2099000000	其他要素	

注：(1)本表的基础地理信息要素第5位至第10位代码参考《基础地理信息要素分类与代码》(GB/T 13923—2022)。

(2)行政区、行政区界线与行政区注记要素参考《基础地理信息要素分类与代码》(GB/T 13923—2022)的结构进行扩充，各级行政区的信息使用行政区与行政区界线属性表描述。

2. 基本农田数据库的基本内容与分类体系

(1)基本农田数据库内容

基本农田数据库内容包括应用于基本农田数据处理、管理和分析的基础地理要素、权属要素、地类要素、注记要素及影像要素等。

(2)基本农田数据库要素的分类及编码方法

基本农田数据库要素分类大类采用面分类法，小类及小类以下采用线分类法。根据分类编码通用原则，将基本农田数据库数据要素依次按大类、小类、一级类、二级类三级类和四级类划分，分类代码采用十位数字层次码组成，其结构同表4.1。其中：

①大类码为专业代码，设定为二位数字码，其中：基础地理专业为10，土地信息专业为20；

小类码为业务代码，设定为二位数字码，基本农田的业务代码为05。一至四级类码为要素分类代码，其中：一级类码为二位数字码、二级类码为二位数字码、三级类码为一位数字码、四级类码为一位数字码。

②基础地理要素的一级类码、二级类码、三级类码和四级类码引用《基础地理信息要素分类与代码》中的基础地理要素代码结构与代码。

③各要素类中如含有“其他”类，则该类代码直接设为“9”或“99”。

基础地理信息要素中的小类，子类均采用《基础地理信息要素数据分类与代码》中的1∶5 000～1∶100 000基础地理要素分类代码。

(3)基本农田数据表信息的分类体系见表4.3。

表4.3 基本农田数据库信息分类体系表

要素代码	要素名称	几何特征	说　明
1000000000	基础地理信息要素		引用基础地理信息要素分类与代码(报批稿)
1000600000	境界与行政区		
1000650000	县级行政区	Polygon	空间信息
1000650100	行政区域	Polygon	
1000650200	行政界线	Line	
1000659000	县级行政区注记	Annotation	
1000660000	乡级行政区		空间信息
1000660100	行政区域	Polygon	
1000660200	行政区界线	Line	
1000669000	乡级行政区注记	Point	
1000310107	行政村	Polygon	
1000670500	村界	Line	
1000319000	居民地注记	Annotation	
1000700000	地貌		空间信息
1000710000	等高线	Line	
1000719000	等高线注记	Annotation	
1000720000	高程注记点		
2000000000	土地信息要素		
2001000000	土地利用要素		引用县级土地利用数据库标准，采用规划基期土地利用数据
2001010000	地类图斑要素		空间信息
2001010100	地类图斑	Polygon	
2001010200	地类图斑注记	Annotation	
2001020000	线状地物要素		空间信息
2001020100	线状地物	Line	
2001020200	线状地物注记	Annotation	
2001030000	零星地物要素		空间信息
2001030100	零星地物	Point	
2001030200	零星地物注记	Annotation	

续上表

要素代码	要素名称	几何特征	说 明
2005000000	基本农田要素		空间信息
2005010000	基本农田保护区域	Polygon	
2005010100	基本农田保护区	Polygon	
2005010200	基本农田保护片	Polygon	
2005010300	基本农田保护块	Polygon	
2005010400	基本农田保护图斑	Polygon	
2005010900	基本农田注记	Annotation	
2005020000	基本农田保护界线		空间信息
2005020100	界桩	Point	
2005020200	保护界线	Line	
2005020900	保护界线注记	Annotation	
2005030000	基本农田变化		空间信息
2005030100	基本农田数量变化	Polygon	由项目占用、退耕、农业结构调整、灾毁等原因造成的变化
2005030200	基本农田质量变化	Polygon	基本农田质量提升或降低
2005030900	基本农田变化注记	Annotation	
2005040000	基本农田表格要素	Table	表格信息
2005040100	基本农田土地质量	Table	表格信息
2005040200	基本农田保护责任	Table	表格信息

注：(1)本表基础地理信息要素第5位至第10位代码参考《基础地理信息要素分类与代码》。

(2)行政区、行政界线与行政区注记要素参考《基础地理信息要素分类与代码》的结构进行扩充，各级行政区的信息使用行政区与行政界线属性表描述。

(3)本表土地利用要素代码引用《土地利用数据库标准》(TD/T 1016—2007)，采用规划基期土地利用数据。

相关规范、规程与标准

1. 第二次全国土地调查数据库建设技术规范

1)农村土地调查数据库建设

(1) 建设任务

农村土地调查数据库建设的任务是建立国家、省、市(地)、县四级数据库，包括基础地理、土地利用、土地权属、基本农田等内容，集影像、图形、属性、文档等数据于一体，互联共享的农村土地调查数据库及管理系统。

(2) 数据库体系结构

农村土地调查数据库涵盖国家、省、市(地)、县四级数据库。其中县级农村土地调查数据库是农村土地调查数据库体系的基础，通过外业调查、数据加工处理、数据库建设而成；市(地)、省、国家级土地调查数据库以县级数据库为基础集成整合而成。农村土地调查数据库体系结构见图4.41。

(3) 数据库逻辑结构

农村土地调查数据库由主体数据库和元数据组成。主体数据库由空间数据库、非空间数

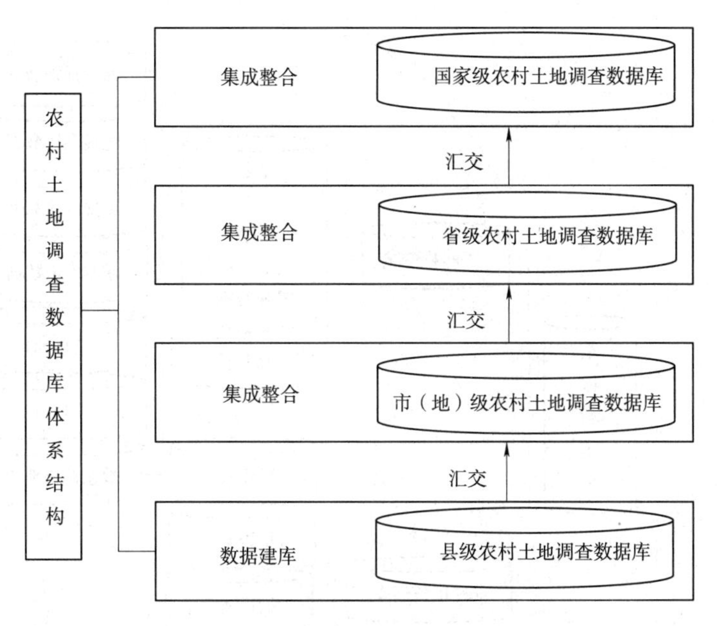

图 4.41　农村土地调查数据库体系结构图

据库组成；元数据由矢量数据元数据、DOM 元数据和数字高程模型（DEM）元数据等组成。农村土地调查数据库逻辑结构如图 4.42 所示。

（4）数据库内容及分层

① 数据库内容

农村土地调查数据库内容主要包括：基础地理信息数据、土地利用数据、土地权属数据、基本农田数据、栅格数据、表格、文本等其他数据。具体内容如下：

a. 基础地理信息数据：包括测量控制点、行政区、行政区界线、等高线、高程注记点、坡度图等；

b. 土地利用数据：包括地类图斑、线状地物、零星地物（可选）、地类界线等；

c. 土地权属数据：包括宗地、界址线、界址点等；

d. 基本农田数据：包括基本农田保护片、基本农田保护块等；

e. 栅格数据：包括 DOM、DEM、DRG 和其他栅格数据；

f. 元数据：包括矢量数据元数据、DOM 元数据、DEM 元数据等；

g. 其他数据：包括开发园区数据等。

建库单位应根据《土地利用数据库标准》要求进行数据库结构设计，对属性数据结构表等内容可进行扩充。

② 数据分层

空间要素采用分层的方法进行组织管理。根据数据库内容和空间要素的逻辑一致性进行空间要素数据分层，各层要素的命名及定义参见《土地利用数据库标准》中空间要素分层部分的相关内容。

（5）数据字典

依据《土地利用数据库标准》（TD/T 1016—2007）定义的相关属性字段名、值域以及数据描述等建立农村土地调查数据库运行所必需的数据字典。主要包括地类编码、行政区和权属单位等数据字典。

（6）数据库管理系统设计

数据库管理系统设计包括总体结构设计、功能模块设计、系统外部接口设计、数据结构和数

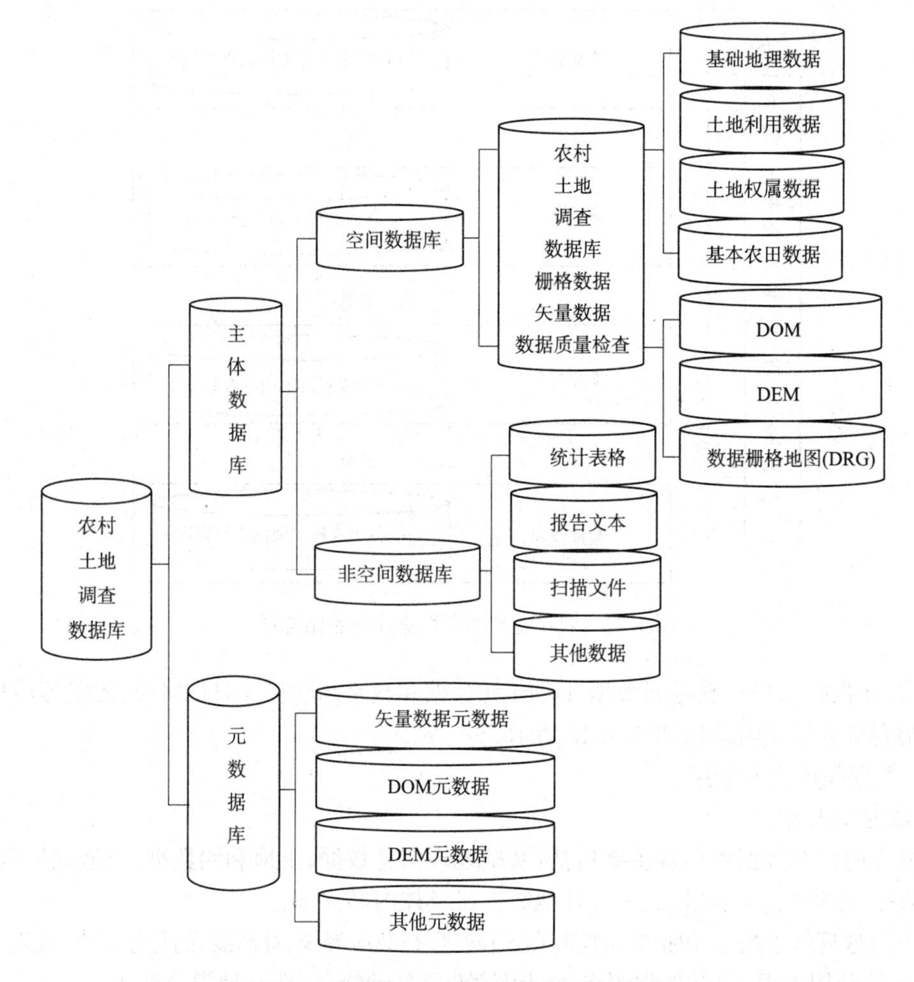

图 4.42　农村土地调查数据库逻辑结构图

据库设计、界面设计等内容，系统设计要按照先进性、高效运行、建库与更新有机结合等原则进行。

(7) 基本要求及技术指标

① 数学基础

a. 坐标系：采用“1980 西安坐标系”；

b. 高程基准：采用“1985 国家高程基准”；

c. 地图投影：采用“高斯－克吕格投影”；

d. 分带方式：1∶2000 标准分幅图按 1.5°分带(可任意选择中央子午线)，1∶5000、1∶10000 标准分幅图按 3°分带，1∶50000 标准分幅图按 6°分带。

② 分幅和编号

采用国家基本比例尺地形图的分幅和编号，具体参见《国家基本比例尺地形图分幅和编号》(GB/T 13989—2012)。

③ 土地利用分类

土地利用分类采用《土地利用现状分类》(GB/T 21010—2017)，按《地籍调查规程》中的规定对《土地利用现状分类》中 05、06、07、08、09 一级类和 103、121 二级类进行归并。

各地根据实际情况，可在全国统一的二级地类基础上，根据从属关系续分三级类，并进行编码排列，但不能打乱全国统一的编码排序及其所代表的地类及含义。

④ 数据交换格式

数据库交换格式采用《土地利用数据库标准》(TD/T 1016—2007)规定的数据格式。

⑤ 数据组织

在横向上，数据要组织成逻辑上无缝的一个整体。在纵向上，各种数据要在空间坐标定位的基础上进行相互叠加和套合。在物理存储上可以把连续的实体分离到不同的存储空间和存储单元中进行存储。

(8) 数据库建设主要步骤

农村土地调查数据库建设包括县级农村土地调查数据库建设和市(地)、省、国家级土地调查数据库集成整合。市(地)、省、国家级土地调查数据库是通过对县级农村土地调查数据库集成整合而成(具体见《第二次全国土地调查技术规程》(TD/T 1014—2007))。县级农村土地调查数据库建设主要分四个阶段。

第一阶段为建库准备：主要包括建库方案制定、人员准备、数据源准备、软硬件准备、管理制度建立等；

第二阶段为数据采集与处理：主要包括基础地理、土地利用、土地权属、基本农田、栅格等各要素的采集、编辑、处理和检查等；

第三阶段为数据入库：主要包括矢量数据、栅格数据、属性数据以及各元数据等的检查和入库；

第四阶段为成果汇交：主要包括数据成果、文字成果、图件成果和表格成果的汇交。

县级农村土地调查数据库建设步骤如图 4.43 所示。

2)城镇土地调查(城镇地籍)数据库建设

(1)建设任务

城镇土地调查数据库建设任务是：在城市建成区和县城所在地建制镇建成区范围内，建立包括土地利用、土地权属、基础地理等内容，集影像、图形、属性和文档于一体的数据库及管理系统。

(2)数据库逻辑结构

城镇土地调查数据库由主体数据库和元数据库组成。主体数据库由空间数据库、非空间数据库组成；元数据库由矢量数据元数据、DOM 元数据、DEM 元数据等组成。城镇土地调查数据库逻辑结构如图 4.44 所示。

(3)数据库内容

城镇地籍数据库的内容主要包括以下方面：

①基础地理信息数据：包括测量控制点、行政区划、等高线、房屋等；

②土地权属数据：包括宗地、界址线、界址点等；

③土地利用数据：包括地类图斑、地类界线、线状地物等；

④栅格数据：包括 DEM、DOM、DRG 和其他栅格数据；

⑤元数据：包括矢量数据元数据、DOM 元数据、DEM 元数据等；

⑥表格、报告文本、扫描文件等其他数据。

建库单位应根据《城镇地籍数据库标准》(TD/T 1015—2007)要求进行数据库结构设计，对属性数据结构表等内容可进行扩充。

(4) 数据库管理系统设计

数据库管理系统设计包括总体结构设计、功能模块设计、系统外部接口设计、数据结构和

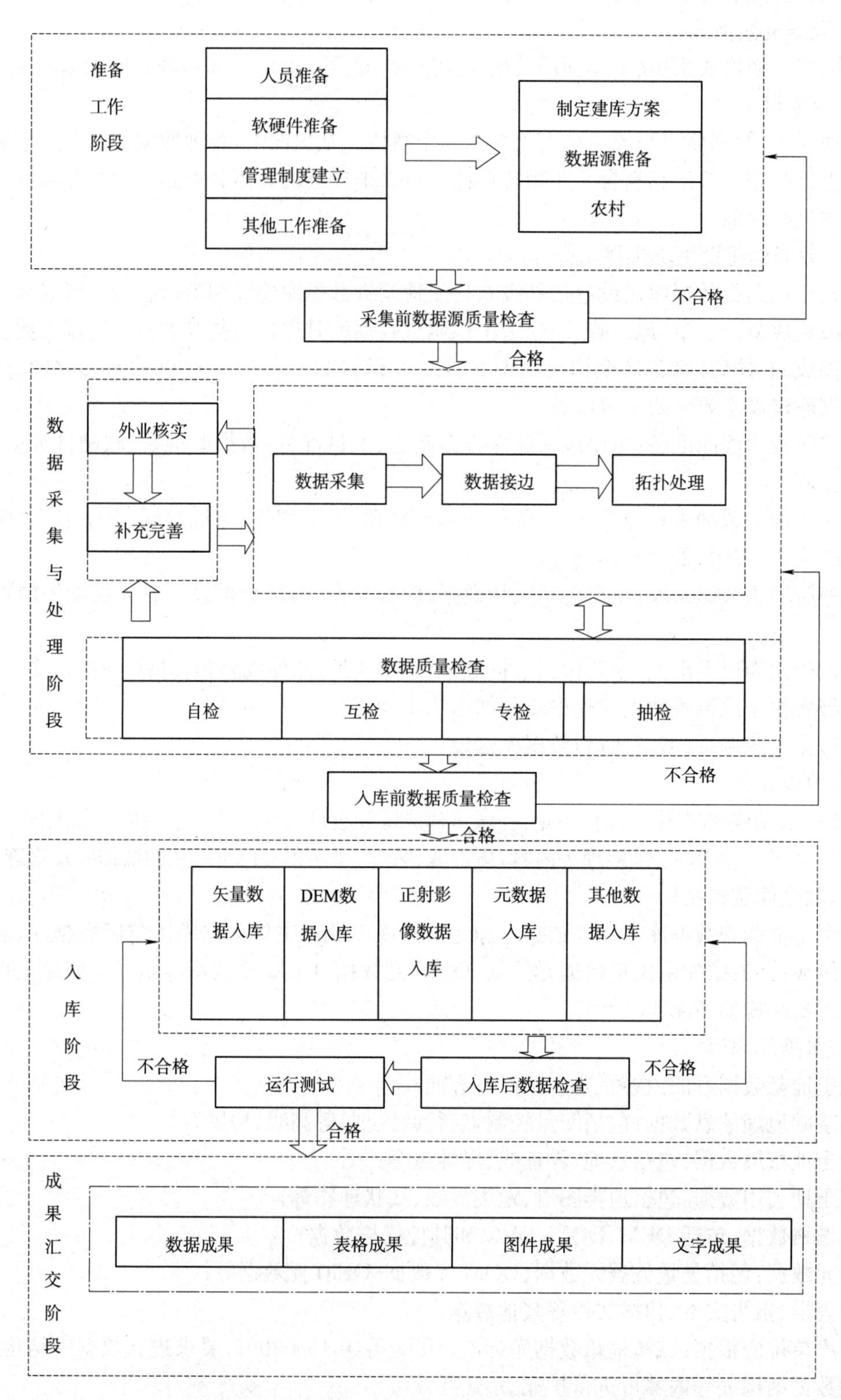

图 4.43　城镇及县级农村土地调查数据库建设步骤

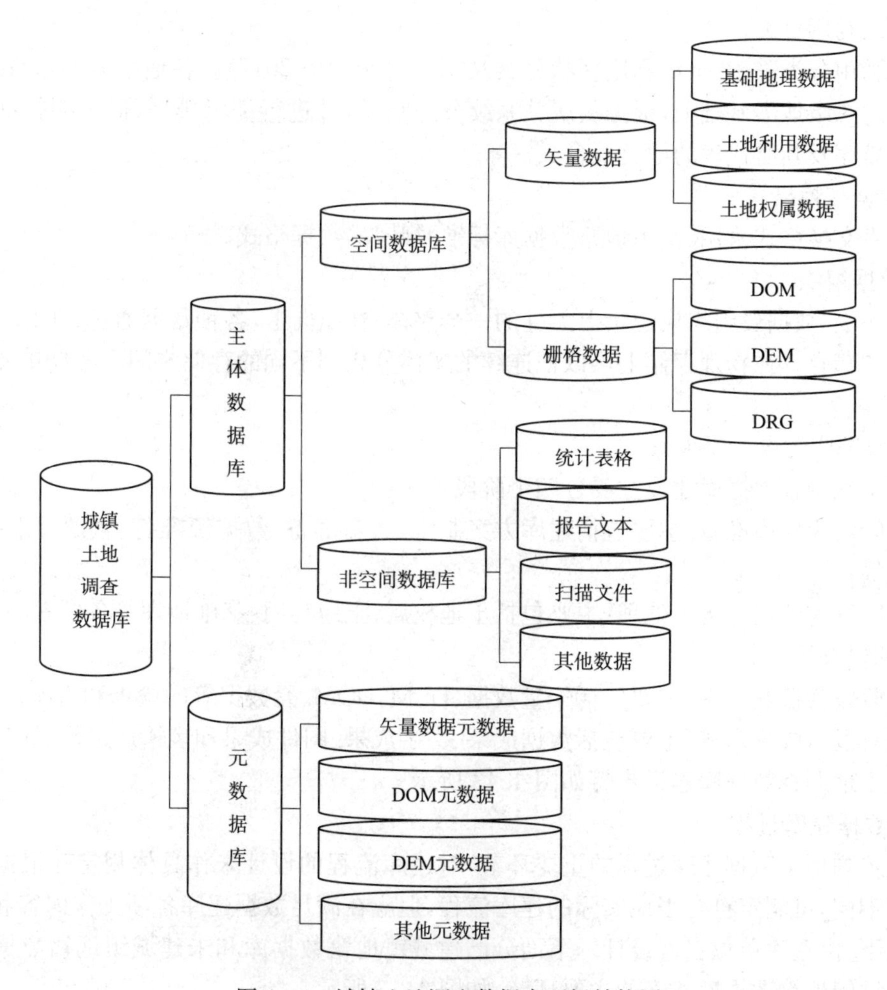

图 4.44　城镇土地调查数据库逻辑结构图

数据库设计、界面设计等内容。设计要按照先进性、高效运行、建库与更新有机结合等原则进行。

(5) 基本要求及技术指标

① 数学基础

a. 平面坐标系：优先选择“1980 西安坐标系”，特殊情况可选择“1954 北京坐标系”或地方坐标系，但应确定与“1980 西安坐标系”之间的转换参数；

b. 高程基准：首先选择国家推荐使用的“1985 国家高程基准”，特殊情况可以选择“上海吴淞高程系”或其他高程系，但应确定与“1985 国家高程基准”的转换参数；

c. 地图投影：采用“高斯—克吕格投影”；

d. 比例尺：城镇土地调查数据库宜采用 1∶500 比例尺；

e. 分带方式：按 1.5°分带(可任意选择中央子午线)。

② 分幅和编号

按纵横坐标格网线进行矩形分幅，即采用矩形分幅与编号的方法。图幅的编号采用坐标编号法。由图幅西南角纵坐标 X 与横坐标 Y 组成编号，1∶2 000、1∶1 000 取至 0.1 km，1∶500 取至0.01 km。

③土地利用分类

土地利用分类采用《土地利用现状分类》(GB/T 21010—2017)。各地根据实际情况,可在全国统一的二级地类基础上,根据从属关系续分三级类,并进行编码排列,但不能打乱全国统一的编码排序及其所代表的地类及含义。

④ 数据交换格式

数据库交换格式采用《城镇地籍数据库标准》规定的数据格式。

⑤ 数据组织

在横向上,数据要组织成逻辑上无缝的一个整体;在纵向上,各种数据通过空间坐标定位,相互叠加和套合。在物理存储上可以把连续的实体分离到不同的存储空间和存储单元中进行存储。

(6) 数据库建设主要步骤

城镇土地调查数据库建设主要分四个阶段:

第一阶段为建库准备:主要包括建库方案制定、人员准备、数据源准备、软硬件准备、管理制度建立等;

第二阶段为数据采集与处理:主要包括土地权属、土地利用、基础地理等各要素的采集、编辑、处理和检查等;

第三阶段为数据入库:主要包括矢量数据、DEM、DOM、元数据等的检查和入库;

第四阶段为成果形成:主要包括数据成果、文字成果、图件成果和表格成果形成。

城镇土地调查数据库建设步骤如图 4.43 所示。

(7) 数据建库过程

本规范列出了数据建库过程的重要环节,对建库流程的设计未作具体规定。根据已有基础资料的不同,可制定符合当地实际的建库流程,但应在满足数据建库各项工作内容和质量要求的前提下,由建库单位自行设计。下面分已建城镇地籍数据库和未建城镇地籍数据库两种情况给出城镇地籍数据库建库的主要环节,如图 4.45 所示。

本章小结

本项目介绍数字地籍测绘系统的概念和功能框架,分别讲述了数据采集、数据处理、成果输出和数据库管理四个主要功能。其中根据所使用测量仪器及作业方法的不同,介绍目前较常规的数据采集方法(全站仪、GPS 数据采集)。地籍管理信息系统建设中,必须遵循一套科学的设计原理和方法,保证系统建设的有序进行。

本项目引入了地籍管理信息系统的概念,介绍了建库目标、建库内容及地籍管理信息基本知识,以 MapGIS 为平台说明地籍管理信息系统建库的基本流程及其实现的主要功能。

本项目重点掌握现代地籍图的基本构成(地籍要素、地形要素和数学要素),掌握数字地籍成图(包括地籍图、房产图、宗地图、地籍表格)的绘制和生成过程。通过利用 CASS 2008 地形地籍成图软件学会以下内容:如何绘制地形图、地籍图、房产图;如何绘制宗地图;如何绘制地籍表格;如何管理地籍测量中的各种信息。

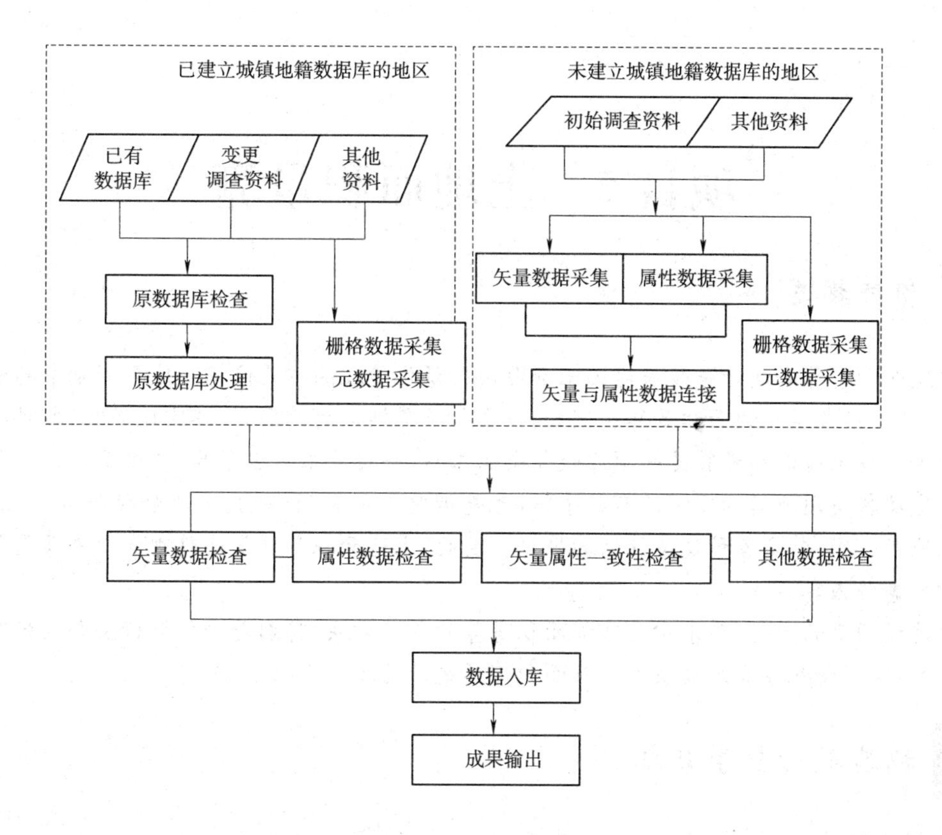

图 4.45　城镇土地调查数据库建设主要环节图

复习思考题

1. 简述数字地籍测绘系统的概念。
2. 简述数字采集的主要方法。
3. 简述现代地籍图的概念以及特点。
4. 现代地籍图的地籍要素有哪些？数学要素有哪些？地形要素有哪些？
5. 试用 CASS 2008 软件做一幅地籍图并生成宗地图。
6. 什么是地籍管理信息系统？它有哪些功能？
7. 简述地籍管理信息系统调查要素及其数据。
8. 地籍管理信息系统建设分哪些阶段？

项目5　土地面积量算

项目描述

土地面积量算和统计是政府对国土资源进行量化管理的重要依据。地籍测量中的面积量算，一般是一种多层次的面积量算。例如，一个行政管辖区的总面积、各宗地面积、各种利用分类面积等。故土地面积量算是一项比较复杂的工作，一般要求分级量算，分级平差。它是摸清土地家底及各类用地结构比例的有效手段，也是调整土地利用结构、土地分配与再分配、国家收取土地费(税)、制定各种发展计划的根据。因此，土地面积量算是地籍测量中一项重要的必不可少的工作内容。

通过该项目的学习，要求学生掌握面积量算的各种方法，特别是坐标解析法和坐标图解法面积量算；掌握面积量算的成果处理及面积汇总统计的工作思路。

拟实现的教学目标

1. 能力目标

●能够根据实际情况采用具体方法进行面积量算；

●能够进行面积量算的成果处理；

●能够进行土地面积统计和汇总；

●了解土地面积误差、精度要求。

2. 知识目标

●掌握解析法进行面积量算方法和技术要求；

●掌握图解法进行面积量算方法和技术要求；

●掌握土地面积统计和汇总的工作过程。

3. 素质目标

●懂得土地面积量算方法的选择，提高实际解决问题的能力；

●不断提高数字地籍测量中宗地及各种分类地块面积计算能力；

●注意区别农村与城镇土地面积计算、统计方法的不同及适应条件。

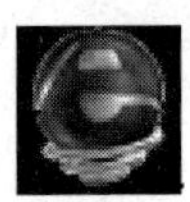

相关案例——安徽省怀远县城区地籍调查之面积量算

1. 面积量算

以宗地为单位，利用界址点坐标计算面积。由计算机根据地籍测量数字化模型，对外业数据进行处理，计算出各宗地面积，并打印宗地面积成果表及各类面积汇总表。

解析法采用下列公式计算：

$$\left.\begin{aligned} P &= \frac{1}{2}\sum_{i=1}^{n} x_i(y_{i+1} - y_{i-1}) \\ P &= \frac{1}{2}\sum_{i=1}^{n} y_i(x_{i-1} - x_{i+1}) \end{aligned}\right\}$$

式中　P——宗地面积，m^2；

X_i，Y_i——第 i 个界址点的坐标，m；

n——界址点的个数。

若按照公式计算结果出现负数，则应加绝对值。

2. 面积汇总

土地面积分类汇总按照《城镇地籍调查规程》附录G和附录H分别进行。

根据各街坊宗地面积和解析法求得的各类水域、道路、农田等类用地面积，按用地类别进行面积分类统计。

由以上案例可知，面积量算是在地籍测量外业结束后进行内业数据处理、成果整理的基础上进行的。现代地籍测量中，由于城镇地区界址点的测定一般采用解析法，因而，城镇地区宗地面积的量算也相应的采用解析法进行。

对于第二次全国土地调查中的面积量算问题，分为以下几种情况按照图解法或部分解析法进行量算：

(1)图斑面积及图斑地类面积

用图斑拐点坐标按公式计算图斑面积。用图斑面积减去实测线状地物、按系数扣除的田坎和其他应扣除的面积计算图斑地类面积。

(2)线状地物面积

采用图上计算的长度和外业测量的宽度计算线状地物面积。

典型工作任务1　面积量算的要求和方法

5.1.1　工作任务

(1)面积量算是指土地水平面积的量算。本工作任务的目的是：通过面积量算的要求和方法的学习，使学生懂得如何获取各级行政单位土地面积、权属单位的土地面积和各种分类利用土地面积的数据资料。

(2)通过本工作任务的学习，完成宗地、地块面积量算和土地利用面积量算；让学生能够理解面积量算的技术要求和精度要求以及各种量算方法的应用。

5.1.2　相关配套知识

1. 面积量算的要求

1) 面积量算的技术要求

面积量算是在地籍测量的基础上进行的。依据测量坐标、角度、边长等解析数据和地籍原图图解数据，选择适宜的方法量算面积。面积量算也要按照“从整体到局部、先控制后碎部、逐级控制、分级量算”、“步步检核”和“逐级汇总”的原则进行，以避免错误，提高精度。

在城镇地区及农村居民点，量算面积单位，通常以平方米为基本单位，取值到小数点后一位；大面积可用公顷与平方千米；农村地籍测量中常以亩为面积量算的基本单位，取值到小数点后两位。

面积量算的程序分为控制面积量算、碎部面积量算和汇总统计三步。

控制面积量算指的是下级行政单位的面积，受上级行政单位面积的控制，下级控制面积在上级控制面积的控制下按“闭合差反符号与面积成正比”的原则进行平差，一幅图的图幅理论面积是各级面积的最基本控制。街道或街坊、村土地面积一般为城、乡的末级控制面积。

碎部面积指末级控制面积范围内各独立的图斑（宗地）面积，碎部面积要依上级控制面积进行平差，平差后其面积之和应与控制面积相等。

汇总统计先分图幅统计各行政单位的宗地面积或土地分类面积，然后再将各图幅的统计数值汇总，汇总时应当进行校核，各级面积之和均应与其上一级控制面积吻合，以防止出错。

2）面积量算的精度要求

（1）两次量算的较差

无论采用何种方法量算面积，均应独立进行两次，以便校核。当采用坐标解析法时，两次计算结果应当一致；在地籍铅笔原图上量算面积时，两次量算的较差 Δp 应满足：

$$\Delta p \leqslant 0.0003M\sqrt{p} \tag{5.1}$$

式中　p ——量算面积，m^2；

M——原图比例尺分母。

当 Δp 满足(5.1)时，即取两次量算面积的平均值作为最后结果。

(2)面积闭合差

用纸质地籍图进行的图解法量算面积误差较大，数值不一。为避免误差积累，消除图纸变形的影响，使总体面积和分区面积之和不发生矛盾，常用一个已知面积值作总体面积进行控制。这个已知的总体面积常采用图幅理论面积值或解析法算得的街坊面积等。

① 图解法量算面积常采用两级控制，以图幅理论面积为首级控制，图幅内各街坊及其他区块面积之和与图幅理论面积之差称面积闭合差，当闭合差小于 $0.0025p$（p 为图幅理论面积）时，可将闭合差按面积比例配赋给各街坊及其他区块，得出平差后各街坊及各区块的面积。完全采用实测数据计算的宗地面积可以不参加平差。

依经纬度分幅的图，其图幅理论面积可从《第二次全国土地调查技术规程》附录 D 的表 D2～表 D4 中查取；图幅按矩形分幅时，其理论面积等于图廓的长宽相乘之积。

② 当采用部分解析法量算面积时，用解析法求出每个街坊面积，以各街坊面积控制本街坊内各宗地面积之和，其闭合差为

$$\Delta p_i = S - \sum_{i=1}^{n} A_i \tag{5.2}$$

式中　S——为解析法计算的街坊面积；

A_i——为街坊各宗地面积。

精度指标为

$$|\Delta p_i| \leqslant S/200 \tag{5.3}$$

当此关系满足时，可按面积成正比反号分配闭合差来计算宗地面积的平差值。当闭合差超过限差时应重新量算。完全用实测数据计算的规则图形的宗地面积可不参加平差。

2. 面积量算方法

土地面积测算包括行政管辖区、宗地、土地利用分类等面积的测算。根据量算中所依据的

解算数据的不同，面积量算的方法通常分为解析法面积测算与图解法面积测算和部分解析法面积测算。

解析法使用的数据是解析坐标、角度或边长，是一种在实地直接量测有关坐标、边、角元素进行解析面积计算的方法。用严密的解析式计算土地面积。具体又可分为两种形式：一是几何图形要素解析法，即根据量测得到的几何要素（边与角），直接应用简单的几何公式计算面积；二是坐标解析法，通常一个地块是不规则的几何形状，只要测出该形状各拐点的解析坐标，就可直接应用坐标计算面积的公式，计算出地块的面积。

图解法中计算的数据是由图纸上量测得到的，通常是指从图上直接量算面积，其方法比较多，包括几何要素与坐标量算法、膜片法、求积仪法、沙维奇法、光电测积法以及电算法等。他们的共同特点，均是直接在图上量算，一般可以很快地得到图形面积，无复杂计算。

部分解析法则是两者的结合。

由于各自使用的量测仪器工具与技术手段不同，各种方法的精度是不一致的，有的精度比较高，且有发展前途，有的虽然简单，但有一定的实用价值，就精度而言均不如解析法。各种面积计算方法都有其自身特点及适用范围，在实际工作中可依情况选取，综合考虑，不必拘于一种方法。

面积量算到底选择什么方法，一般要从实际出发，由面积的大小、精度要求以及设备条件来决定。从要求来讲，无疑控制面积精度应高于碎部面积精度；权属面积精度应高于土地利用分类面积（地块或图斑面积）精度。从方法来看，解析法精度高于图解法的精度，电算法精度高于沙维奇法精度；沙维奇法精度又高于求积仪法精度；求积仪法精度高于膜片法精度。不过太小的面积不适于求积仪法，而采用膜片法比较有效。下面讨论各种面积量算方法。

1）解析法面积量算

利用实地丈量地块几何形状的边长和量测的角度或多边形顶点的平面直角坐标，按几何公式等计算面积的方法称为解析法。此法可概括为两种形式。

1）几何要素解析法

指简单的几何形状如三角形、梯形、四边形等，实地丈量边长与量测角度，根据几何公式计算它们的面积。

① 三角形

图5.1的面积
$$S=\frac{1}{2}ah \tag{5.4}$$

图5.2的面积
$$S=\frac{1}{2}bc\sin A \tag{5.5}$$

或
$$S=\sqrt{P(P-a)(P-b)(P-c)} \tag{5.6}$$

其中
$$P=\frac{1}{2}(a+b+c)$$

②四边形

图5.3的面积
$$S=\frac{1}{2}(ab\sin A+cd\sin B) \tag{5.7}$$

图5.4的面积
$$S=\frac{1}{2}[ab\sin A+bc\sin B+ac\sin(A+B-180^\circ)] \tag{5.8}$$

图 5.5 的面积 $$S=\frac{1}{2}d_1d_2\sin\beta \tag{5.9}$$

③梯形

图 5.6 的面积 $$S=\frac{a^2-b^2}{2(\cot A+\cot B)} \tag{5.10}$$

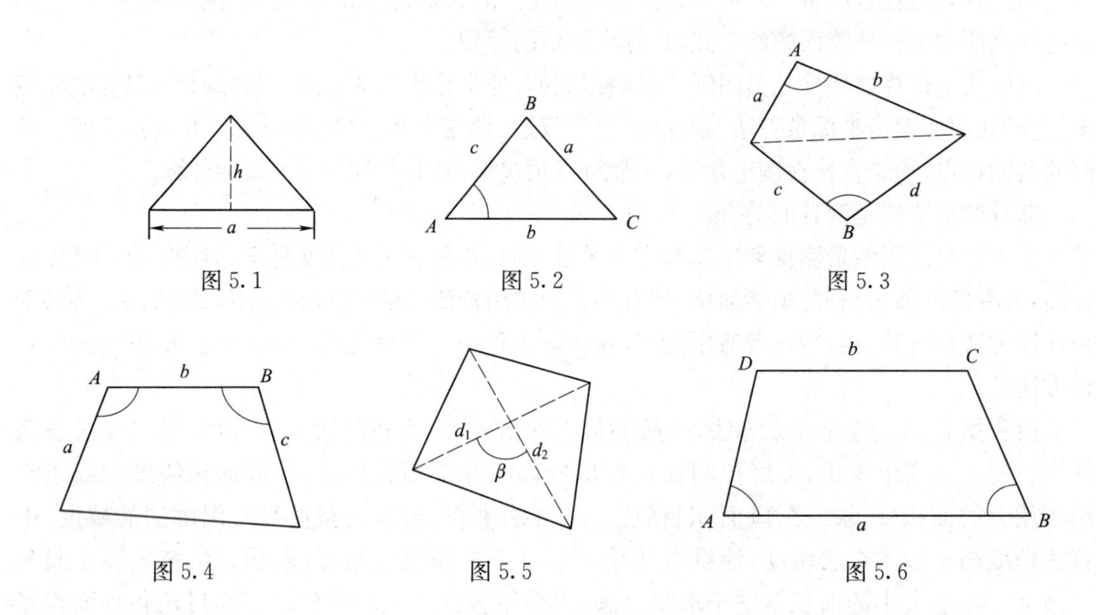

图 5.1 图 5.2 图 5.3

图 5.4 图 5.5 图 5.6

(2) 坐标解析法

坐标解析法是指按地块界线的拐点坐标计算地块面积的方法。各拐点坐标应直接在野外施测,其坐标可以直接沿各拐点设站施测,也可在控制点上施测。有了坐标便可组成闭合多边形,从而根据式(5.11)计算出面积。若拐点是权属界址点,则面积即为权属面积(即宗地面积)。此法是城镇地籍测量中面积计算的主要方法,也是地籍测量数字化成图中面积计算应采用的测量方法,如图 5.7 所示。

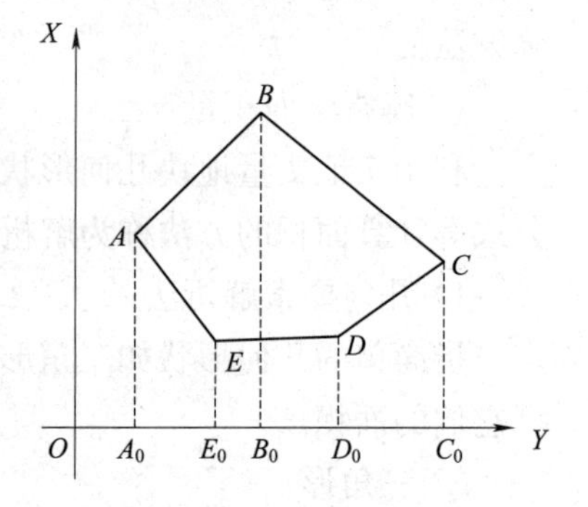

图 5.7 坐标解析法

下面给出多边形面积计算公式:

如图 5.7 所示,有多边形 $ABCDE$,各顶点坐标分别为 $A(X_A,Y_A)$, $B(X_B,Y_B)$, $C(X_C,Y_C)$, $D(X_D,Y_D)$, $E(X_E,Y_E)$,先求其面积。

由图 5.7 可以看出,多边形 $ABCDE$ 的面积可由下面得到:

$$\begin{aligned}P_{ABCDE}&=P_{A_0ABCC_0}-P_{A_0AEDCC_0}\\&=P_{A_0ABB_0}+P_{B_0BCC_0}-(P_{CC_0D_0D}+P_{DD_0E_0E}+P_{EE_0A_0A})\\&=(X_A+X_B)(Y_B-Y_A)/2+(X_B+X_C)(Y_C-Y_B)/2+(X_C+X_D)(Y_D-Y_C)/2+\\&\quad(X_D+X_E)(Y_E-Y_D)/2+(X_E+X_A)(Y_A-Y_E)/2\end{aligned}$$

按 X_i 集项可得:

$$P_{ABCDE}=\frac{1}{2}[X_A(Y_B-Y_E)+X_B(Y_C-Y_A)+X_C(Y_D-Y_B)+X_D(Y_E-Y_C)+X_E(Y_A-Y_D)]$$

推广到一般情况，若多边形顶点按顺时针编号为 1，2，…，n，则多边形面积为

$$P=\frac{1}{2}\left|\sum_{i=1}^{n}X_i(Y_{i+1}-Y_{i-1})\right|$$

或按 Y_i 集项可得到

$$P=\frac{1}{2}\left|\sum_{i=1}^{n}Y_i(X_{i-1}-X_{i+1})\right| \tag{5.11}$$

注意，以上公式中脚标是针对顺时针编号而言，若逆时针编号，则符号相反。面积计算结果出现负值时，则加上绝对值符号即可。

式(5.11)中两个公式即为坐标解析法计算面积的公式，计算时相互校核。

应用时，$X_0=X_n X_{n+1}=X_1$，$Y_0=Y_n Y_{n+1}=Y_1$。

采用程序计算器及计算机编程计算将十分方便、迅速。

当地块很不规则，甚至为曲线时，可多加些拐点，进行坐标测量，曲线上加密点愈多，就愈接近曲线，有了这些点的坐标，同样可依式(5.11)计算面积，拐点愈多，其面积愈逼近实际面积。

宗地跨图幅也就是宗地被图廓线分割时，一个宗地被分割以后，通常应计算出宗地在各幅图中被分宗地面积，此时应计算出界址边与图廓线交点的坐标，然后分别组成闭合多边形，各自计算出面积。由平面解析几何可知，已知两点坐标可建立直线方程，界址线是由相邻两个已知界址点相连，故可建立一个以斜率表示的直线方程如 $y=k_1x+a$；同理，图廓线亦可由两图廓点坐标建立直线方程如 $y=k_2x+b$。由此两方程联立求出交点坐标，分割后的破宗面积即可求出。

2) 图解法量算面积

凡在一定比例尺图(地形图、地籍图或土地利用现状图)上进行土地面积量算的方法统称图解法。根据使用的量测工具与仪器的不同又可分为：几何要素与坐标量算法、膜片法、求积仪法、沙维奇法、电算法与光电测算面积法等。下面分别加以介绍。

(1) 几何要素与坐标量算法

该法是利用分规和比例尺，在图上量取图形几何要素或多边形顶点的坐标，通过公式计算土地面积、或者由数字成图软件在图(扫描数字化或航测数字成图)上量算地块面积的方法。

①几何要素图解法

通常将多边形分成若干简单的几何图形，如三角形、梯形、四边形、矩形等，从图上量取各图形的有关要素，通过相应的计算面积公式计算出各简单几何图形的面积，再汇总出多边形的总面积。

② 坐标图解法

采用坐标图解法时只是坐标取得的方法是在图上量取，面积计算公式与坐标解析法是完全一致的。这里，图纸包括传统纸质图纸和数字成图(扫描数字化或航测数字成图)两种。

数字地形图、地籍图等数字成图的绘图精度较高，绘图和量图的误差较小，而且，数字化图上地块的面积可由成图软件的专用程序来计算，因此，数字成图的坐标图解法测算面积的精度远远高于纸质图纸测算面积的精度。

(2) 膜片法

此法是用伸缩性小的透明的赛璐珞、透明塑料、玻璃或摄影软片等制成等间隔格网板、平行线板、计算盘等膜片，把膜片放在图上适当的位置进行量算，这里主要介绍格值法和平行

线法。

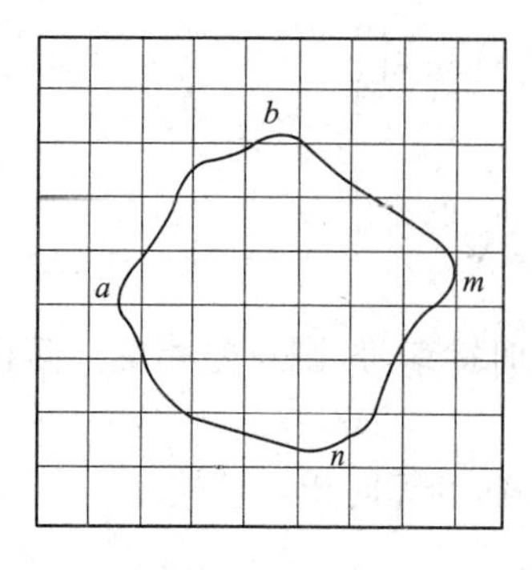

图 5.8　格网法

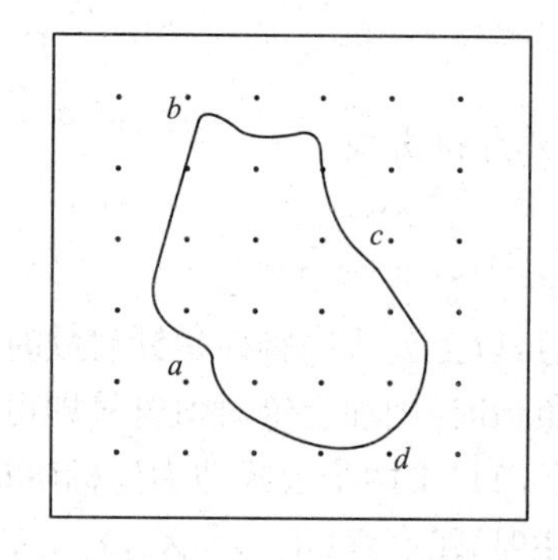

图 5.9　格点法

① 格值法

在膜片上建立一组有单位面积值的格子或点子，用这些不连续的量去逼近一个连续的量即被量测的面积，从而完成图上面积量测。

a. 格网法(方格法)

在透明板材上建立起互相垂直的平行线，平行线间距为 1 mm，则每一方格面积为 1 mm^2 的正方形，把它的整体称为方格网求积板。图 5.8 所示的 *abmn* 为待量测面积图形，量测时，可将透明方格网置于图形上面，首先累积计算图形内部的整方格数，再估读被图形边线分割的非整格数，两者相加即图形图上总格数 n。

图形的实地面积可按式(5.12)计算：

$$S=Cn \tag{5.12}$$

式中　S——图形实地面积；

C——单格值(m^2/格)，$C=\frac{d^2M^2}{1\,000^2}$($d$ 为小方格边长，单位为 mm，M 为比例尺分母)。

b. 格点法(网点板法)

将上述方格网的每个交点绘成 0.1 mm 或 0.2 mm 直径的圆点，去掉互相垂直的平行线，则点值(每点代表的图上面积)就是 1 mm^2；若相邻点子的距离为 2 mm，则点值就是 4 mm^2，如图 5.9 所示。

将格点求积板放在图上，数出图内与图边上的点子，则按式(5.13)可求出图形面积：

$$S=(N+\frac{L}{2}-1)D \tag{5.13}$$

式中　N——图形内的点子数；

L——轮廓线上的点子数；

D——点值。

② 平行线法

在透明板材制作一组等距(距离为 h)的平行线，在两平行线中间，画以虚线，实线与虚线间距为 $h/2$，如图 5.10 所示。

a. 中线法

将平行线板置于图形之上，使图形两极点分别处于首末平行线中间，则图形被相邻两虚线分割成若干近似梯形(上、下两

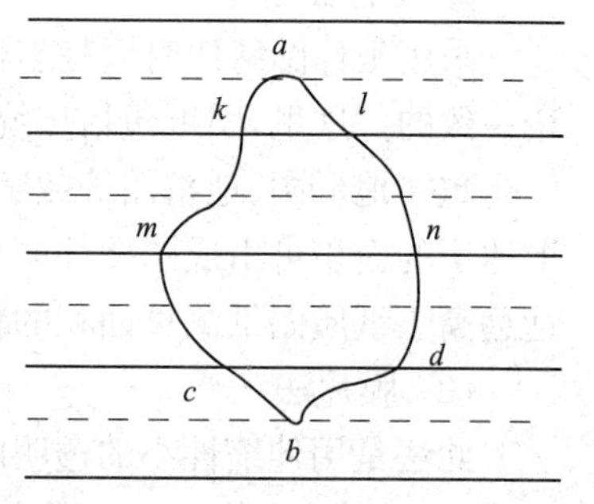

图 5.10　平行线法

端为近似三角形)，其中实线与图形边线交点组成的平行线段就成为相应近似梯形、三角形的中线，即中位线。只要量出所有中位线长度，则可近似算出各梯形、三角形面积及其总和 S 为

$$S=(r_1+r_2+r_3+\cdots+r_n)h \tag{5.14}$$

式中　$r_1,r_2,\cdots,r_n$——量测中位线(kl、mn、cd 等)的长度；

h——相邻平行线间距离。

b. 三角板平行推移法

此法实质仍是中线法，不过借用一副三角板来量取中位线长度而已，如图 5.11 所示。

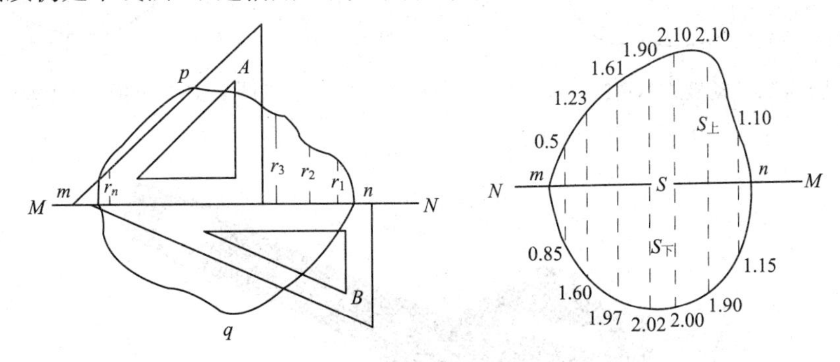

图 5.11　三角板平行推移法

如图 5.11 所示，首先要选择一副质量较好的三角板，并确定量测时平行推移间的距离 h。将三角板(B)有刻划的一边大约放在被测图形的中间，稍许移动三角板，使图形两端点 m、n 位于 $h/2$ 处，固定三角板并画线 MN；

把另一块三角板(A)从右向左按 h 值的大小找出三角板的另一直角边与图形边线的交点，读出相应的读数 $r_1,r_2,\cdots,r_n$ 的长度。

则图形上半部分面积为

$$S_上=(r_1+r_2+r_3+\cdots+r_n)h$$

同理，也可求得下半部分的面积 $S_下$。

则有

$$S= S_上+S_下$$

图 5.11 右边是一个量测图上面积的实例。

设平行线间距 $h=0.5\,\text{cm}$，则

$$S_上=0.5\times(0.50+1.23+1.61+1.90+2.10+2.10+1.10)$$
$$=5.27\,(\text{cm}^2)$$
$$S_下=0.5\times(0.85+1.60+1.97+2.02+2.00+1.90+1.15)$$
$$=5.74\,(\text{cm}^2)$$
$$S=S_上+S_下=5.27+5.74=11.01\,(\text{cm}^2)$$

(3)求积仪法

此种仪器是由日本索佳公司生产，主要有三种，即动极式 KP-90(图 5.12)、定极式 KP-80(图 5.13)多功能数字求积仪 x-PLAN360i(图 5.14)。

① 测量面积操作

a. 动极式：牵引镜中心安置在图形外轮廓线上，并作一记号为测量起点，按 START 键，可听到锋鸣器发出轻微的响声，显示“0”；接着把牵引中心沿着图形的轮廓顺时针方向运行回到起点，显示数值便是图形面积。该仪一次上下(跟踪臂在动极轴的垂直方向)移动的最大幅

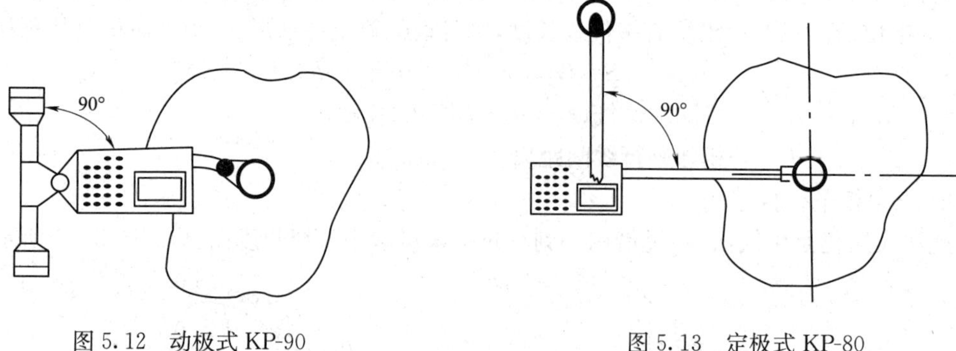

图 5.12　动极式 KP-90　　　　图 5.13　定极式 KP-80

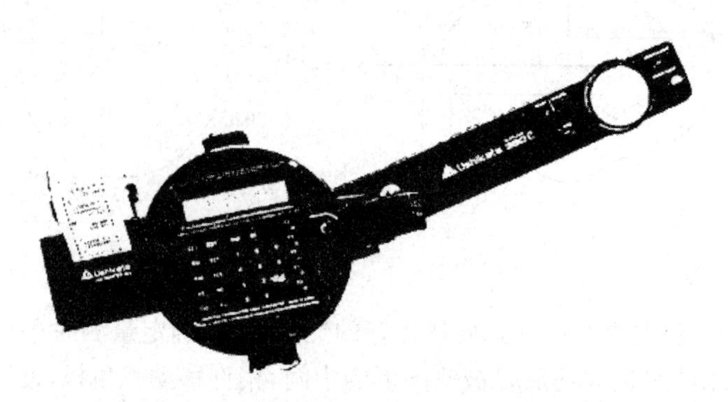

图 5.14　多功能数字求积仪 x-PLAN360i

度是 325 mm，左右在动极轴滚动方向内无限，最大累加测量面积为 10 m^2。

b. 定极式：极点安置在图形外时，一次可测量直径 300 mm 的面积范围，极点安置在图形内时，一次可测量直径 800 mm 的面积范围，其跟踪图形的方法也是顺时针方向沿图形外轮廓绕行一周。

c. 多功能数字求积仪：此类仪器既可量测面积，又可量测线长（直线或曲线）、坐标、弧长和半径等。该仪器集数字化和计算处理功能为一体，可通过 RS232C 接口接受来自计算机的指令或向计算机输出量测结果。

② 测量精度

测量精度在±0.2% 以内。

③ 测量要求

对同一图形，取两个起点，四次量测，差值符合要求时取平均值。

(4) 沙维奇法

沙维奇法适用于大面积的量算，亦以求积仪为工具，它应用公里格网的理论面积进行控制。其优点在于减小了所量图形，因而提高了精度。该法由前苏联人沙维奇发现，故以其名字命名。其原理如图 5.15 所示。

它是将整个被量测的图形划分为整公里格部分和非整公里格部分。构成整公里格部分面积 P_0 不量测，直接取其公里格网的理论面积 P_0；而非整公里格部分，则在公里格网理论面积控制下，精确量测后与整公里格部分相加，构成图形总面积。

为此，将非整公里格部分按若干（例如 2～4）个公里格网分成若干小区，用求积仪量测本

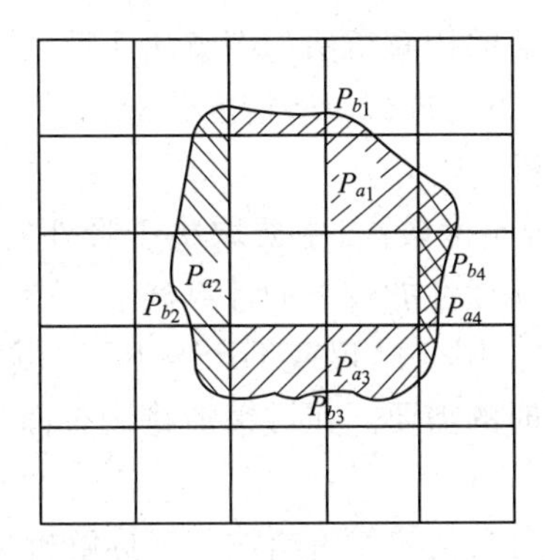

图 5.15　沙维奇法

图形在各小区内的部分的分划数 a_i 和各小区的补格部分的分划数 b_i，则各小区的已知面积 P_i 与求积仪分划数(a_i+b_i)之比等于各小区不足整格部分面积 P_{a_i} 与其对应分划数 a_i 之比。

即
$$\frac{P_{a_i}}{a_i}=\frac{P_i}{a_i+b_i}$$

则
$$P_{a_i}=\frac{P_i}{a_i+b_i}a_i$$

由上式可求得各小区不足整格部分的面积 P_{a_i}，故所求图形面积为

$$P=P_0+\sum_{i=1}^{n}P_{a_i}=P_0+P_{a_1}+P_{a_2}+P_{a_3}+\cdots+P_{a_n} \tag{5.15}$$

沙维奇法可较好地消除图纸伸缩所带来的误差，并减少了量算工作量和误差积累，在图解法中是精度较高的方法。

(5) 电算法

这里讲的电算法测算面积，是指由数字化器与计算机联合进行图形面积量算。

数字化器是指手扶跟踪数字化器。使用时，将图形轮廓线拐点作起点，使指示器十字丝交点对准该点，启动开关，记录该点坐标，然后沿图形边界线顺时针移动手扶跟踪器，根据图的特点，每隔一定距离取一点坐标，并自动记录储存，直至返回起点记录坐标。它可自动调解坐标闭合差。当将记录的坐标输入计算机时，可根据公式(5.11)计算出图形面积。

此法量算面积的精度，直接与作业人员的熟练程度有关。如对点精度影响，其误差在0.1～0.2 mm，仪器本身分辨率及各部件的稳定性也影响量算精度，此外还与特征点密度有关。一般的，点愈密，图形愈逼真，但点多又会增加对点误差，所以，取点密度要适当。

根据对仪器性能与结构的研究，并配合实量成果的分析，该法在图形面积大于 100 cm^2 时，量算面积精度可达 1/1 000 以上。从自动化程度与精度来看，此法是很有发展潜力的。

(6) 光电测算面积法

光电法求积主要有光电面积量测仪与密度分割仪求积两种，都具有速度快、精度高(低于解析法)等优点，但仪器价格昂贵。

光电法求积是利用光电对要量测面积的图形进行扫描，并通过转换处理，变成电位高低变化的脉冲信号，从而驱动电子记数，达到自动量测面积的目的。

知识拓展

1. 面积量算的精度分析

从上述内容中可知，面积量算采用解析法与图解法两种，其中具体又包含多种方法。那么这些方法的精度情况又如何呢？下面进行一些精度分析。

1）解析法量算面积精度分析

解析法求出的面积一般来说精度较高，主要取决于野外的测量精度和内业的计算精度。目前，面积计算多使用计算机程序或性能较强的计算器，计算精度可达到毫米甚至以下级。因此，计算精度的影响可不予考虑。用全站仪或 GPS－RTK 测定界址点，其精度可达到厘米级，其面积精度可满足要求较高时的需要。在城镇地籍调查面积量算或用户要求精度较高的地籍测量中最好使用此方法。

在 5.1.3 中提到，解析法又分几何要素解析法与坐标解析法。它们要在实地进行量边、测角和测坐标，故其精度取决于量边和测角以及测定点位坐标的精度，当然与使用公式的形式也有关，现分析如下：

(1)几何要素解析法

按底和高计算三角形面积的误差，如取图 5.1 中的三角形面积公式：

$$S=\frac{1}{2}ah_a$$

按照误差传播定律，取微分，取中误差以及经过方程两边的恒等变换，并设量距相对误差为 K，则可得三角形面积量算的相对误差为

$$\frac{m_s}{S}=\sqrt{2}K \tag{5.16}$$

式(5.16)说明：三角形面积按底和高计算时的相对精度是丈量边长精度 K 的$\sqrt{2}$倍。

例：若边长丈量精度为 1/2 000，则其面积相对精度为 1/1 414。

若利用图 5.2 中的三角形面积公式：$S=\frac{1}{2}bc\sin A$

按照误差传播定律，取微分，取中误差以及经过方程两边的恒等变换，同样可得三角形面积量算的相对误差为

$$\frac{m_s}{S}=\sqrt{2K^2+\frac{1}{3}\frac{m_A^2}{\rho^2}} \tag{5.17}$$

式(5.17)说明：三角形面积按两边夹角正弦公式计算时的相对精度将低于按底和高计算时的精度。

若利用图 5.3 的四边形面积公式 $S=\frac{1}{2}(ab\sin A+cd\sin B)$ 以及图 5.4 的面积公式

$$S=\frac{1}{2}[ab\sin A+bc\sin B+ac\sin(A+B-180°)]$$

同样推导，也可得出：

$$\frac{m_s}{S}=K \tag{5.18}$$

与

$$\frac{m_s}{S}=\sqrt{1.5K^2+\frac{1}{2}\frac{m_\beta^2}{\rho^2}} \tag{5.19}$$

若测距相对误差 $K=1/2\,000$，测角误差为$\pm 42''$，则

$$\frac{m_s}{S}=1/1\,590$$

从以上分析可知，多边形面积是根据实地直接测量边长或边长和角度的结果，无需平差而确定地块的面积，其面积中误差是应用误差传播定律求出的。

(2) 坐标解析法

坐标解析法测算的面积公式为式(5.11)：

$$\left.\begin{aligned}S&=\frac{1}{2}\sum_{i=1}^{n}x_i(y_{i+1}-y_{i-1})\\S&=\frac{1}{2}\sum_{i=1}^{n}y_i(x_{i-1}-x_{i+1})\end{aligned}\right\}$$

由误差传播定律，可得

$$m_s=\pm m_t\sqrt{\frac{1}{8}\sum_{i=1}^{n}D_{i-1,i+1}^2} \tag{5.20}$$

式中　m_s——面积中误差，m^2；

m_t——界址点点位中误差，m；

$D_{i-1,i+1}$——多边形中对角线长度，m。

该式即为坐标解析法面积中误差计算公式。若以地籍测量规范中要求的界址点中误差作为点位中误差 m_p，则面积中误差 m_s 即可求出，其面积相对中误差 m_s/S 亦可得到。

实践表明，若界址点坐标是由导线点上以极坐标法求得，其面积计算精度是很高的，相对精度可达 1/2 000 或更高。

2) 图解法量算面积精度分析

图解法是指从图上量算面积，通常包括两种情况。其一是图上量取线段(其中也包含图上量取坐标)，其量线中误差近似认为是 0.1 mm，由于图形不一样，所使用的公式亦不相同，因而精度也就有高有低。其二是指各种膜片与求积仪法等，直接在图上量取面积。

(1) 几何要素图解法和坐标图解法

各种简单的几何图形面积以及图上量取坐标计算面积的中误差，同解析法中的几何公式法一样，可直接运用误差传播定律得出，只不过量边与量角以及量取坐标的中误差属图解精度，其公式推导不再重复。

(2) 求积仪量算面积的中误差

这由仪器本身的误差，量算起、终点的对点误差，描迹误差等引起，其经验公式为

①当图形面积在图上小于 200 cm^2 时：

$$m_{s1}=\pm\left(0.7C+0.01\frac{M}{100}\sqrt{\frac{P}{n}}+0.003P\right) \tag{5.21}$$

式中　m_{s1}——被测图形面积中误差，m^2；

C——求积仪分划值，m^2；

M——图形比例尺分母；

P——被量测图形的面积，m^2；

n——量算次数。

②当图形面积在图上大于 200 cm^2 时：

$$m_{s1}=\pm\left(0.005\frac{M}{100}\sqrt{\frac{P}{n}}+0.001P\right) \tag{5.22}$$

(3)方格网法量算面积的中误差

①当图上面积小于 1 cm^2 时，可按如下经验公式计算：

$$m_{s1}=\pm 0.03\frac{M}{100}\sqrt{\frac{P}{n}} \tag{5.23}$$

②当图上面积大于 1 cm² 时,按如下经验公式计算:

$$m_{s1}=\pm 0.025\frac{M}{100}\sqrt{\frac{P}{n}} \tag{5.24}$$

上面所讲的图上量算面积的中误差公式,只是由于测量方法不同带来的。作为图上量算面积误差,还应包括如下两项,即:成图的面积误差、图纸伸缩的误差。

(4) 成图的面积中误差

地形图和地籍图由于各种误差的影响,表现在图上的点位误差对面积的影响可用下式计算:

$$m_{s2}=m_t M\sqrt{P} \tag{5.25}$$

式中 m_{s2}——成图面积中误差,m^2;

m_t——点位中误差,m;

M——图形比例尺分母;

P——被量测图形的面积,m^2。

若考虑图形本身的形状,则对于同一面积的不同图形来说,周长越长,对面积的影响越大。设图形的长与宽的比为 K,K 值与整数 1 的差值越大,影响也越大。当图形为正方形及圆形时 $K=1$,影响最小,其误差公式如下:

$$m_{s2}=m_t M\sqrt{P}\sqrt{\frac{1+K^2}{2K}} \tag{5.26}$$

(5) 图纸伸缩误差

根据有关方面的经验,可由下式计算图纸伸缩变形引起的面积中误差:

$$m_{s3}=\pm 0.0008P \tag{5.27}$$

综上所述,图解法量算面积精度应由三项独立误差组成,即成图面积误差、图纸伸缩误差和不同量测方法所造成的误差,根据误差传播定律可知,各种误差对面积量算的综合影响为

$$m_s=\pm\sqrt{m_{s1}^2+m_{s2}^2+m_{s3}^2} \tag{5.28}$$

2. 现代地籍测量面积量算方法

值得注意的是,现代地籍测量面积量算应由计算机软件中的程序根据坐标面积计算法来完成,包括三项内容。即宗地面积量算、建筑占地面积量算、土地分类地块面积量算。

目前,我国大部分城市都进行了数字地籍测量,提交的成果都是数字地籍图,故可直接利用数字地籍图上的坐标按式(5.11)进行面积量算,包括坐标解析法和坐标图解法。

坐标解析法面积量算对应于全站仪、GPS 等各种仪器设备在野外采集观测数据计算坐标或自动采集界址点坐标数据的作业方法;坐标图解法对应于数字航测地籍测量或图形数字化地籍测量以及农村土地分类地块(图斑)面积量算或建筑占地面积量算,其面积量算误差由式(5.20)计算。

相关规范、规程与标准

1. 第二次全国土地调查技术规程

农村土地调查之面积计算按下列要求进行。

(1)图斑面积及图斑地类面积用图斑拐点坐标按图斑椭球面积计算公式计算图斑面积。

(2)用图斑面积减去实测线状地物、按系数扣除的田坎和其他应扣除的面积计算图斑地类面积。

(3)线状地物面积:采用图上计算的长度和外业测量的宽度计算线状地物面积。

(4)田坎面积:实测的田坎面积计算方法同线状地物。按系数扣除的田坎面积,等于耕地图斑面积和图斑内实测的线状地物面积之差与田坎系数的乘积。

2. 城镇地籍调查规程

面积量算根据地籍勘丈可采用三种方法。

(1)解析法

采用式(5.11)计算,计算面积必须独立两次计算进行检核。

(2)部分解析法

采用解析法求出每个街坊面积,用街坊面积数控制本街坊内各宗地面积之和。各宗地面积之和与街坊面积误差小于1/200时,将误差按面积比例分配到各宗地,得出平差后的各宗地面积。但边长丈量数据可以不改。完全用实测数据计算规则图形的宗地面积可以不参加平差。

(3)图解法

要求在聚酯薄膜原图上量算街坊面积(当采用其他材料的图纸时,必须考虑图纸变形的影响并给予改正),图面量算宜采用二级控制。

①以图幅理论面积为首级控制,图幅内各街坊及其他区块面积之和与图幅理论面积之差小于$\pm 0.0025P$(P为图幅理论面积)时,将闭合差按比例配赋给各街坊及其他区块,得出平差后的各街坊及各区块的面积;

②用平差后的各街坊面积去控制街坊内丈量的各宗地面积,其相对误差不得大于1/100,在允许范围内将闭合差按比例分配给各宗地,得出平差后的宗地面积。但边长丈量数据可以不改。完全采用丈量数据计算宗地的面积可以不参加平差。

在地籍铅笔原图上量算面积时,两次量算的较差应满足式(5.1),即

$$\Delta P \leqslant 0.0003M\sqrt{P}$$

式中　P——量算面积,m^2;

M——地籍铅笔原图比例尺分母。

凡地块面积在图上小于5 cm^2时,不宜采用求积仪量算。

3. 地籍测量规范

(1)面积量算系指水平面积量算,其内容包括地块面积量算和土地利用面积量算。

(2)面积计算单位为平方米,计算取值到小数后一位,按规范要求填写“面积量算表”。

(3)面积量算的方法与精度估算:

①坐标解析法:面积按式(5.11)计算;面积中误差按式(5.20)计算。

②实地量距法:对于规则图形,可根据实地丈量的距离直接计算面积;对于不规则图形,则应将其分割成简单的几何图形(如矩形、梯形、三角形等)后再分别计算面积并相加。

面积中误差按$m_p = \pm(0.04\sqrt{P} + 0.003P)$公式计算。

式中　P——量算的面积,m^2。

③图解法:是指用光电面积量测法、求积仪法、几何图形法等在地籍图上量算面积。图解

法量算面积应独立量两次，以两次量取结果的中数作为最后的面积值。

两次面积量算的较差不得超过式(5.1)即 $\Delta P \leqslant 0.0003M\sqrt{P}$ 规定。

对于图上面积小于 5 cm^2 的地块，不得使用图解法量算其面积。

4. 房产测量规范

(1)面积测算的要求

各类面积测算必须独立测算两次，其较差应在规定的限差以内，取中数作为最后结果。量距应使用经检定合格的卷尺或其他能达到相应精度的仪器和工具。面积以 m^2 为单位，取至 0.01 m^2。

(2)面积测算的方法与精度要求

①坐标解析法：根据界址点坐标成果表上数据，面积按式(5.11)计算；面积中误差按式(5.20)计算。

②实地量距法：

a. 规则图形，可根据实地丈量的边长直接计算面积；不规则图形，将其分割成简单的几何图形，然后分别计算面积。

b. 面积中误差按 $m_p = \pm(0.04\sqrt{P} + 0.003P)$ 公式计算。

式中 P——量算的面积，m^2。

(3)图解法图上量算面积，可选用求积仪法、几何图形法等方法。图上面积测算均应独立进行两次。两次面积量算的较差不得超过式(5.1)$\Delta P \leqslant 0.0003M\sqrt{P}$ 的规定。

使用图解法量算面积时，图形面积不应小于 5 cm^2，图上量距应量至 0.2 mm。

5. 城市测量规范

面积量算方法可采用坐标解析法、实测几何要素解析法和图解法三种。坐标解析法适用于外业按解析法施测坐标的地块面积；实测几何要素解析法适用于在实地测量了几何图形有关要素，并可按几何公式计算的地块面积；图解法则适用于既未实测界址点又未实测几何要素的地块或地类块面积，宜用于外围界线呈曲线的图形。外业按部分解析法施测的地籍图，其解析法部分用坐标解析法计算，装绘部分用实测几何要素解析法或图解法量算。坐标解析法宗地面积应根据界址点坐标数据采用公式(5.11)计算。

用坐标解析法计算面积应独立进行两次计算以作检核，若采用经检验正确的电算程序计算面积可计算一次，但须打印出输入的数据并进行校核。

实测要素求积法，对于规则图形，可根据实测数据直接计算面积；对于不规则图形，则应将其分割成简单的几何图形(如矩形、三角形、梯形等)后再分别计算面积并累加，面积中误差按 $m_p = \pm(0.04\sqrt{P} + 0.003P)$ 公式计算(式中，P 为量算的面积，m^2。)

图解法要求在聚酯薄膜原图上，采用光电测积法求积仪法、几何图形法等直接量测面积，应独立量测两次，以两次量取结果的中数作为最后的面积值，两次量算面积的较差应符合式(5.1)要求。

典型工作任务 2　面积平差

5.2.1　工作任务

(1)面积平差是处理面积量算误差提交合格的面积量算成果的重要手段。其目的是：合理进行土地面积量算的误差处理，获取各级行政单位土地面积、权属单位的土地面积和各种分类利用土地面积的最后成果。

（2）面积平差的任务是完成两级控制、三级量算工作，明确各级控制面积的限差要求和平差方法。

5.2.2　相关配套知识

所谓面积平差是将量算的分区面积之和与控制面积的不符值（即闭合差），按一定比例配赋给各分区的计算过程。

上面一项工作任务所讲的面积量算方法，只是对一种单一图形而言的。但常常要求量算的是某一测区范围内的全部分类面积，如一个城市，各区、街道、街坊与各种用地分类面积，涉及区域土地总面积与各类用地间、各图斑面积间协调一致的问题；保证各级土地面积量算精度问题；以及如何防止量算层次多、用地类型多和图斑量大的情况下出错的问题等。故土地面积量算必须遵循一定的平差原则和满足一定的精度要求，才能完成面积量算的成果处理工作，提交出合格的成果。

1. 平差原则

（1）一般要求

①图解法面积量算应在聚醋薄膜原图上进行，若采用其他材料的图纸时，必须考虑图纸伸缩变形的影响。

②面积量算，无论采用哪种方法，均应独立进行两次量算。两次量算要符合限差要求。

（2）量算与平差原则

按照“从整体到局部，层层控制，分级量算，块块检核，逐级按面积比例平差”的原则，即分级控制，分级量算与平差的原则。

①一般按两级控制、三级量算。

第一级：以图幅理论面积为首级控制。当各区块（街坊或村）面积之和与图幅理论面积之差小于限差值时，将闭合差按面积比例配赋给各区块，得出各分区的面积。

第二级：以平差后的区块面积为二级控制。当量算完区块内各宗地（或图斑）面积之后，其面积和与区块面积之差小于限差值时，将闭合差按面积比例配赋给各宗地（或地类图斑），则得宗地面积的平差值。

这样一来，图幅面积量算为第一级量算，各区块街坊（或村）作为第二级量算，宗地（或农村地类图斑）面积为第三级量算。

②采用直接解析法测算的面积，只参加闭合差的计算，不参加闭合差的配赋。

（3）控制面积量算方法

控制是相对的，二级被一级控制，又对下一级起控制作用，控制级别越高，精度要求就愈高，根据不同情况，一般采用下列三种方法：

①坐标解析法

直接沿某种土地外围界线拐点施测坐标，根据坐标组成任意多边形计算面积。

②图幅理论面积

面积量算通常以图幅为单位，图幅无非两种，即梯形与正方（矩）形分幅。两者的图幅大小均是固定的，面积可直接查取或计算。

③沙维奇方法

在难以采取上述方法时，可采用沙维奇法。精度低于上述两种，适用特殊情况。

(4) 平差方法

由于量测误差、图纸伸缩变形等原因，使量算出来各地块面积之和$\sum P_i'$与控制面积P_0不等。若在限差之内可以按面积比例平差配赋，即

$$\Delta P = \sum P_i' - P_0$$
$$K = -\Delta P / \sum P_i'$$
$$V_i = K P_i'$$

所以
$$P_i = P_i' + V_i = P_i'(1+K)$$

式中　ΔP——面积闭合差；

P_i'——某地块测量面积；

P_0——控制面积；

K——单位面积的改正数；

V_i——某地块面积的改正数；

P_i——某地块平差后的面积。

平差后的面积应满足下列检核条件：$\sum P_i - P_0 = 0$

2. 面积量算的精度要求

(1) 两次量算较差要求

① 求积仪量算

求积仪对同一图形两次量算，分划值的较差不超过表5.1的规定。

表5.1　求积仪对同一图形两次量算分划值较差

求积仪量测分划值数	允许误差分划值数	附　注
<200	2	也适用于重复绕圈的累计分划值
200～2 000	3	
>2 000	4	

②其他方法量算

同一图斑两次量算面积较差与其面积之比应小于表5.2的规定。

表5.2　同一图斑两次量算面积较差与其面积之比

图上面积(mm^2)	允许误差	附　注
<20	1/20	图上面积太小的图斑，可适当放宽
50～100	1/30	
100～400	1/50	
400～1 000	1/100	
1 000～3 000	1/150	
3 000～5 000	1/200	
>5 000	1/250	

(2) 土地分级量算的限差要求

为了保证面积量算成果的精度，通常按分级与不同量算方法来规定其限差。

①分区面积量算允许误差，按一级控制要求计算，即

$$F_1 < \pm 0.0025 P_1 = \frac{P_1}{400} \tag{5.29}$$

式中 F_1——与图幅理论面积比较的限差,亩;

P_1——图幅理论面积,亩。

②地类面积量算限差,作为二级控制,分别按不同公式计算。

a. 求积仪法:

$$F_2 \leqslant \pm 0.08 \times \frac{M}{10\,000}\sqrt{P_2} \tag{5.30}$$

b. 其他图解法(几何要素与坐标量算法):

$$F_3 \leqslant \pm 0.06 \times \frac{M}{10\,000}\sqrt{P_2} \tag{5.31}$$

c. 膜片法:

$$F_4 \leqslant \pm 0.1 \times \frac{M}{10\,000}\sqrt{P_2} \tag{5.32}$$

式中 F_2, F_3, F_4——不同量算方法与分区控制面积比较的限差,hm^2;

M——被量图形比例尺分母;

P_2——分区控制面积,hm^2。

以上三式中的面积单位若换成亩,则

a. 求积仪法:

$$F_2 \leqslant \pm 0.08 \times \frac{M}{10\,000}\sqrt{15P_2} \tag{5.33}$$

b. 其他图解法(几何要素与坐标量算法):

$$F_3 \leqslant \pm 0.06 \times \frac{M}{10\,000}\sqrt{15P_2} \tag{5.34}$$

c. 膜片法:

$$F_4 \leqslant \pm 0.1 \times \frac{M}{10\,000}\sqrt{15P_2} \tag{5.35}$$

式中 F_2, F_3, F_4——不同量算方法与分区控制面积比较的限差,亩;

M——被量图形比例尺分母;

P_2——分区控制面积,hm^2。

知识拓展

1. 面积量算单位的换算

城镇地籍测量中通常以平方米(m^2)为基本单位,大面积可用公顷(hm^2)与平方千米(km^2);农村地籍测量中常以亩为面积量算的基本单位。

为便于面积计算与单位换算,介绍一下我国习惯上采用的面积单位亩与公制面积单位的换算方法。

(1) 平方米换算为亩:1 m^2 = 0.0015 亩。

(2) 平方米、公顷与亩的换算:10 000 m^2 = 15 亩 = 1 hm^2。

(3) 平方千米、公顷与亩的换算:1 000 000 m^2 = 1 500 亩 = 100 hm^2。

2. 土地面积量算平差实例

例:量算一幅 1∶10 000 图内各乡的面积分别为 P'_1=969.89 hm^2,P'_2=1 247.16 hm^2,P'_3=

468.46 hm^2，查取图幅的理论面积为 $P_0=2\,682.0\ hm^2$，试计算出各乡平差后的面积值。

解：$\Delta P=\sum P_i'-P_0=(969.89+1\,247.16+468.46)-2\,682.0$

$=2685.51-2682.00=3.51\ hm^2$，其相对误差为

$$\frac{\Delta P}{P_0}=\frac{3.51}{2\,682.0}=\frac{1}{764}<\frac{1}{400}$$

此量测结果符合限差要求，可进行平差。

$$K=-\frac{3.51}{2\,685.51}\approx-0.001\,307$$

各乡面积平差值分别为

$$P_1=969.89\times(1-0.001\,307)=968.62(hm^2)$$

$$P_2=1\,247.16\times(1-0.001\,307)=1\,245.53(hm^2)$$

$$P_3=468.46\times(1-0.001\,307)=467.85(hm^2)$$

检核：

$$\sum P_i-P_0=(968.62+1\,245.53+467.85)-2\,682.0=0$$

3. 面积量算的三项改正

图上量算面积时，由于地面的高程、倾斜以及图纸的变形都会影响面积量算的精度，必要时，应考虑这些因素对面积的影响，下面分析三项因素的影响情况。

(1) 图纸变形对面积量算的影响

设 L 为图纸变形后量得的直线长度，L_0 为相应的实地水平距离在图上的应用长度，r 为变形系数。则有：$r=(L_0-L)/L_0$。

改正后的面积为

$$P_0=P+2Pr \tag{5.36}$$

式中　P——为测算出的面积；

P_0——为改正后的面积。

式(5.36)适用于任何形状的图形面积，且与图形所处的方位无关。

(2) 求地块在某一投影面的面积

图上高程系统一般是以平均海水面起算的，当待测图形位于海拔千米以上的高原或山区、高山区时，高程将影响面积。

从图 5.16 可知

$$\frac{L}{L_0}=\frac{R+H}{R}=1+\frac{H}{R}$$

式中　L——地球表面长度；

L_0——投影在椭球面上的长度；

R——地球半径；

H——海拔(高程)。

根据相似图形面积之比等于其相应边平方之比，则

$$P=P_0(1+2H/R) \tag{5.37}$$

式中　P——为地球表面图形面积；

P_0——为投影面上的面积；

H——为地表水平面到投影面的高程；

R——为地球半径。

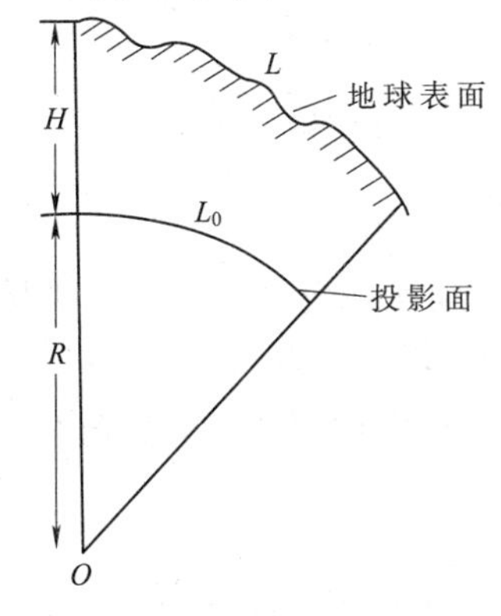

图 5.16　高程对面积的影响

表 5.3　面积的高程改正

H(m)	$2H/R$	H(m)	$2H/R$
100	1∶32 000	2 000	1∶1 600
500	1∶6 400	2 500	1∶1 270
1 000	1∶3 200	3 000	1∶1 060
1 500	1∶2 100	3 500	1∶910

(3)求地球表面倾斜面的面积

有时需要计算真实的地表面积，而图上量算的面积通常是所属坐标系的水平投影后面积，这就要作倾斜改正。

图 5.17 所示，P_0 为水平面积，P_α 为真实地面面积，地块的坡度角为 α(弧度)，则有：$P_0 = \cos\alpha P_\alpha$，将 $\cos\alpha$ 展开为幂级数，舍去高次项得

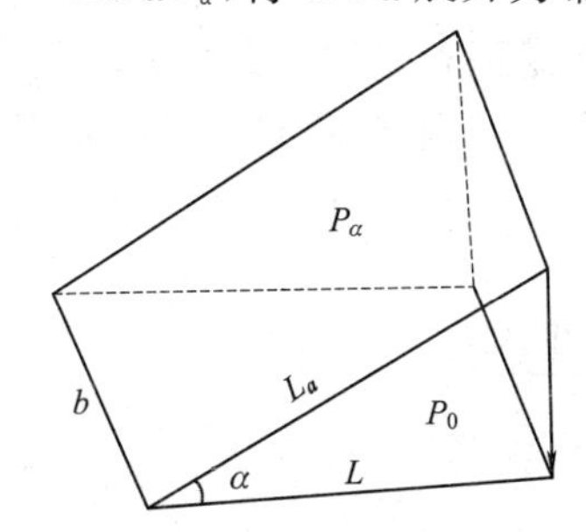

图 5.17　倾斜对面积的影响

$$P_\alpha = P_0(1 + \alpha^2/2) \tag{5.38}$$

例：有一地块，坡度为 0.2 弧度，图纸平均形变率为＋0.5％，用求积仪在地图(为高斯一克吕格投影)上量算的面积为 10 000 m²，求平均海拔高为 1 592.5 m 的地块的倾斜面面积?(地球半径为 6 371 km，计算结果精确到 0.1 m²)。

解：(1)图纸变形的影响为＋5％，面积的变形率为

$$2Pr = 2\times 10\,000\times 0.5\% = 100\,(\text{m}^2)$$

(2)地面高程变化影响为

$$\Delta P = (10\,000+100)\times 2H/R = 5.0\,(\text{m}^2)$$

(3)地球表面的倾斜影响为

$$\Delta P_\alpha = (10\,000+100+5.0)\times \alpha^2/2 = 202.1\,(\text{m}^2)$$

(4)倾斜面积为

$$P = P_0 + 2Pr + \Delta P + \Delta P_\alpha$$
$$= 10\,000 + 100 + 5.0 + 202.1 = 10\,307.1\,(\text{m}^2)$$

相关规范、规程与标准

1. 第二次全国土地调查技术规程

城镇土地调查之面积计算：

以宗地为单位，利用界址点坐标计算面积。共用宗地内，各自使用的土地有明显范围的，先划分各自使用界线，并计算其面积，剩余部分按建筑面积分摊。

一宗地分割成数宗地，其分割后宗地面积之和应与原宗地面积相符。如存在不符值时，其误差按分割宗地面积比例配赋。

2. 城镇地籍调查规程

无论采用何种方法量算面积，均应独立进行两次量算。图上量算时，两次量算的较差在限差内的取中数。

面积量算单位为平方米，计算取值到小数后一位。

共用宗地内，各自使用的土地有明显范围的，先划分各自使用界线，并计算其面积，剩余部分按建筑面积分摊。

3. 城市测量规范

外业按部分解析法施测，而其中装绘部分面积只能用图解法量算的，应以坐标解析法求出每个街坊面积，用街坊面积控制本街坊内各宗地面积之和，各宗地面积之和与街坊面积误差的差限为 1/200，小于限差时，将误差按面积成正比分配到各宗地，得出平差后的各宗地面积，但宗地边长丈量数据可以不改。

典型工作任务 3　面积统计汇总

5.3.1　工作任务

(1)面积统计汇总的目的是：在全面完成面积量测及平差的基础上，对调查数据按行政单位和权属单位分别进行统计、汇总，最后形成各级、各类土地调查面积数据汇总成果。为土地登记、土地统计、土地规划等土地管理工作打下良好的基础。

(2)面积统计汇总的任务是：完成宗地面积汇总表和土地分类面积统计表的工作；通过统计汇总，掌握调查区域内土地总面积、各地类面积、分布和权属状况，完成县级调查成果统计和县级以上数据汇总的工作。

5.3.2　相关配套知识

1. 面积统计汇总的原则

(1) 以调查数据为基础原则

以县级土地调查数据为基础，依据《第二次全国土地调查技术规程》(TD/T 1014—2007)要求，按一、二级地类汇总出土地调查的数据。数据汇总要确保调查数据的准确性、真实性。

(2) 辖区面积控制原则

各级调查单位应以统一提供的调查界线作为土地调查范围的界线控制，以提供的各行政区域的辖区控制面积作为土地面积统计汇总的依据，统一汇总的数据应等于提供的各级辖区控制面积，确保汇总面积数据不重不漏。

(3) 逐级汇总的原则

土地调查面积按行政辖区进行汇总。各级控制面积是从上到下逐级控制提供,而面积统计汇总则是自下而上进行的,下级各单位面积之和应等于上一级辖区的控制面积。

土地面积量算及统计汇总过程如图5.18所示。

2. 面积统计汇总的要求

(1) 农村土地调查面积的计算,应严格按照《第二次全国土地调查技术规程》要求,采用椭球面积计算公式计算图斑面积;城镇土地调查面积的计算方法,应根据地籍测量采用的方法确定。

(2) 图斑地类面积应为图斑面积减去实测线状地物面积、按系数扣除的田坎面积和其他应扣除面积(可参阅项目一相关内容)。

(3) 面积统计是对调查区域范围内所有的图斑地类面积、线状地物面积、按系数扣除的田坎面积和其他应扣除面积的统计。

(4) 面积汇总是以县级以上行政区域为单位进行,统计本行政区域内的各类土地的面积。飞入地面积统计在本行政辖区内,飞出地面积统计在所在行政辖区内。争议区面积按划定的工作界线范围统计汇总。

(5) 农村土地调查行政区域内各地类面积之和(不含海岛)等于本行政区域范围内的辖区控制面积。

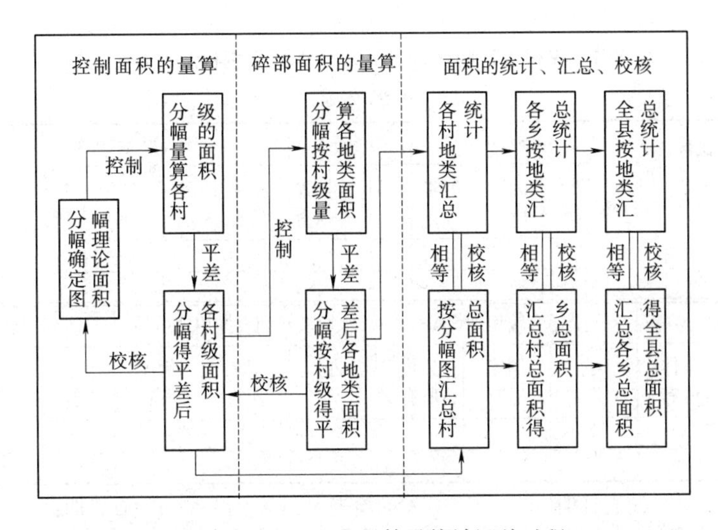

图5.18 土地面积量算及统计汇总过程

(6) 城镇土地调查的范围应与农村土地调查确定的城镇范围相衔接。

城镇土地调查将农村土地调查中的单一地类图斑,按照《土地利用现状分类》(GB/T 21010—2017)进行细化调查,各类面积之和等于城镇调查区域总面积。

(7) 各级行政辖区地类面积应由本行政区域内下级行政单位各类土地面积汇总形成。县级填表至行政村,统计至乡镇和县;市(地)级填表至乡镇,汇总至县和市(地);省级填表至县,汇总至市(地)和省。

面积计算单位采用平方米(m^2),面积统计汇总单位采用公顷(hm^2)和亩。在数据汇总时,由于单位换算造成的数据取舍误差,应强制调平。

3. 县级面积统计

(1) 农村土地统计

以县级农村土地调查数据为基础,汇总出本县的行政区域内各类土地利用数据。统计内容包括以下几个方面。

① 农村土地利用现状一级、二级分类面积统计

农村土地调查中，土地利用现状分类面积统计数据和分类面积按权属性质统计数据依《土地利用现状分类》中的05、06、07、08、09一级类和103、121二级类进行归并，并按城市、建制镇、村庄、采矿用地、风景名胜及特殊用地五个单一地类统计。

统计时，行政区域总面积应等于省或县下达的相应行政区域控制面积。各一级分类面积之和应等于行政区域控制面积。

②农村土地利用现状一级分类面积按权属性质统计

根据农村调查确定的国家所有(G)、集体所有(J)土地性质、按照表5.4统计土地利用现状一级分类面积，国家所有(G)土地 ＋ 集体所有(J)土地面积应等于行政区域控制面积。

③飞入地一级、二级分类面积统计

按行政辖区界线，统计辖区界线范围内相邻行政辖区的飞入地，按飞入地单位名称分别对飞入地土地利用现状一级、二级分类面积进行统计，飞入地土地利用现状一级分类面积汇总统计表的样式见表5.5。

表5.4　农村土地利用现状一级分类面积按权属性质汇总表

汇总单位：　　　　单位：公顷(0.00)　　　　第　　页　共　　页

名称	代码	合计	国家所有(G)	集体所有(J)	耕地(01)			园地(02)			林地(03)			牧草地(04)		
					小计	国家所有	集体所有	小计	国家所有	集体所有	小计	国家所有	集体所有	小计	国家所有	集体所有

城镇村及工矿用地(20)			交通运输用地(10)			水域及水利设施用地(11)			其他土地(12)		
小计	国家所有	集体所有	小计	国家所有	集体所有	小计	国家所有	集体所有	小计	国家所有	集体所有

制表人：　　　　制表日期：　　　　检查人：　　　　检查日期：

制表要求：(1)国家所有(G)＋集体所有(J)＝合计；

(2)村级汇总表统计到村民小组(未调查到村民小组的不制村级汇总表)，乡级汇总表统计到村，县级汇总表统计到乡(镇)，市级汇总表统计到县(市、区)，省级汇总表统计到县(市、区)。

表5.5　飞入地土地利用现状一级分类面积按权属性质汇总表

汇总单位：　　　　单位：公顷(0.00)　第　　页　共　　页

所有行政区域		所属行政区域		飞入地面积	耕地(01)	园地(02)	林地(03)	草地(04)	商服用地(05)
名称	代码	名称	代码						

工矿仓储用地(06)	住宅用地(07)	公共管理与公共服务用地(08)	特殊用地(09)	交通运输用地(10)	水域及水利设施用地(11)	其他土地(12)

制表人：　　　　制表日期：　　　　检查人：　　　　检查日期：

(2) 城镇土地统计

在城镇地籍调查的基础上，以县为单位，对城镇土地调查获取的土地利用分类和权属性质进行统计，统计内容包括：

①城镇土地利用现状一、二级分类面积统计。城镇土地调查完成外业权属调查、地籍测量和数据建库后，对调查的土地利用现状分类数据进行统计，城镇土地调查各地类面积应等于城镇调查区控制面积。

②城镇土地利用现状一级分类面积按权属性质统计。依据城镇调查确定的国家所有(G)、集体所有(J)土地性质，统计土地利用现状一级分类面积，国家所有(G)土地面积＋集体所有(J)土地面积应等于城镇调查区控制面积。

③以街坊为单位的宗地面积汇总表。在城镇土地利用现状一、二级分类面积统计的基础上，填写以街坊为单位的宗地面积汇总表。见表5.6。

表5.6　街坊宗地面积汇总表

县(市、区)　　镇(街道)　　街坊　单位：平方米(0.0)　第　　页　共　　页

宗地号	宗地使用者名称	权属	地类	宗地面积	建筑占地	建筑面积	备注
合计							

制表人：　　制表日期：　　检查人：　　检查日期：

4. 各级数据汇总

以县级土地调查成果为基础开展各级数据汇总，数据汇总分为地市级汇总、省级汇总、全国汇总。通过汇总获得市(地)级、省级和国家级不重不漏的各级行政区域面积和各土地分类面积。

(1) 接边

在统计汇总之前对行政界线和辖区面积进行严格的控制，以减少数据汇总的工作量。因此，在各级数据汇总之前的接边仅是对相邻的行政区域界线两侧的土地权属界线、线状地物及地类界线，以及地类属性等内容进行衔接。

①各级土地调查使用的行政界线必须是国家或省级提供的行政界线，调查中不准随意调整。

②将相邻行政区域界线两侧标准分幅矢量数据成果叠加，检查行政界线两侧的土地权属界线、线状地物及地类界线，以及地类属性等内容是否衔接。

③当行政界线两侧的土地权属界线或明显地物接边误差小于图上0.6 mm，不明显地物接边误差小于图上2.0 mm时，双方各改正一半接边；否则双方应实地核实接边。

④行政界线两侧地类等属性不一致时，应根据DOM及外业调查结果接边；无法接边的，应实地核实接边。

⑤ 数据接边应在同一坐标系下进行。

⑥不同比例尺的接边，应依据大比例尺调查结果接边。以小比例尺图幅理论面积为控制，以大比例尺调查单位图幅界线内本方控制面积为“真值”，小比例尺调查单位图幅界线本方控制面积等于该图幅理论面积减去大比例尺调查单位图幅界线内控制面积。

(2) 汇总

在县级土地统计基础上，对农村土地调查和城镇土地调查成果逐级展开市(地)级、省级和

全国汇总。各级汇总的主要内容包括：

①农村土地利用现状一、二级分类面积汇总；

②农村土地利用现状一级分类面积按权属性质汇总；

③耕地坡度分级面积汇总；

④基本农田数据汇总；

⑤飞入地一级、二级分类面积汇总；

⑥海岛土地利用现状一级、二级分类面积汇总；

⑦城镇土地利用现状一、二级分类面积汇总；

⑧城镇土地利用现状一级分类面积按权属性质汇总；

⑨专项用地统计调查汇总；

⑩图幅理论面积与控制面积结合图汇总表等。

(3) 面积校核

各级面积汇总后，各汇总表之间数据应满足下列关系：

①本行政区域内地类面积之和应等于本行政辖区总面积。

②上级行政辖区面积等于本行政辖区内各下级行政辖区面积之和。

③二级分类面积之和等于一级分类面积；一级分类面积之和等于本行政辖区总面积。

④集体土地面积与国有土地面积之和等于本行政辖区总面积。

⑤不同坡度分级耕地面积之和等于本行政区域的耕地面积。

知识拓展

1. 图幅理论面积与图斑椭球面积计算公式

(1) 图幅理论面积计算公式

$$P=\frac{4\pi b^2\Delta L}{360\times 60}\left[A\sin\frac{1}{2}(B_2-B_1)\cos B_m-B\sin\frac{3}{2}(B_2-B_1)\cos 3B_m+C\sin\frac{5}{2}(B_2-B_1)\cos 5B_m-D\sin\frac{7}{2}(B_2-B_1)\cos 7B_m+E\sin\frac{9}{2}(B_2-B_1)\cos 9B_m\right] \tag{5.39}$$

A、B、C、D、E 为常数，按下式计算：

$e^2=(a^2-b^2)/a^2$

$A=1+(3/6)e^2+(30/80)e^4+(35/112)e^6+(630/2\,304)e^8$

$B=(1/6)e^2+(15/80)e^4+(21/112)e^6+(420/2\,304)e^8$

$C=(3/80)e^4+(7/112)e^6+(180/2\,304)e^8$

$D=(1/112)e^6+(45/2\,304)e^8$

$E=(5/2\,304)e^8$

式中 P——图幅理论面积；

a——椭球长半轴，m；

b——椭球短半轴，m；

ΔL——图幅东西图廓的经差，弧度；

(B_2-B_1)——图幅南北图廓的纬差，弧度；

$B_m=(B_1+B_2)/2$；

$\pi=3.141\,592\,653\,589\,79$。

（2）椭球面上任意梯形面积计算公式

$$S=2b^2\Delta L\left[A\sin\frac{1}{2}(B_2-B_1)\cos B_m-B\sin\frac{3}{2}(B_2-B_1)\cos 3B_m+C\sin\frac{5}{2}(B_2-B_1)\cos 5B_m-D\sin\frac{7}{2}(B_2-B_1)\cos 7B_m+E\sin\frac{9}{2}(B_2-B_1)\cos 9B_m\right] \tag{5.39}$$

A,B,C,D,E 为常数，按下式计算：

$e^2=(a^2-b^2)/a^2$

$A=1+(3/6)e^2+(30/80)e^4+(35/112)e^6+(630/2\,304)e^8$

$B=(1/6)e^2+(15/80)e^4+(21/112)e^6+(420/2\,304)e^8$

$C=(3/80)e^4+(7/112)e^6+(180/2\,304)e^8$

$D=(1/112)e^6+(45/2\,304)e^8$

$E=(5/2\,304)e^8$

式中　S——图斑椭球面积。

其余同上式。

2. 高斯投影反解变换$(x,y\rightarrow B,L)$模型：

$y'=y-500\,000-$带号$\times 1\,000\,000$，（若坐标不带带号，则不需减去带号$\times 1\,000\,000$）

$E=K_0x$

$B_f=E+\cos E(K_1\sin E-K_2\sin^3E+K_3\sin^5E-K_4\sin^7E)$

$$B=B_f-\frac{1}{2}(V^2t)\left(\frac{y'}{N}\right)^2+\frac{1}{24}(5+3t^2+\eta^2-9\eta^2t^2)(V^2t)\left(\frac{y'}{N}\right)^4-\frac{1}{720}(61+90t^2+45t^4)(V^2t)\left(\frac{y'}{N}\right)^6$$

$$L=\left(\frac{1}{\cos B_f}\right)\left(\frac{y'}{N}\right)-\frac{1}{6}(1+2t^2+\eta^2)\left(\frac{1}{\cos B_f}\right)\left(\frac{y'}{N}\right)^3+\frac{1}{120}(5+28t^2+24t^4+6\eta^2+8\eta^2t^2)\left(\frac{1}{\cos B_f}\right)\left(\frac{y'}{N}\right)^5+$$

中央子午线经度值(弧度)　(5.41)

式中，$t=\tan B_f$；$\eta^2=e'^2\cos^2 B_f$；$N=C/V$；$C=a^2/b$；$V=\sqrt{1+\eta^2}$；K_0,K_1,K_2,K_3,K_4 为与椭球常数有关的量。

3. 计算用到的常数、椭球参数

在计算图幅理论面积与任意图斑椭球面积时，有关常数及保留的位数按给定数值计算。计算用到的常数、椭球参数如下：

常数：

$\pi=3.141\,592\,653\,589\,79$

$\rho=206\,264.806\,247\,1$

1980 椭球常数：

椭球长半轴 $a=6\,378\,140$　　椭球扁率 $\alpha=1/298.257$

椭球短半轴 $b=6\,356\,755.29$

椭球第一偏心率 $e^2=6.694\,384\,999\,587\,95\text{E}-03$

椭球第二偏心率 $e'^2=6.739\,501\,819\,472\,92\text{E}-03$

极点子午圈曲率半径 $c=6\,399\,596.651\,988\,01$

相关常数：

$K_0 = 1.57048687472752E-07$

$K_1 = 5.05250559291393E-03$

$K_2 = 2.98473350966158E-05$

$K_3 = 2.41627215981336E-07$

$K_4 = 2.22241909461273E-09$

4. 计算中的取位及要求

(1) 高斯投影反解变换后的 B、L 以秒为单位，保留到小数点后 6 位，四舍五入。

(2) 采用计算机计算时，所有变量数据类型均要定义为双精度。

(3) 面积计算结果以平方米为单位，保留一位小数，四舍五入。

(4) 各种比例尺标准分幅图经差、纬差见表 5.7。

(5) 在用大地坐标生成标准分幅图框时，要求在每条边框线的整秒处插入加密点。

表 5.7　各种比例尺标准分幅图经差、纬差表

比例尺	1∶1 000 000	1∶500 000	1∶250 000	1∶100 000	1∶50 000	1∶25 000	1∶10 000	1∶5 000
经差	6°	3°	1°30′	30′	15′	7′30″	3′45″	1′52.5″
纬差	4°	2°	1°	20′	10′	5′	2′30″	1′15″

5. 第二次全国土地调查数据库面积汇总统计规定

1)基本要求

县级农村土地调查数据库进行成果汇总统计上表之前，应对数据库成果进行检查，数据满足如下要求：

(1) 数据库图形面积计算要求

数据库中图形的面积计算应严格按照相关要求进行，经过控制修正的图斑面积应满足第二次全国土地调查成果数据质量检查软件椭球面积检查规则的要求。

(2)县辖区控制面积计算要求

县辖区控制面积计算应严格按照《第二次全国土地调查技术规程》(TD/T 1014—2007)的要求，进行图幅面积控制和分幅累加计算，并制作“图幅理论面积与控制面积接合图表”。

(3)各级面积统计逻辑基本要求

① 县辖区控制面积应等于村级单位控制面积之和，等于全县所有图斑面积之和(地类图斑层的图斑面积字段汇总值)。

② 村级单位控制面积应等于本村所有图斑面积之和(地类图斑层的图斑面积字段汇总值)。

③ 乡级控制面积等于各村级单位控制面积汇总值。

2)基本步骤

①建立数据库面积汇总基础计算表，从数据库中各图层生成数据库面积汇总基础计算表，检查基础计算表的正确性和逻辑一致性。

②将数据库面积汇总基础计算表的单位转换为公顷，强制调平小数位取舍造成的误差，形成基础统计表，检查确保基础统计表的正确性和逻辑一致性。

③基础统计表是数据库面积汇总统计的基础，在基础数据未发生变化的情况下，各类面积统计报表均由该基础统计表生成。

3)基础计算表结构

基础计算表按村级为单元,分组统计排列。基础计算表的单位为平方米,参考表结构如表5.8。(基础调平的基础计算表结构仅供参考,各软件可接合自身软件特点设计基础计算表,调平方法需严格按照本规定执行。)

表 5.8　基础计算表参考表结构

序号	字段名称	字段代码	字段类型	字段长度	小数位数	值域	约束条件	备注
1	坐落单位名称	ZLDWMC	Char	60			M	
2	坐落单位代码	ZLDWDM	Char	19			M	
3	权属单位名称	QSDWMC	Char	60			M	
4	权属单位代码	QSDWDM	Char	19			M	
5	权属性质	QSXZ	Char	2			M	
6	耕地类型	GDLX	Char	2			M	
7	耕地坡度级	GDPDJ	Char	2			0	
8	土地总面积	TDZMJ	Double	15	2	>0	M	
9—78	(一二级地类面积)		Double	15	2	>0	0	

4)基础统计表强制调平方法

(1) 基础计算表正确性检查

将基础计算表中的土地总面积(m^2)进行汇总,与县级行政辖区控制面积(m^2)进行比较,如果不一致,应检查核对重新计算汇总。

(2)基础统计表控制

将县级行政辖区的控制面积单位换算到公顷,保留2位小数,作为下一步面积调平的控制数a。将基础计算表经面积单位换算得到基础统计表,汇总基础统计表的土地总面积字段,得到汇总值b。

(3)基础统计表调平

① 计算调平控制数a与汇总值b的差值,得到调平数c。

② 调平数$c/0.01$就是要调平的数目d,将数目d除以村个数,得到商e及余数f。

③ 按照各村的面积从大到小找出前f个村,这些村的调平面积为$(e+1)\times 0.01$,其余的村调平面积为$e\times 0.01$。

④ 本村内记录数的调平方法与上述方法相同。

⑤ 各记录的土地总面积=原土地总面积+调平面积,调平后的各记录的土地总面积字段的数值做为这个记录中横向各地类面积值调平控制面积g。

⑥ 计算调平控制面积g与村级单位的各二级地类汇总值h的差值,得到调平数j。

⑦ 按照地类编码倒序的优先原则对记录的二级地类面积进行面积调平(当地类面积中有1 hm^2以上数据时),在1 hm^2以下的地类数据不参与调平。

5)基础统计表统计说明

①本要求所规定的强制调平方法是解决因四舍五入造成的尾数差异,仅对表内数据进行处理,不涉及空间数据的面积字段的修改。

②基础统计表是各类统计报表汇总的基础,如数据库中的数据发生变化(如地类变更或数据编辑等),应该重新汇总生成基础计算表,并强制调平生成基础统计表。

③基础统计表数据经尾数强制调平，能够保证表内和由此生成的各类统计表的逻辑正确，但通过数据空间查询实时统计生成的报表与该表数据有尾数差异，属于允许误差。

相关规范、规程与标准

1. 第二次全国土地调查技术规程

(1)面积统计内容

农村土地统计：包括通过农村土地调查获取的土地利用现状分类、权属性质、耕地坡度分级和基本农田等统计。

城镇土地统计：包括通过城镇土地调查获取的土地利用现状分类和权属性质等统计。

专项统计：包括工业、基础设施、金融商业服务、开发园区，以及房地产用地等的统计。

基本要求：以县级行政辖区为单位，统计行政界线范围内的土地(含飞入地)，农村土地调查各地类面积之和(不含海岛)等于辖区控制面积。海岛面积单独统计。

农村土地调查与城镇土地调查全部完成后，土地利用现状分类和权属性质等分别按表5.4、表5.5、表5.6统计。

因小数位取舍造成的误差应强制调平。

(2)数据汇总

①接边：当行政界线两侧明显地物接边误差小于图上0.6 mm、不明显地物接边误差小于图上2.0 mm时，双方各改一半接边；否则双方应实地核实接边。

地类等属性不一致时，应根据DOM及外业调查结果接边；无法接边的，应实地核实接边；不同比例尺的接边，依大比例尺调查结果接边。

②汇总：在县级土地统计基础上，逐级开展市(地)级、省级和全国汇总。无县级归属的海岛参与省级汇总。

(3)主要成果

①县级调查成果

调查底图及“农村土地调查记录手簿”；

地籍平面控制测量、地籍测量原始记录；

土地权属有关成果；

田坎系数测算成果；

图幅理论面积与控制面积接合图表；

土地调查数据库及管理系统；

统计汇总表；

土地利用现状图、地籍图、宗地图；

基本农田、耕地坡度分级等专题图；

工作报告、技术报告、成果分析报告及有关专题报告等。

②汇总成果

市(地)级、省级、国家级土地调查数据库及管理系统；

市(地)级、省级、国家级汇总数据；

市(地)级、省级、国家级土地利用现状图；

市(地)级、省级、国家级基本农田等专题图；

市(地)级、省级、国家级工作报告、技术报告、成果分析报告及有关专题报告等。

4)检查验收

(1)调查成果检查验收

① 程序

分自检、预检、验收和核查确认等步骤,分别由各级第二次土地调查领导小组办公室负责。县级负责自检,省级负责预检和验收,全国第二次土地调查领导小组办公室负责核查确认。

② 检查调查成果

调查底图制作方法、纹理特征、光谱特征和精度等;

权源材料、手续、界址点位置、界线走向、权属界线协议书,以及调查表等;

地类划分、图斑界线、线状地物及其宽度、田坎系数,以及外业调查记录手簿等;

地籍测量控制网、权属界址点,以及其他地籍要素精度等;

基本农田地块的位置及范围等;

土地调查数据库结构、内容、精度、逻辑关系、功能及运行情况等;

统计汇总数据、各种图件及文字报告等。

③ 基本要求

a. 自检。内、外业全面检查。

b. 预检与验收。内业全面检查农村土地调查数据库中图斑、线状地物与 DOM 的一致性。外业抽查不少于 20% 的不一致图斑、线状地物和全部补测地物,以及不少于 5 个行政村的权属界线。

内业抽检城镇土地调查成果的 30%～50%,外业抽查比例视内业抽检情况确定,一般为 3%～5%。

c. 核查确认。内业全面检查农村土地利用数据库中图斑、线状地物与 DOM 的一致性。外业抽查不少于 5%的不一致图斑、线状地物和补测地物。

权属界线准确无误,外业抽查正确率达到 95% 以上的视为合格成果。

(2)汇总成果检查验收

市(地)级、省级汇总成果实行自检和上级验收的检查制度。

汇总成果的检查内容主要包括接边、数据汇总,以及数据库结构、内容、功能和运行情况等。

检查验收合格的县级农村土地调查数据库、统计汇总、文字报告等成果,分别提交省级和全国第二次土地调查领导小组办公室。

2. 城镇地籍调查规程

面积量算单位为平方米,计算取值到小数后一位。共用宗内,各自使用的土地有明显范围的,先划分各自使用界线,并计算其面积,剩余部分按建筑面积分摊。

3. 地籍测量规范

成果资料的检查与验收:地籍册测绘成果的检查验收按测绘主管部门的有关规定执行;地籍测绘成果必须接受测绘主管部门的质量监督检验。

4. 城市测量规范

资料整理检查验收与成果提交按下列要求进行。

(1)作业组在工作完成后,应将全部成果资料整理装订,并进行认真严格的自检、互检,做到清楚、齐全,确保无误后,方可交出进行第二级检查,最后组织实施验收。

(2)各级检查验收中发现的问题和错误,必须做好记录并提出处理意见,该退回的应退回作业组改正或返工,并分别写出检查、验收报告。

(3)地籍测量应提交下列成果资料:

地籍平面控制测量原始记录、控制网图、平差计算资料及成果表;

地籍丈量原始记录;

解析界址点成果表;

地籍铅笔原图;

地籍着墨二底图和着墨宗地图(土地证附件);

地籍图分幅接合表;

面积量算原始记录及成果;

以街道为单位宗地面积汇总表;

城镇土地分类面积统计表;

检查验收报告;

地籍测量技术设计书(或纲要)、技术总结报告。

(4) 各种统计表格式按国家土地主管部门的规定执行。

5. 房产测量规范

成果资料的检查与验收按下列要求进行。

(1)一般规定

①成果检查、验收的制度

房产测量成果实行二级检查一级验收制。一级检查为过程检查,在全面自检、互查的基础上,由作业组的专职或兼职检查人员承担。二级检查由施测单位的质量检查机构和专职检查人员在一级检查的基础上进行。

②检查、验收中问题的登记和处理

各级检查验收中发现的问题,必须做好记录并提出处理意见。

③检查、验收报告书

检查验收工作应在二级检查合格后由房产测绘单位的主管机关实施。二级检查和验收工作完成后应分别写出检查、验收报告。

产品成果最终验收工作由任务的委托单位组织实施。验收工作结束后应写出检查报告和验收书。

④上交成果资料内容

房产测绘技术设计书;

成果资料索引及说明;

控制测量成果资料;

房屋及房屋用地调查表、界址点坐标成果表;

图形数据成果和房产原图;

技术总结;

检查验收报告。

(2)检查、验收项目及内容

①控制测量

控制测量网的布设和标志埋设是否符合要求。

各种观测记录和计算是否正确。

各类控制点的测定方法、扩展次数及各种限差、成果精度是否符合要求。

起算数据和计算方法是否正确，平差的成果精度是否满足要求。

②房产调查

房产要素调查的内容与填写是否齐全、正确。

调查表中用地略图和房屋权界线示意图上的用地范围线、房屋权界线、房屋四面墙体归属，以及有关说明、符号和房产图是否一致。

③房产要素测量

房产要素测量的测量方法、记录和计算是否正确。

各项限差和成果精度是否符合要求。

测量的要素是否齐全、准确，对有关地物的取舍是否合理。

④房产图绘制

房产图的规格尺寸，技术要求，表述内容，图廓整饰等是否符合要求。

房地产要素的表述是否齐全、正确，是否符合要求。

对有关地形要素的取舍是否合理。

图面精度和图边处理是否符合要求。

⑤面积测算

房产面积的计算方法是否正确，精度是否符合要求。

用地面积的测算是否正确，精度是否符合要求。

共有与共用面积的测定和分摊计算是否合理。

⑥变更与修测成果的检查

变更与修测的方法，测量基准、测绘精度等是否符合要求。

变更与修测后房地产要素编号的调整与处理是否正确。

(3)成果质量的评定

①成果质量评定等级

成果质量实行优级品、良级品和合格品三级评定。

②成果质量评定标准

成果质量由专职或兼职检查验收人员评定。

成果质量评定标准，可参照《测绘产品质量评定标准》(CH 1003—1995)测绘产品质量评定标准执行。

本章小结

(1)要点：面积量算方法、面积平差方法、成果处理及面积的汇总统计。

(2)掌握的程度：要求学生重点掌握解析法量算面积的方法及其计算公式和图解法中几何要素与坐标图解法进行面积量算的思路。了解其他方法的应用场合。引导学生，尽量采用地籍测量数字化成图软件以及应用计算机程序计算方法进行作业，以适应现代地籍测量发展及测绘市场的要求。结合第二次全国土地调查工作，讲述土地面积统计汇总的原则、要求和县级土地面积统计、汇总的内容以及具体工作实例。面积量算的精度分析及面积计算的各项改正作为知识拓展。

复习思考题

1. 面积量算有几种方法？各适用于何场合？

2. 何谓解析法面积量算？解析法量算面积包括哪些方法？其计算公式及面积中误差如何？

3. 何谓图解法面积量算？图解法量算面积包括哪些方法？其面积中误差如何？

4. 面积量算的基本过程如何？

5. 沙维奇法为何能较好地消除图纸伸缩带来的误差？

6. 面积量算平差的原则是什么？

7. 如何进行土地面积汇总？

8. 已知一幅图面积为 200 000 m^2，该图幅包含 4 个分区，量算各分区的面积分别得到 $P'_1=58\,483\ m^2$，$P'_2=64\,204\ m^2$，$P'_3=9\,600\ m^2$，$P'_4=48\,115\ m^2$。这一组测量成果是否合乎要求？若合乎要求，试计算各分区面积的平差值。

9. 下表是相邻界址点相连组成的一多边形按顺序的界址点坐标成果，其界址点的点位中误差 $m_p=\pm 0.05\ m$。求：(1)面积；(2)面积相对中误差 m_s/S。

点　号	x/m	y/m
1	500	500
2	500	1 000
3	100	1 000
4	100	500

参考文献

[1] 中华人民共和国建设部．城市测量规范:CJJ/T 8－2011[S]. 北京:中国建筑工业出版社,1999.

[2] 国土资源部．地籍调查规程:TD/T 1001－2012[S]. 北京:测绘出版社,2012.

[3] 中华人民共和国建设部,国家测绘局．房产测量规范　第1单元:房产测量规定:GB/T 17986.1－2000[S]. 北京:中国标准出版社,2000.

[4] 国家测绘局．地籍测绘规范:CH 5002－1994[S]. 北京:中国林业出版社,1995.

[5] 梁玉保．地籍调查与测量[M]. 2版．河南:黄河水利出版社,2010.

[6] 王侬,廖元焰．地籍测量[M]. 2版．北京:测绘出版社,2008.

[7] 中华人民共和国国土资源部．第二次全国土地调查技术规程: TD/T 1014－2007[S]. 北京:中国标准出版社,2007.

[8] 国家测绘局．测绘产品质量评定标准:CH 1003－1995[S]. 北京:测绘出版社,1995.

[9] 国家测绘局．测绘产品检查验收规定: CH 1002－1995[S]. 北京:测绘出版社,1995.

[10] 国家质量监督检验检疫总局．数字测绘成果质量检查与验收:GB/T 18316－2008[S]. 北京:中国标准出版社,2008.

[11] 国土资源部．第二次全国土地调查数据库建设技术规程:TD/T 1014－2007[S]. 北京:测绘出版社,2007.

[12] 李天文,张友顺．现代地籍测量[M]. 北京:科学出版社,2005.

[13] 吴信才．MAPGIS地理信息系统[M]. 北京:电子工业出版社,2004.

[14] 杨永崇,郭岚．实用土地信息系统[M]. 北京:测绘出版社,2009.

[15] 詹长根,唐祥云,刘丽．地籍测量学[M]. 武汉:武汉大学出版社,2005.

[16] 住房和城乡建设部,中华人民共和国国家质量监督检验检疫总局．建筑工程建筑面积计算规范:GB/T 50353－2013[S]. 北京:中国计划出版社,2013.

[17] 中华人民共和国国家质量监督检验检疫总局,中国国家标准化管理委员会．全球定位系统(GPS)测量规范:GB/T 18314－2009[S]. 北京:中国标准出版社,2009.

[18] 国家质量监督检验检疫总局．土地利用现状分类:GB/T 21010—2017[S]. 北京:中国标准出版社,2017.

[19] 住房和城乡建设部．卫星定位城市测量技术标准:CJJ/T 73－2019[S]. 北京:中国建筑工业出版社,2019.

[20] 中华人民共和国国土资源部．中华人民共和国土地管理行业标准．土地利用数据库标准:TD/T 1016－2007[S]. 北京:中华人民共和国国土资源部,2007.

[21] 中华人民共和国国土资源部．城镇地籍数据库标准:TD/T 1015－2007[S]. 北京:中华人民共和国国土资源部．2007.

附录 A　第二次全国土地调查土地分类

表 A1　土地利用现状分类

一级类		二级类		含　义
编码	名称	编码	名称	
01	耕地			指种植农作物的土地，包括熟地，新开发、复垦、整理地，休闲地（含轮歇地、轮作地）；以种植农作物（含蔬菜）为主，间有零星果树、桑树或其他树木的土地；平均每年能保证收获一季的已垦滩地和海涂。耕地中包括南方宽度＜1.0 m、北方宽度＜2.0 m 固定的沟、渠、路和地坎（埂）；临时种植药材、草皮、花卉、苗木等的耕地，以及其他临时改变用途的耕地
		011	水田	指用于种植水稻、莲藕等水生农作物的耕地。包括实行水生、旱生农作物轮种的耕地
		012	水浇地	指有水源保证和灌溉设施，在一般年景能正常灌溉，种植旱生农作物的耕地。包括种植蔬菜等的非工厂化的大棚用地
		013	旱地	指无灌溉设施，主要靠天然降水种植旱生农作物的耕地，包括没有灌溉设施，仅靠引洪淤灌的耕地
02	园地			指种植以采集果、叶、根、茎、汁等为主的集约经营的多年生木本和草本作物，覆盖度大于 50%或每亩株数大于合理株数 70%的土地。包括用于育苗的土地
		021	果园	指种植果树的园地
		022	茶园	指种植茶树的园地
		023	其他园地	指种植桑树、橡胶、可可、咖啡、油棕、胡椒、药材等其他多年生作物的园地
03	林地			指生长乔木、竹类、灌木的土地，及沿海生长红树林的土地。包括迹地，不包括居民点内部的绿化林木用地，铁路、公路征地范围内的林木，以及河流、沟渠的护堤林
		031	有林地	指树木郁闭度≥0.2 的乔木林地，包括红树林地和竹林地
		032	灌木林地	指灌木覆盖度≥40%的林地
		033	其他林地	包括疏林地（指树木郁闭度≥0.1、＜0.2 的林地）、未成林地、迹地、苗圃等林地
04	草地			指生长草本植物为主的土地
		041	天然牧草地	指以天然草本植物为主，用于放牧或割草的草地
		042	人工牧草地	指人工种植牧草的草地
		043	其他草地	指树木郁闭度＜0.1，表层为土质，生长草本植物为主，不用于畜牧业的草地

续上表

一级类		二级类		含　义
编码	名称	编码	名称	
05	商服用地			指主要用于商业、服务业的土地
		051	批发零售用地	指主要用于商品批发、零售的用地。包括商场、商店、超市、各类批发(零售)市场，加油站等及其附属的小型仓库、车间、工场等的用地
		052	住宿餐饮用地	指主要用于提供住宿、餐饮服务的用地。包括宾馆、酒店、饭店、旅馆、招待所、度假村、餐厅、酒吧等
		053	商务金融用地	指企业、服务业等办公用地，以及经营性的办公场所用地。包括写字楼、商业性办公场所、金融活动场所和企业厂区外独立的办公场所等用地
		054	其他商服用地	指上述用地以外的其他商业、服务业用地。包括洗车场、洗染店、废旧物资回收站、维修网点、照相馆、理发美容店、洗浴场所等用地
06	工矿仓储用地			指主要用于工业生产、物资存放场所的土地
		061	工业用地	指工业生产及直接为工业生产服务的附属设施用地
		062	采矿用地	指采矿、采石、采砂(沙)场，盐田，砖瓦窑等地面生产用地及尾矿堆放地
		063	仓储用地	指用于物资储备、中转的场所用地
07	住宅用地			指主要用于人们生活居住的房基地及其附属设施的土地
		071	城镇住宅用地	指城镇用于生活居住的各类房屋用地及其附属设施用地。包括普通住宅、公寓、别墅等用地
		072	农村宅基地	指农村用于生活居住的宅基地
08	公共管理与公共服务用地			指用于机关团体、新闻出版、科教文卫、风景名胜、公共设施等的土地
		081	机关团体用地	指用于党政机关、社会团体、群众自治组织等的用地
		082	新闻出版用地	指用于广播电台、电视台、电影厂、报社、杂志社、通信社、出版社等的用地
		083	科教用地	指用于各类教育，独立的科研、勘测、设计、技术推广、科普等的用地
		084	医卫慈善用地	指用于医疗保健、卫生防疫、急救康复、医检药检、福利救助等的用地
		085	文体娱乐用地	指用于各类文化、体育、娱乐及公共广场等的用地
		086	公共设施用地	指用于城乡基础设施的用地。包括给排水、供电、供热、供气、邮政、电信、消防、环卫、公用设施维修等用地
		087	公园与绿地	指城镇、村庄内部的公园、动物园、植物园、街心花园和用于休憩及美化环境的绿化用地
		088	风景名胜设施用地	指风景名胜(包括名胜古迹、旅游景点、革命遗址等)景点及管理机构的建筑用地。景区内的其他用地按现状归入相应地类
09	特殊用地			指用于军事设施、涉外、宗教、监教、殡葬等的土地
		091	军事设施用地	指直接用于军事目的的设施用地
		092	使领馆用地	指用于外国政府及国际组织驻华使领馆、办事处等的用地
		093	监教场所用地	指用于监狱、看守所、劳改场、劳教所、戒毒所等的建筑用地
		094	宗教用地	指专门用于宗教活动的庙宇、寺院、道观、教堂等宗教自用地
		095	殡葬用地	指陵园、墓地、殡葬场所用地

续上表

一级类		二级类		含　义
编码	名称	编码	名称	
10	交通运输用地			指用于运输通行的地面线路、场站等的土地。包括民用机场、港口、码头、地面运输管道和各种道路用地
		101	铁路用地	指用于铁道线路、轻轨、场站的用地。包括设计内的路堤、路堑、道沟、桥梁、林木等用地
		102	公路用地	指用于国道、省道、县道和乡道的用地。包括设计内的路堤、路堑、道沟、桥梁、汽车停靠站、林木及直接为其服务的附属用地
		103	街巷用地	指用于城镇、村庄内部公用道路(含立交桥)及行道树的用地。包括公共停车场,汽车客货运输站点及停车场等用地
		104	农村道路	指公路用地以外的南方宽度≥1.0 m、北方宽度≥2.0 m的村间、田间道路(含机耕道)
		105	机场用地	指用于民用机场的用地
		106	港口码头用地	指用于人工修建的客运、货运、捕捞及工作船舶停靠的场所及其附属建筑物的用地,不包括常水位以下部分
		107	管道运输用地	指用于运输煤炭、石油、天然气等管道及其相应附属设施的地上部分用地
11	水域及水利设施用地			指陆地水域,海涂,沟渠、水工建筑物等用地。不包括滞洪区和已垦滩涂中的耕地、园地、林地、居民点、道路等用地
		111	河流水面	指天然形成或人工开挖河流常水位岸线之间的水面,不包括被堤坝拦截后形成的水库水面
		112	湖泊水面	指天然形成的积水区常水位岸线所围成的水面
		113	水库水面	指人工拦截汇集而成的总库容≥10万 m^3 的水库正常蓄水位岸线所围成的水面
		114	坑塘水面	指人工开挖或天然形成的蓄水量<10万 m^3 的坑塘常水位岸线所围成的水面
		115	沿海滩涂	指沿海大潮高潮位与低潮位之间的潮浸地带。包括海岛的沿海滩涂。不包括已利用的滩涂
		116	内陆滩涂	指河流、湖泊常水位至洪水位间的滩地;时令湖、河洪水位以下的滩地;水库、坑塘的正常蓄水位与洪水位间的滩地。包括海岛的内陆滩地。不包括已利用的滩地
		117	沟渠	指人工修建,南方宽度≥1.0 m、北方宽度≥2.0 m用于引、排、灌的渠道,包括渠槽、渠堤、取土坑、护堤林
		118	水工建筑用地	指人工修建的闸、坝、堤路林、水电厂房、扬水站等常水位岸线以上的建筑物用地
		119	冰川及永久积雪	指表层被冰雪常年覆盖的土地
12	其他土地			指上述地类以外的其他类型的土地
		121	空闲地	指城镇、村庄、工矿内部尚未利用的土地
		122	设施农用地	指直接用于经营性养殖的畜禽舍、工厂化作物栽培或水产养殖的生产设施用地及其相应附属用地,农村宅基地以外的晾晒场等农业设施用地
		123	田坎	主要指耕地中南方宽度≥1.0 m、北方宽度≥2.0 m的地坎
		124	盐碱地	指表层盐碱聚集,生长天然耐盐植物的土地
		125	沼泽地	指经常积水或渍水,一般生长沼生、湿生植物的土地
		126	沙地	指表层为沙覆盖、基本无植被的土地。不包括滩涂中的沙地
		127	裸地	指表层为土质,基本无植被覆盖的土地;或表层为岩石、石砾,其覆盖面积≥70%的土地

表 A2 城镇村及工矿用地

一级		二级		含义
编码	名称	编码	名称	
20	城镇村及工矿用地			指城乡居民点、独立居民点以及居民点以外的工矿、国防、名胜古迹等企事业单位用地，包括其内部交通、绿化用地
		201	城市	指城市居民点，以及与城市连片的和区政府、县级市政府所在地镇级辖区内的商服、住宅、工业、仓储、机关、学校等单位用地
		202	建制镇	指建制镇居民点，以及辖区内的商服、住宅、工业、仓储、学校等企事业单位用地
		203	村庄	指农村居民点，以及所属的商服、住宅、工矿、工业、仓储、学校等用地
		204	采矿用地	指采矿、采石、采砂(沙)场，盐田，砖瓦窑等地面生产用地及尾矿堆放地
		205	风景名胜及特殊用地	指城镇村用地以外用于军事设施、涉外、宗教、监教、殡葬等的土地，以及风景名胜(包括名胜古迹、旅游景点、革命遗址等)景点及管理机构的建筑用地

注：开展农村土地调查时，对《土地利用现状分类》(GB/T 21010—2017)中05、06、07、08、09一级类和103、121二级类按表A2进行归并。

附录B 土地利用现状分类与已有土地分类对应转换关系

表B1 土地利用现状分类与三大类对照表

三大类	土地利用现状分类			
	一级类		二级类	
	类别编码	类别名称	类别编码	类别名称
农用地	01	耕地	011	水田
			012	水浇地
			013	旱地
	02	园地	021	果园
			022	茶园
			023	其他园地
	03	林地	031	有林地
			032	灌木林地
			033	其他林地
	04	草地	041	天然牧草地
			042	人工牧草地
	10	交通用地	104	农村道路
	11	水域及水利设施用地	114	坑塘水面
			117	沟渠
	12	其他土地	122	设施农用地
			123	田坎
建设用地	05	商服用地	051	批发零售用地
			052	住宿餐饮用地
			053	商务金融用地
			054	其他商服用地
	06	工矿仓储用地	061	工业用地
			062	采矿用地
			063	仓储用地
	07	住宅用地	071	城镇住宅用地
			072	农村宅基地
	08	公共管理与公共服务用地	081	机关团体用地
			082	新闻出版用地
			083	科教用地
			084	医卫慈善用地
			085	文体娱乐用地
			086	公共设施用地
			087	公园与绿地
			088	风景名胜设施用地

续上表

三大类	土地利用现状分类			
	一级类		二级类	
	类别编码	类别名称	类别编码	类别名称
建设用地	09	特殊用地	091	军事设施用地
			092	使领馆用地
			093	监教场所用地
			094	宗教用地
			095	殡葬用地
	10	交通运输用地	101	铁路用地
			102	公路用地
			103	街巷用地
			105	机场用地
			106	港口码头用地
			107	管道运输用地
	11	水域及水利设施用地	113	水库水面
			118	水工建筑物用地
	12	其他土地	121	空闲地
未利用地	11	水域及水利设施用地	111	河流水面
			112	湖泊水面
			115	沿海滩涂
			116	内陆滩涂
			119	冰川及永久积雪
	04	草地	043	其他草地
	12	其他土地	124	盐碱地
			125	沼泽地
			126	沙地
			127	裸地

表 B2　土地利用现状分类与全国土地分类(过渡期间适用)对应关系表

土地利用现状分类				全国土地分类(过渡期间适用)					
一级类		二级类		三级类		二级类		一级类	
类别编码	类别名称	类别编码	类别名称	类别名称	类别编码	类别名称	类别编码	类别名称	类别编码
01	耕地	011	水田	灌溉水田	111	耕地	11	农用地	1
				望天田	112				
		012	水浇地	水浇地	113				
				菜地	115				
		013	旱地	旱地	114				
02	园地	021	果园	果园	121	园地	12		
		022	茶园	茶园	123				
		023	其他园地	桑园	122				
				橡胶园	124				
				其他园地	125				
03	林地	031	有林地	有林地	131	林地	13		
		032	灌木林地	灌木林地	132				
		033	其他林地	疏林地	133				
				未成林造林地	134				
				迹地	135				
				苗圃	136				
04	草地	041	天然牧草地	天然草地	141	草地	14		
		042	人工牧草地	改良草地	142				
				人工草地	143				
10	交通用地	104	农村道路	农村道路	153	其他农用地	15		
11	水域及水利设施用地	114	坑塘水面	坑塘水面	154				
				养殖水面	155				
		117	沟渠	农田水利用地	156				
12	其他土地	122	设施农用地	畜禽饲养地	151				
				设施农业用地	152				
				晒谷场等用地	158				
		123	田坎	田坎	157				
05	商服用地	051	批发零售用地	城市 建制镇 农村居民点 独立工矿用地	201 202 203 204	居民点及独立工矿用地	20	建设用地	2
		052	住宿餐饮用地						
		053	商务金融用地						
		054	其他商服用地						
07	住宅用地	071	城镇住宅用地						
		072	农村宅基地						

续上表

土地利用现状分类				全国土地分类(过渡期间适用)					
一级类		二级类		三级类		二级类		一级类	
类别编码	类别名称	类别编码	类别名称	类别名称	类别编码	类别名称	类别编码	类别名称	类别编码
10	交通运输用地	103	街巷用地	城市 建制镇 农村居民点 独立工矿用地	201 202 203 204	居民点及独立工矿用地	20	建设用地	2
12	其他用地	121	空闲地						
06	工矿仓储用地	061	工业用地						
		063	仓储用地						
		062	采矿用地	独立工矿用地	204				
				盐田	205				
08	公共管理与公共服务用地	081	机关团体用地	城市 建制镇 农村居民点 独立工矿用地	201 202 203 204				
		082	新闻出版用地						
		083	科教用地						
		084	医卫慈善用地						
		085	文体娱乐用地						
		086	公共设施用地						
		087	公园与绿地						
		088	风景名胜设施用地	特殊用地	206				
09	特殊用地	091	军事设施用地	城市 建制镇 科技用地	201 202 206				
		092	使领馆用地						
		093	监教场所用地						
		094	宗教用地						
		095	殡葬用地						
10	交通运输用地	101	铁路用地	铁路用地	261	交通运输用地	26		
		102	公路用地	公路用地	262				
		105	机场用地	民用机场	263				
		106	港口码头用地	港口码头用地	264				
		107	管道运输用地	管道运输用地	265				
11	水域及水利设施用地	113	水库水面	水库水面	271	水利设施用地	27		
		117	沟渠	水工建筑用地	272				
		118	水工建筑物用地						
		111	河流水面	河流水面	321	其他土地	32	未利用地	3
		112	湖泊水面	湖泊水面	322				
		115	沿海滩涂	苇地	323				
				滩涂	324				
		116	内陆滩涂	苇地	323				
				滩涂	324				
		119	冰川及永久积雪	冰川及永久积雪	325				

续上表

<table>
<tr><td colspan="4">土地利用现状分类</td><td colspan="6">全国土地分类(过渡期间适用)</td></tr>
<tr><td colspan="2">一级类</td><td colspan="2">二级类</td><td colspan="2">三级类</td><td colspan="2">二级类</td><td colspan="2">一级类</td></tr>
<tr><td>类别编码</td><td>类别名称</td><td>类别编码</td><td>类别名称</td><td>类别名称</td><td>类别编码</td><td>类别名称</td><td>类别编码</td><td>类别名称</td><td>类别编码</td></tr>
<tr><td rowspan="2">04</td><td rowspan="2">草地</td><td rowspan="2">043</td><td rowspan="2">其他草地</td><td>荒草地</td><td>311</td><td rowspan="9">未利用土地</td><td rowspan="9">31</td><td rowspan="9">未利用地</td><td rowspan="9">3</td></tr>
<tr><td>其他未利用土地</td><td>317</td></tr>
<tr><td rowspan="7">12</td><td rowspan="7">其他土地</td><td>124</td><td>盐碱地</td><td>盐碱地</td><td>312</td></tr>
<tr><td rowspan="2">125</td><td rowspan="2">沼泽地</td><td>沼泽地</td><td>313</td></tr>
<tr><td>苇地</td><td>323</td></tr>
<tr><td>126</td><td>沙地</td><td>沙地</td><td>314</td></tr>
<tr><td rowspan="3">127</td><td rowspan="3">裸地</td><td>裸土地</td><td>315</td></tr>
<tr><td>裸岩石砾地</td><td>316</td></tr>
<tr><td>其他未利用土地</td><td>317</td></tr>
</table>

表 B3　土地利用现状分类与全国土地分类(试行)对应关系表

土地利用现状分类				全国土地分类(试行)					
一级类		二级类		三级类		二级类		一级类	
类别编码	类别名称	类别编码	类别名称	类别名称	类别编码	类别名称	类别编码	类别名称	类别编码
01	耕地	011	水田	灌溉水田	111	耕地	11	农用地	1
				望天田	112				
		012	水浇地	水浇地	113				
				菜地	115				
		013	旱地	旱地	114				
02	园地	021	果园	果园	121	园地	12		
		022	茶园	茶园	123				
		023	其他园地	桑园	122				
				橡胶园	124				
				其他园地	125				
03	林地	031	有林地	有林地	131	林地	13		
		032	灌木林地	灌木林地	132				
		033	其他林地	疏林地	133				
				未成林造林地	134				
				迹地	135				
				苗圃	136				
04	草地	041	天然牧草地	天然草地	141	草地	14		
		042	人工牧草地	改良草地	142				
				人工草地	143				
10	交通用地	104	农村道路	农村道路	153	其他农用地	15		
11	水域及水利设施用地	114	坑塘水面	坑塘水面	154				
				养殖水面	155				
		117	沟渠	农田水利用地	156				
12	其他土地	122	设施农用地	畜禽饲养地	151				
				设施农业用地	152				
				晒谷场等用地	158				
		123	田坎	田坎	157				
05	商服用地	051	批发零售用地	商业用地	211	商服用地	21	建设用地	2
				其他商服用地	214				
		052	住宿餐饮用地	餐饮旅馆业用地	213				
		053	商务金融用地	金融保险用地	212				
				其他商服用地	214				
		054	其他商服用地	其他商服用地	214				

续上表

土地利用现状分类				全国土地分类(试行)					
一级类		二级类		三级类		二级类		一级类	
类别编码	类别名称	类别编码	类别名称	类别名称	类别编码	类别名称	类别编码	类别名称	类别编码
06	工矿仓储用地	061	工业用地	工业用地	221	工矿仓储用地	22	建设用地	2
		062	采矿用地	采矿地	222				
		063	仓储用地	仓储用地	223				
07	住宅用地	071	城镇住宅用地	城镇单一住宅用地	251	住宅用地	25		
				城镇混合住宅用地	252				
		072	农村宅基地	农村宅基地	253				
12	其他土地	121	空闲地	空闲宅基地等	254				
08	公共管理与公共服务用地	081	机关团体用地	机关团体用地	241	公共建筑用地	24		
		082	新闻出版用地						
		083	科教用地	教育用地	242				
				科研设计用地	243				
		084	医卫慈善用地	医疗卫生用地	245				
				慈善用地	246				
		085	文体娱乐用地	文体用地	244				
				其他商服用地	214				
		086	公共设施用地	公共基础设施用地	231	公共设施用地	23		
		087	公园与绿地	瞻仰景观休闲用地	232				
		088	风景名胜设施用地						
09	特殊用地	091	军事设施用地	军事设施用地	281	特殊用地	28		
		092	使领馆用地	使领馆用地	282				
		093	监教场所用地	监教场所用地	284				
		094	宗教用地	宗教用地	283				
		095	殡葬用地	墓葬地	285				
10	交通运输用地	101	铁路用地	铁路用地	261	交通运输用地	26		
		102	公路用地	公路用地	262				
		103	街巷用地	街巷	266				
		105	机场用地	民用机场	263				
		106	港口码头用地	港口码头用地	264				
		107	管道运输用地	管道运输用地	265				
11	水域及水利设施用地	113	水库水面	水库水面	271	水利设施用地	27		
		117	沟渠	水工建筑用地	272				
		118	水工建筑物用地						

续上表

<table>
<tr><th colspan="4">土地利用现状分类</th><th colspan="6">全国土地分类(试行)</th></tr>
<tr><th colspan="2">一级类</th><th colspan="2">二级类</th><th colspan="2">三级类</th><th colspan="2">二级类</th><th colspan="2">一级类</th></tr>
<tr><th>类别编码</th><th>类别名称</th><th>类别编码</th><th>类别名称</th><th>类别名称</th><th>类别编码</th><th>类别名称</th><th>类别编码</th><th>类别名称</th><th>类别编码</th></tr>
<tr><td rowspan="7">11</td><td rowspan="7">水域及水利设施用地</td><td>111</td><td>河流水面</td><td>河流水面</td><td>321</td><td rowspan="7">其他土地</td><td rowspan="7">32</td><td rowspan="16">未利用地</td><td rowspan="16">3</td></tr>
<tr><td>112</td><td>湖泊水面</td><td>湖泊水面</td><td>322</td></tr>
<tr><td rowspan="2">115</td><td rowspan="2">沿海滩涂</td><td>苇地</td><td>323</td></tr>
<tr><td>滩涂</td><td>324</td></tr>
<tr><td rowspan="2">116</td><td rowspan="2">内陆滩涂</td><td>苇地</td><td>323</td></tr>
<tr><td>滩涂</td><td>324</td></tr>
<tr><td>119</td><td>冰川及永久积雪</td><td>冰川及永久积雪</td><td>325</td></tr>
<tr><td rowspan="2">04</td><td rowspan="2">草地</td><td rowspan="2">043</td><td rowspan="2">其他草地</td><td>荒草地</td><td>311</td><td rowspan="9">未利用土地</td><td rowspan="9">31</td></tr>
<tr><td>其他未利用土地</td><td>317</td></tr>
<tr><td rowspan="7">12</td><td rowspan="7">其他土地</td><td>124</td><td>盐碱地</td><td>盐碱地</td><td>312</td></tr>
<tr><td rowspan="2">125</td><td rowspan="2">沼泽地</td><td>沼泽地</td><td>313</td></tr>
<tr><td>苇地</td><td>323</td></tr>
<tr><td>126</td><td>沙地</td><td>沙地</td><td>314</td></tr>
<tr><td rowspan="3">127</td><td rowspan="3">裸地</td><td>裸土地</td><td>315</td></tr>
<tr><td>裸岩石砾地</td><td>316</td></tr>
<tr><td>其他未利用土地</td><td>317</td></tr>
</table>